企业安全生产标准化建设系列手册

危险化学品企业安全生产标准化建设手册

企业安全生产标准化建设系列手册编委会　编

本书主编　任彦斌

副主编　王一波

中国劳动社会保障出版社

图书在版编目（CIP）数据

危险化学品企业安全生产标准化建设手册/《企业安全生产标准化建设系列手册》编委会编. —北京：中国劳动社会保障出版社，2014

（企业安全生产标准化建设系列手册）

ISBN 978-7-5167-1123-1

Ⅰ.①危⋯　Ⅱ.①企⋯　Ⅲ.①化工产品-危险品-安全生产-生产管理-标准化管理-手册

Ⅳ.①TQ086.5-62

中国版本图书馆 CIP 数据核字（2014）第 117138 号

中国劳动社会保障出版社出版发行

（北京市惠新东街 1 号　邮政编码：100029）

＊

三河市华骏印务包装有限公司印刷装订　新华书店经销

787 毫米×1092 毫米　16 开本　19.25 印张　373 千字

2014 年 6 月第 1 版　2014 年 6 月第 1 次印刷

定价：49.00 元

读者服务部电话：（010）64929211/64921644/84643933

发行部电话：（010）64961894

出版社网址：http://www.class.com.cn

编委会名单

（排名不分先后）

李中武　杨　勇　秦　伟　时　文　刑　磊　李玉谦　张　玺

赵卫星　王琛亮　葛楠楠　蒋　巍　郭　海　李文峰　王素影

丁彩玲　徐永生　朱子博　高爱芝　江建平　皮宗其　秦川利

吴爱枝　韩学俊　刘　雷　王一波　王健平　高东旭　杨晗玉

翁兰香　秦荣中　徐孟环　赵红泽　闫　宁　任彦斌　曹炳文

本书主编　任彦斌

副　主　编　王一波

内 容 简 介

安全生产标准化建设是各类企业安全生产工作的重点之一，企业管理人员与各类从业人员应对相关知识了解并能熟练运用。本书以企业安全生产标准化建设的法律、法规和相关政策为基础，详细介绍了企业安全生产标准化建设达标考核标准和建设实施指南等相关知识。本书主要内容包括：安全生产标准化概述，企业安全生产标准化建设基本规范，危险化学品企业安全生产标准化建设规范，危险化学品企业安全生产标准化建设达标和危险化学品企业安全生产标准化实施指南。

本书紧扣相关法律、法规与行业标准，内容全面、实用，对企业安全生产标准化建设有指导性作用，同时对安全生产管理和安全生产标准化基础知识进行了详细的讲解，适合企业管理人员、安全生产管理人员以及其他技术人员阅读使用，还可用于对广大从业人员安全生产宣传、教育与培训。

前　言

　　我国已经进入以重工业快速发展为特征的工业化中期，能源、制造和运输等工业高速增长，同时也加大了企业的事故风险，处于生产安全事故易发期，安全生产工作的压力很大。如何采取适合我国经济发展现状和企业实际的安全生产监督管理方法和手段，使企业安全生产状况得以有效控制并稳定好转，是当前安全生产工作的重要内容之一。安全生产标准化体现了"安全第一，预防为主，综合治理"的方针和"以人为本"的科学发展观，代表了现代安全生产管理的发展方向，是先进安全生产管理思想与我国传统安全生产管理方法、企业具体实际的有机结合。开展安全生产标准化活动，将能进一步落实企业安全生产主体责任，改善安全生产条件，提高管理水平，预防事故，对保障生命财产安全有着重大意义。

　　开展安全生产标准化活动，就是要引导和促进企业在全面贯彻现行的落实国家、地区、行业安全生产法律、法规、规程、规章和标准的同时，修订和完善原有的相关标准，建立全新的安全生产标准，形成较为完整的安全生产标准体系。把企业的安全生产工作全部纳入安全生产标准化的轨道，让企业的每个员工从事的每项工作都按安全生产标准和制度办事，从而促进企业工作规范、管理规范、操作规范、行为规范、技术规范，全面改进和加强企业内部的安全生产管理，不断改善安全生产条件，提高企业本质安全程度和水平，进而达到消除隐患，控制好危险源，消灭事故的目的。为了贯彻落实《国务院关于进一步加强企业安全生产工作的通知》和《国务院办公厅关于继续深入扎实开展"安全生产年"活动的通知》，国务院安全生产委员会下发了《关于深入开展企业安全生产标准化建设的指导意见》，明确了我国安全生产标准化工作的总体要求、目标和任务。长期以来，国家安全生产监督管理总局将企业安全生产标准化作为重点工作之一，为了全面推进全国各类行业企业的安全生产标准化达标做出了不懈的努力，相关规章制度体系已经初步成熟，企业安全生产标准化建设取得了可喜的成绩。

　　为了配合国家安全生产标准化工作的宣传教育工作，指引各行业、企业安全生产标准化的建设和顺利达标，便于从事企业安全生产工作的专业技术人员查询和使用安全生产标准化相关法规、建设规范、考核标准以及实施指南，促进广大企业干部职工学习安全生产标准化工作中的责任和岗位要求，我们组织了安全生产研究机构专家、高校相关教师和企业中有丰富安全生产管理经验的技术人员，编写了企业安全生产标准化建设系列手册，包括《冶金企业安全生产标准化建设手册》《工贸企业安全生产标准化建设手册》《危险化学品企业安全生产标准化建设手册》《非煤矿山企业安全生产标准化建设手册》《烟花爆竹企业安全生产标准化建设手册》《电力企业安全生产标准化建设手册》《交通运输企业安全生产标准化建设手册》，共7种，涵盖企业安全生产标准化建设工作的行业重点，内容涉及企业安全生产标准化建设的基础知识、通用建设规范解读、各行业领域建设规范、各行业及其生产单元的考核标准和企业安全生产标准化建设实施指南等，力争使每本书成为行业、企业安全生产标准化建设的实用手册，同时满足企业安全生产教育和培训的工作需求。手册书注重知识性与实用性，紧扣政策、法规解读和规范性建设指南两个关键点。政策、法规解读是指以准确精练、通俗易懂的语言，讲解企业安全生产标准化建设实际工作中应了解和掌握的相关的、基本的安全生产法规、标准、基础理论和建设要求；规范性建设指南是在企业安全生产标准化建设考核标准的基础上，通过建设实施指南的讲解，促进企业快速、顺利地达标。

系列手册可作为从事企业安全生产标准化建设相关的管理人员、技术人员、科研人员的工作查询手册，也可供提升企业广大从业人员安全生产素质和能力的教育培训使用。由于时间仓促和能力所限，书中难免有疏忽和错误之处，敬请广大读者批评指正。

企业安全生产标准化建设系列手册编写委员会

2012 年 10 月

目 录

第一章　安全生产标准化概述

第一节　企业安全生产标准化及其相关概念

一、标准化与安全生产标准

1. 标准

标准是对重复性事物和概念所做的统一规定。它以科学、技术和实践经验的综合成果为基础，经有关方面协商一致，由主管机构批准，以特定形式发布，作为共同遵守的准则和依据。

标准的定义包含以下几个方面的含义：

（1）标准的本质属性是一种"统一规定"

这种统一规定是作为有关各方"共同遵守的准则和依据"。根据《中华人民共和国标准化法》（以下简称《标准化法》）的规定，我国的标准分为强制性标准和推荐性标准两类。强制性标准必须严格执行，做到全国范围内统一。推荐性标准国家鼓励企业自愿采用。但推荐性标准如经协商，并计入经济合同或企业向用户做出明示担保，有关各方则必须严格执行，做到统一。

（2）标准制定的对象是重复性事物和概念

这里讲的"重复性"指的是同一事物或概念反复多次出现的性质。例如：批量生产的产品在生产过程中的重复投入、重复加工、重复检验；同一类技术管理活动中反复出现同一概念的术语、符号、代号等被反复利用等。只有当事物或概念具有重复出现的特性并处于相对稳定时才有制定标准的必要，使标准作为今后实践的依据，以最大限度地减少不必要的重复劳动，又能扩大"标准"重复利用的范围。

（3）标准产生的客观基础是"科学、技术和实践经验的综合成果"

这就是说标准既是科学技术成果，又是实践经验的总结，并且这些成果和经验都是经过分析、比较、综合和验证的，在此基础上，加之规范化。只有这样制定出来的标准才能具有科学性。

（4）制定标准过程要"经有关方面协商一致"

制定标准要发扬技术民主，与有关方面协商一致，做到"三稿定标"，即征求意见稿—送审稿—报批稿。如制定产品标准不仅要有生产部门参加，还应当有用户、科研、检验等部门参加共同讨论研究，"协商一致"，这样制定出来的标准才具有权威性、科学性和适用性。

（5）标准文件有其自己一套特定格式和制定、颁布的程序

标准的编写、印刷、幅面格式和编号、发布的统一，既可保证标准的质量，又便于资料管理，体现了标准文件的严肃性。所以，标准必须"由主管机构批准，以特定形式发布"。标准从制定到批准发布的一整套工作程序和审批制度，是使标准本身具有法规特性的表现。

2. 标准化

标准化是指在经济、技术、科学及管理等社会实践中，对重复性事物和概念通过制定、发布和实施标准，达到统一，以获得最佳秩序和社会效益。

标准化的定义包含以下几个方面含义：

（1）标准化是一项活动过程

这个过程是由三个关联的环节组成，即标准的制定、发布和实施。三个环节的过程已作为标准化工作的任务列入《标准化法》的条文中。《标准化法》第三条规定："标准化工作的任务是制定标准、组织实施标准和对标准的实施进行监督。"这是对标准化定义内涵的全面而清晰的概括。

（2）标准化活动过程在深度上是一个永无止境的循环上升过程

循环上升过程是指制定标准，实施标准，在实施中随着科学技术进步对原标准适时进行总结、修订、再实施。每循环一周，标准就上升到一个新的水平，充实新的内容，产生新的效果。

（3）标准化活动过程在广度上是一个不断扩展的过程

例如：过去只制定产品标准、技术标准，现在又要制定管理标准、工作标准；过去标准化工作主要在工农业生产领域，现在已扩展到安全生产、卫生、环境保护、交通运输、行政管理、信息代码等。标准化正随着社会科学技术进步而不断地扩展和深化自己的工作领域。

（4）标准化的目的是"获得最佳秩序和社会效益"

最佳秩序和社会效益可以体现在多方面。例如：在生产技术管理和各项管理工作中，按照 GB/T 19000 建立质量保证体系，可以保证和提高产品质量，保护消费者和社会公共利益；简化设计，完善工艺，提高生产效率；扩大通用化程度，方便使用和维修；消除贸易壁垒，扩大国际贸易和交流等。

应该说明，标准化定义中的"最佳"是从整个国家和整个社会利益来衡量，而不仅仅是从一个部门、一个地区、一个单位、一个企业来考虑的。尤其是环境保护标准化和安全卫生

标准化，则主要是从国计民生的长远利益来考虑。在开展标准化的工作过程中，可能会遇到贯彻一项具体标准对整个国家会产生很大的经济效益或社会效益，而对某一个具体单位、具体企业在一段时间内可能会受到一定的经济损失。但为了整个国家和社会的长远经济利益或社会效益，则应该充分理解和正确对待"最佳"的要求。

实施标准化，对于国家进步和企业发展具有重要的作用，主要表现在以下几个方面：

（1）标准化是组织现代化生产的手段，是实施科学管理的基础

随着科学技术的发展和生产的社会化、现代化，生产规模越来越大，分工越来越细，生产协作越来越广泛，许多产品和工程建设，往往涉及几十个、几百个甚至上千个企业，协作点遍布在全国各地甚至跨国。这样广泛、复杂的生产组合，需要在技术上保持高度的统一和协作一致。要达到这一点，就必须制定和执行一系列的统一标准，使得各个生产部门和生产环节在技术上有机地联系起来，保证生产有条不紊地进行。要实施科学管理，必须做到：管理机构高效化，管理工作计划化，管理技术现代化，建立符合生产活动规律的生产管理、技术管理、物资管理、劳动管理、质量管理、安全生产管理等一整套科学管理制度，制定一系列工作标准和管理标准，实现管理工作规范化。因此，标准化又是实施科学管理的基础。

（2）标准化是不断提高产品质量的重要保证

1）产品质量合格与否，这个"格"就是标准。标准不仅对产品的性能和规格作了具体规定，而且对产品的检验方法、包装、标志、运输、储存也作了相应规定。严格按标准组织生产，按标准检验和包装，产品质量就能得到可靠地保证。

2）随着科学技术的发展，标准需要适时地进行复审和修订。特别是企业产品标准，企业应根据市场变化和用户要求及时进行修订，不断满足用户要求，才能保持自己产品在市场中的竞争力。

3）不仅产品本身要有标准，而且生产产品所用的原料、材料、零部件、半成品以及生产工艺、工装等都应制定相互适应、相互配套的标准，只有这样才能保证企业有序地组织生产，保证产品质量。

4）标准不仅是生产企业组织生产的依据，也是国家及社会对产品进行监督检查的依据。《中华人民共和国产品质量法》（以下简称《产品质量法》）第十五条规定："国家对产品质量实行以抽查为主要方式的监督检查制度"。监督检查的主要依据就是产品标准。通过国家组织的产品质量监督检查，不仅促进产品质量提高，反过来对标准本身的质量完善也是一种促进。

（3）标准化是合理简化品种、组织专业化生产的前提

目前，我国部分企业仍然存在生产品种多、批量小、质量差，管理混乱，劳动生产效率不高，经济效益差等问题。要改变这种落后状况，主要途径就是要广泛组织专业化生产，而

标准化正是组织专业化生产的重要前提。标准化活动一项重要内容是"合理简化品种"，提高生产原材料"通用化"程度，变品种多、批量小为品种少，批量大，有利于组织专业化生产，有利于采用先进技术装备，实现优质、高产、低耗、低成本、高效率的效果。

（4）标准化有利于合理利用国家资源、节约能源、节约原材料

标准化对合理利用国家资源有重要的作用。例如：我国制定以及修订的水泥国家标准，由于合理地规定了氧化镁的含量，可使一些石灰石矿山资源延长开采期 10 年以上；再如发达国家木材利用率达 95%，我国只有 50%～60%；能源有效利用率日本达 57%，美国 51%，西欧国家在 40% 以上，而我国只有 30%。世界各国都把节约能源、节约资源作为今后标准化工作的中心任务之一，我国在这方面的任务尤其艰巨，标准化工作可谓任重而道远。

（5）标准化可以保障人体健康和人身、财产安全，保护环境

《标准化法》第七条规定："国家标准、行业标准分为强制性标准和推荐性标准。保障人体健康，人身、财产安全的标准和法律、行政法规规定强制执行的标准是强制性标准，其他标准是推荐性标准。"

根据《中华人民共和国标准化法实施条例》，强制性标准包括：

1）药品标准、食品卫生标准、兽药标准；

2）产品及产品生产、储运和使用中的安全、卫生标准，劳动安全、卫生标准、运输安全标准；

3）工程建设的质量、安全、卫生标准及国家需要控制的其他工程建设标准；

4）环境保护的污染物排放标准和环境质量标准；

5）重要的通用技术术语、符号和制图方法；

6）通用的试验、检验方法标准；

7）互换配合标准；

8）国家需要控制的重要产品质量标准。

强制性标准的广泛制定和实施，对保障人体健康和人身、财产安全，保护环境起到重要作用。根据《标准化法》和《产品质量法》的规定，不符合强制性标准的产品应责令停止生产、销售，并处以罚款，情节严重的可以追究刑事责任。

（6）标准化是推广应用科研成果和新技术的桥梁

标准化是科研、生产和使用三者之间的桥梁。一项科研成果，包括新产品、新工艺、新材料和新技术，开始只能在小范围内试验和试制。只有在试验成功，并经过技术鉴定，纳入相应标准之后，才能得到推广和应用。

此外，标准化还可以消除贸易技术壁垒，促进国际贸易的发展，提高我国产品在国际市

场上的竞争能力。例如，积极采用国际标准和国外先进标准，使产品质量达到国际水平，能够促进产品出口；积极开展产品质量认证，包括取得进口国或第三方权威机构的质量认证或安全认证，能够提高我国产品在国际市场竞争能力。

3. 国家标准体系

《标准化法》将中国标准分为国家标准、行业标准、地方标准、企业标准四级。

（1）国家标准

国家标准是指对全国经济技术发展有重大意义，需要在全国范围内统一的技术要求所制定的标准。国家标准在全国范围内适用，其他各级标准不得与之相抵触。国家标准是四级标准体系中的主体。

1）国家标准由国务院标准化行政主管部门编制计划，组织草拟，统一审批、编号、发布。

2）国家标准制定的对象：对需要在全国范围内统一的技术要求，应当制定国家标准。

3）国家标准主要有：①互换配合、通用技术语言要求；②保障人体健康和人身、财产安全的技术要求；③基本原料、燃料、材料的技术要求；④通用基础件的技术要求；⑤通用的试验、检验方法；⑥通用的管理技术要求；⑦工程建设的重要技术要求；⑧国家需要控制的其他重要产品的技术要求。

（2）行业标准

行业标准是指对没有国家标准而又需要在全国某个行业范围内统一的技术要求所制定的标准。行业标准是对国家标准的补充，是专业性、技术性较强的标准。行业标准的制定不得与国家标准相抵触，相应的国家标准公布实施后，行业标准自行废止。

1）行业标准由国务院有关行政主管部门负责制定和审批，并报国务院标准化行政主管部门备案。

2）行业标准制定对象：对没有国家标准又需要在行业范围内统一的下列技术要求，可以制定行业标准。

3）行业标准不得与国家标准相抵触。在相应国家标准批准实施之后，该项行业标准自行废止。

（3）地方标准

地方标准是指对没有国家标准和行业标准而又需要在省、自治区、直辖市范围内统一工业产品的安全、卫生要求所制定的标准，地方标准在本行政区域内适用，不得与国家标准和标业标准相抵触。国家标准、行业标准公布实施后，相应的地方标准自行废止。

1）地方标准由省、自治区、直辖市人民政府标准化行政主管部门编制计划、组织草拟、统一审批、编号、发布，并报国务院标准化行政主管部门和国务院有关行政主管部门备案。

在相应国家标准或行业标准批准实施之后，该项地方标准自行废止。

2）地方标准制定对象：对没有国家标准和行业标准而又需要在省、自治区、直辖市范围内统一的技术要求，可以制定地方标准。

国家标准、行业标准分为强制性国家标准和推荐性国家标准。

强制性标准是指国家通过法律的形式明确要求对于一些标准所规定的技术内容和要求必须执行，不允许以任何理由或方式加以违反、变更，包括强制性的国家标准、行业标准和地方标准。对违反强制性标准的国家将依法追究当事人法律责任。

推荐性标准是指国家鼓励自愿采用的具有指导作用而又不宜强制执行的标准，即标准所规定的技术内容和要求具有普遍的指导作用，允许使用单位结合自己的实际情况，灵活加以选用。

国家标准的编号由国家标准的代号、国家标准发布的顺序号和国家标准发布的年号构成。

（4）企业标准

企业标准是指企业所制定的产品标准和在企业内需要协调、统一的技术要求和管理、工作要求所制定的标准。企业标准是企业组织生产、经营活动的依据。

企业标准有以下几种：

1）企业生产的产品，没有国家标准、行业标准和地方标准的，应当制定的企业产品标准；

2）为提高产品质量和促进技术进步制定严于国家标准、行业标准或地方标准的企业产品标准；

3）对国家标准、行业标准的选择或补充的标准；

4）工艺、工装、半成品等方面的技术标准；

5）生产、经营活动中的管理标准和工作标准。

企业产品标准应在批准发布 30 日内向当地标准化行政主管部门和有关行政主管部门备案。

4. 安全生产标准

安全生产标准，是指在生产工作场所或者领域，为改善劳动条件和设施，规范生产作业行为，保护劳动者免受各种伤害，保障劳动者人身安全健康，实现安全生产的准则和依据。安全生产标准主要指国家标准和行业标准，大部分是强制性标准。我国安全生产标准涉及面广，从大的方面看，包括矿山安全（含煤矿和非煤矿山）、粉尘防爆、电气及防爆、带电作业、危险化学品、民爆物品、烟花爆竹、涂装作业安全、交通运输安全、机械安全、消防安全、建筑安全、职业健康安全、个体防护装备（原劳动防护用品）、特种设备安全等各个方面。

多年来，在国务院各有关部门以及各标准化技术委员会的共同努力下，制定了一大批涉及安全生产方面的国家标准和行业标准。据初步统计，我国现有的有关安全生产的国家标准涉及设计、管理、方法、技术、检测检验、职业健康和个体防护用品等多个方面，有近1 500项。除国家标准外，国家安全生产监督管理、公安、交通、建设等有关部门还制定了大量有关安全生产的行业标准，有近3 000项。

安全生产标准的作用，主要体现在以下几个方面：

（1）安全生产标准是安全生产法律体系的重要组成部分

从广义上讲，我国的安全生产法律体系，是由宪法、国家法律、国务院法规、地方性法规，以及标准、规章、规程和规范性文件等所构成的。在这个体系中，标准处于十分重要的位置，具有技术性法律规定的作用，是法律的延伸。与安全生产相关的技术性规定，通常体现为国家标准和行业标准。

根据世界贸易组织协议，我国的强制性标准与国外的技术法规具有同样的法律效力。现行法律、法规也就此做出了明确规定。《中华人民共和国安全生产法》（以下简称《安全生产法》）规定：生产经营单位应当具备本法和有关法律、行政法规和国家标准或者行业标准规定的安全生产条件。《安全生产许可证条例》中，把厂房、作业场所和安全设施、设备、工艺符合安全生产法律、法规、标准和规定的要求，作为企业取得安全生产许可证应当具备的基本条件。

标准所具有的法律地位及其法律效力，决定了安全生产标准一旦制定和发布，就必须得到严格遵守，必须认真贯彻实施。任何忽视安全生产标准、违背安全生产标准的现象，都是对安全生产法律的破坏和违反，都必须立即纠正，情节严重的要依法追究当事人的法律责任。

（2）安全生产标准是保障企业安全生产的重要技术规范

安全生产标准是社会化大生产的要求，是社会生产力发展水平的反映。优秀企业要出名牌、出人才、出效益，就必须严格执行国家标准、行业标准，产品进入国际市场就要执行国际标准。有条件、有实力的优秀企业自订的企业标准，甚至高于国家标准、行业标准。而不执行法定标准的企业，不仅市场竞争力无从谈起，而且违法生产经营，丧失诚信准则，甚至会导致重特大事故发生。一些企业安全生产管理滑坡，伤亡事故多发，重要原因之一就是不遵守相应的安全生产标准。有的企业标准意识淡漠，执行标准不严；有的企业有标不循，不按标准办事；有的企业根本没有执行安全生产标准，不知道有标准。因此，迫切需要通过加强安全生产标准化工作，规范企业及其经营管理、从业人员的安全生产行为，实现生产安全。

（3）安全生产标准是安全监管、监察和依法行政的重要依据

安全生产标准是保护从业人员生命和健康的准则，凝聚了血的教训。安全监管、监察部门在行政执法中，对违法违规行为的认定评判，除了要依据法律、法规，还需要依据国家标准和行业标准。如重大危险源的识别、重大隐患的排查、安全生产条件的认定、事故原因的分析判断等，都需要以标准为依据。细节反映真实，细节决定成效，相对于法律法规，标准更细致，更周密。安全监管监察部门依据标准实施行政执法，安全生产监管工作才能真正落实到位。

（4）安全生产标准是规范市场准入的必要条件

发展不能以破坏资源、污染环境为代价，更不能以牺牲人的生命和健康为代价。与资源、环保一样，安全生产是市场准入的必要条件。标准是严格市场准入的尺度和手段，国家标准、行业标准所规定的安全生产条件，就是市场准入必须具备的资格，是必须严格把住的关口，是不可降低的门槛。降低安全生产标准，难免要付出血的代价。同时，安全生产标准是规范安全中介服务的依据。

5. 安全生产标准的范围

安全生产方面的标准，主要由国家安全生产监督管理总局负责，具体包括以下几方面：

（1）劳动防护用品和矿山安全仪器仪表的品种、规格、质量、等级及劳动防护用品的设计、生产、检验、包装、储存、运输、使用的安全要求；

（2）为实施矿山、危险化学品、烟花爆竹等行业安全生产管理而规定的有关技术术语、符号、代号、代码、文件格式、制图方法等通用技术语言和安全技术要求；

（3）生产、经营、储存、运输、使用、检测、检验、废弃等方面的安全技术要求；

（4）工、矿、商贸安全生产规程；

（5）生产经营单位的安全生产条件；

（6）应急救援的规则、规程、标准等技术规范；

（7）安全评价、评估、培训考核的标准、通则、导则、规则等技术规范；

（8）安全生产中介机构的服务规范与规则、标准；

（9）规范安全生产监管、监察和行政执法的技术管理要求；

（10）规范安全生产行政许可和市场准入的技术管理要求。

6. 安全生产标准的种类

安全生产标准分为：基础标准、管理标准、技术标准、方法标准和产品标准五类：

（1）基础标准

基础标准主要指在安全生产领域的不同范围内，对普遍的、广泛通用的共性认识所做的统一规定，是在一定范围内作为制定其他安全生产标准的依据和共同遵守的准则。其内容包

括：制定安全生产标准所必须遵循的基本原则、要求、术语、符号；各项应用标准、综合标准赖以制定的技术规定基础；物质的危险性和有害性的基本规定；材料的安全基本性质以及基本检测方法等。

（2）管理标准

管理标准是指通过计划、组织、控制、监督、检查、评价与考核等管理活动的内容、程序、方式，使生产过程中人、物、环境各个因素处于安全受控状态，直接服务于生产经营科学管理的准则和规定。

安全生产方面的管理标准主要包括安全生产教育、培训和考核等标准，重大事故隐患评价方法及分级等标准，事故统计、分析等标准，安全系统工程标准，人机工程标准以及有关激励与惩处标准等。

（3）技术标准

技术标准是指对于生产过程中的设计、施工、操作、安装等具体技术要求及实施程序中设立的必须符合一定安全要求以及能达到此要求的实施技术和规范的总称。

这类标准有金属非金属矿山安全规程、石油化工企业设计防火规范、烟花爆竹工厂设计安全规范、民用爆破器材工厂设计安全规范、建筑设计防火规范等。

（4）方法标准

方法标准是对各项生产过程中技术活动的方法所规定的标准。安全生产方面的方法标准主要包括两类：一类以试验、检查、分析、抽样、统计、计算、测定、作业等方法为对象制定的标准。例如：试验方法、检查方法、分析方法、测定方法、抽样方法、设计规范、计算方法、工艺规程、作业指导书、生产方法、操作方法等。另一类是为合理生产优质产品，并在生产、作业、试验、业务处理等方面为提高效率而制定的标准。

这类标准有安全帽测试方法、防护服装机械性能材料抗刺穿性及动态撕裂性的试验方法、安全评价通则、安全预评价导则、安全验收评价导则、安全现状评价导则等。

（5）产品标准

产品标准是对某一具体设备、装置、防护用品的安全要求作出规定或者对其试验方法、检测检验规则、标志、包装、运输、储存等方面所做的技术规定。它是在一定时期和一定范围内具有约束力的技术准则，是产品生产、检验、验收、使用、维护和贸易洽谈的重要技术依据，对于保障安全、提高生产和使用效率具有重要意义。产品标准的主要内容包括：①产品的适用范围；②产品的品种、规格和结构形式；③产品的主要性能；④产品的试验、检验方法和验收规则；⑤产品的包装、储存和运输等方面的要求。

这类标准主要是对某类产品及其安全要求做出的规定，如煤矿安全监控系统、煤矿用隔离式自救器等。

2006年9月26日，国家安全生产监督管理总局局长办公会议审议通过《安全生产标准制修订工作细则》，自2006年11月1日起施行。

《安全生产标准制修订工作细则》（以下简称《细则》）分为七章三十条，各章内容为：第一章总则，第二章立项和计划，第三章起草，第四章征求意见，第五章审查和报批，第六章发布和备案，第七章附则。制定该《细则》的目的，是根据《标准化法》《标准化法实施条例》《安全生产行业标准管理规定》和《全国安全生产标准化技术委员会章程》等有关规定，规范安全生产标准的制修订工作。

《细则》第二条规定：本细则所称的安全生产标准包括安全生产方面的国家标准（GB）、行业标准（AQ）。

第三条规定：国家安全生产监督管理总局、国家标准化管理委员会对安全生产标准制修订工作实施管理。全国安全生产标准化技术委员会负责安全生产标准制修订工作。全国安全生产标准化技术委员会的煤矿安全、非煤矿山安全、化学品安全、烟花爆竹安全、粉尘防爆、涂装作业、防尘防毒等分技术委员会负责其职责范围内的安全生产标准制修订工作。

第四条规定：安全生产监督管理总局根据安全生产工作的需要，组织制定安全生产标准工作规划和年度计划。国家标准计划项目由国家标准化管理委员会下达和公布，行业标准计划项目由安全生产监督管理总局下达和公布。

第二十四条规定：国家标准由国家标准化管理委员会统一编号、发布。行业标准由安全生产监督管理总局统一编号、发布。

二、安全生产标准化

1. 企业标准化

企业标准一般分为三大类：技术标准、管理标准、工作标准。

技术标准是指对标准化领域中需要协调、统一的技术事项所制定的标准。

管理标准是指对企业标准化领域中需要协调、统一的管理事项所制定的标准。

工作标准是指对企业标准化领域中需要协调、统一的工作事项所制定的标准。

在管理标准中，"管理事项"主要指在企业管理活动中，所涉及的经营管理、设计开发与创新管理、质量管理、设备与基础设施管理、人力资源管理、安全生产管理、职业健康管理、环境管理、信息管理等与技术标准相关联的重复性事物和概念。

在工作标准中，"工作事项"主要指在执行相应管理标准和技术标准时与工作岗位的职责、岗位人员基本技能、工作内容、要求与方法、检查与考核等有关的重复性事物和概念。

企业标准化是为了在企业的生产、经营、管理范围内获得最佳秩序，对实际的或潜在的问题制定共同的和重复使用的规则的活动。

在企业标准化的建立与实施过程中，即这一活动中，包括建立和实施企业标准体系，制定、发布企业标准和贯彻实施各级标准的过程。实施企业标准化显著好处是改进产品、生产过程和服务的适用性，使企业获得更大的成功。

企业标准化的一般概念应把握其是以企业获得最佳秩序和效益为目的，以企业生产、经营、管理等大量出现的重复性事物和概念为对象，以先进的科学、技术和生产实践经验的综合成果为基础，以制定和组织实施标准体系及相关标准为主要内容的有组织的系统活动。

企业开展标准化活动的主要内容是：

（1）建立、完善和实施标准体系；

（2）制定、发布企业标准；

（3）组织实施企业标准体系内的有关国家标准、行业标准和企业标准；

（4）对标准体系的实施进行监督、检查并分析改进。

2. 实施企业标准化的主要作用

从 20 世纪 90 年代开始，经济发达国家从生产、经营、管理的实践中，认识到标准化对企业来说已经不是一个单纯的技术问题，而成为一个重要的经济战略问题。它不仅与企业的生产经营密切相关，同时还与市场开拓、新产品开发与销售、企业的竞争力、赢利能力和成功率密切相关。要在市场竞争中取胜，获得客户或顾客的广泛认同，就必须是符合规定标准的产品。因此，不仅标准变得越来越重要，同时，企业的标准化也越来越重要，因为只有企业实施标准化，才能保证企业连续不断地生产出来符合标准要求的产品，提供符合要求的服务。

实施企业标准化的作用，主要体现在以下几个方面：

（1）企业标准化是组织生产的重要手段，是科学管理的基础

现代化生产是建立在先进的科学技术和管理方法基础上的。技术要求高、分工细，生产协作广泛，需要制定一系列的标准，使之在技术上保持统一协调，使企业的各个生产部门和生产环节有机地联系起来，保证生产有条不紊地进行。企业为了实行科学管理，改变凭行政命令、个人意志进行企业管理的办法，使千百万件日常工作，都有人各负其责地去处理，必须制定生产管理、技术管理、物资和人员管理等科学管理标准，使管理机构高效化，管理工作制度化，保证步调一致，减少工作中的失误。使企业领导者能从日常繁忙的事务中解放出来，集中精力抓重大问题的决策和全局性的工作，以保证企业获得最佳秩序和最佳效益。

（2）企业标准化是提高产品质量的保证

"产品不合格不准出厂"，这个"格"就是产品标准。只有严格按照标准进行生产、检验、包装和储运，产品质量才能得到可靠的保证。有高水平的标准，才能有高质量的产品。标准不是一成不变的，随着生产技术水平的提高，标准要及时进行修订，并要积极采用国际

标准，使我国标准同国际标准接轨，保证产品符合国际贸易和交流的需要，提高我国产品在国际市场的竞争能力。

（3）企业标准化是企业质量管理的基础

在标准化发展的进程中，质量管理是较早涉及的一个领域。早在质量管理的萌芽阶段，标准化就渗透到质量管理领域之中。20 世纪初期，美国工程师泰勒就是以标准化、计划化和控制化为基础，提出了"科学管理"原理，从而摆脱了单凭管理者个人经验进行的管理，逐步走上了科学管理的道路。我国引进"全面质量管理"的管理模式始于 20 世纪 70 年代末，这种管理模式是由企业全体人员参加，从产品的设计、生产、销售、服务全过程进行质量控制，最终目标是使产品质量达到技术标准要求。企业要进行全面质量管理，就需要实施相应的技术标准和管理标准。管理以标准为依据，将生产过程中的设计、生产、销售、服务等各个环节制定出技术标准和管理标准，即为质量的全过程提供控制依据，使产品质量得到稳定和提高。目前世界上已有几十个国家开展了质量管理标准化工作，值得注意的是，国际标准化组织（ISO）以及一些国家，都在对标准化在质量管理中的应用问题进行新的研究和探讨，为标准化在更高基础上的普及和发展，为质量管理打下更好的基础，开辟新的前景。

（4）企业标准化是提高企业经济效益的一个重要工具

企业标准化对提高经济效益有着重要作用。通过标准化，可以增加生产批量，使企业采用高效率的专用设备生产，大大提高劳动生产率；通过标准化使产品品种规格化、零部件通用化，可以大大缩短产品的设计周期；通过标准化，合理地选择和使用材料，简化原材料的供应品种，还可以大大节省原材料消耗，减少物资的采购量和储备量，加速流动资金的周转等。

3. 企业标准体系

企业标准体系是企业内的标准按其内在联系形成的科学有机整体，是由标准组成的系统。企业标准体系是以技术标准为主体，包括管理标准和工作标准。

标准体系包括现有标准和预计应发展标准。现有标准体系反映出当前的生产、科技水平，生产社会化、专业化和现代化程度，经济效益，产业和产品结构，经济政策，市场需求，资源条件等。标准体系中也展示出规划应制定标准的发展蓝图。

企业标准体系具有以下五项基本特征：

（1）目的性

企业标准体系的建立必须有明确的目的，例如为了发展产品品种、服务项目、提高产品质量或服务质量、提高生产效率、降低资源消耗、确保生产安全和职业健康、保护环境等，或兼而有之。企业标准体系的目标应是具体的和可测量的，即为企业的生产、服务、经营、管理提供全面系统的作业依据和技术基础，从而在实践中可以真实地评价和有效地控制其是否达到预期的目的。

（2）集成性

现代标准体系是以相互管理、相互作用的标准的集成为特征。随着生产和服务提供的社会化、规模化程度的不断提高，任何一个单独的标准都难以独立发挥其效能，只有若干相互关联、相互作用的标准综合集成为一个标准体系，才能大大提高标准的综合性和集成性，而系统目标的优化程度以及其实现的可能性又和标准的集成程度和集成作用水平直接相关。企业标准体系的目的性和集成性是相互联系和相互制约的。如为企业实现其总的生产经营方针和目标，加强企业的管理工作必须以技术标准体系为主，包括有管理标准体系、工作标准体系的集成。

（3）层次性

企业标准体系是一个典型的复杂系统，由许许多多的单项标准集成，它们的结构关系都要根据各项标准的内在联系、集合而构成有机整体。因此，标准体系是有序而分层次的。如我国的标准体系分为国家标准、行业标准、地方标准和企业标准四个层次。

企业标准体系的结构层次是由系统中各要素之间的相互关系、作用方式以及系统运动规律等因素决定的，一般是高层次对低一级的结构层次有制约作用，而低层次又是高层次的基础，也可以是低层次的诸单项标准中共同的要求上升为高层次中的单项标准。如技术标准体系中的技术基础标准和管理标准体系中的管理基础标准都对下一层的技术标准和管理标准有约束作用，而且一般是下层技术标准和管理标准的共同项。

（4）动态性

任何一个系统都不可能是静止的、孤立的、封闭的，它总是处于更大的系统环境之内。任何系统总是要与外部存在的大系统的环境有关要素相互作用，进行信息交流，并处于不断的运动之中。如企业标准体系客观存在于企业生产经营的大系统网络之中，始终受到诸如企业的总方针目标所制约，总方针目标的任何变化都直接影响企业标准体系的完善和实施。同时，系统的不断优化要求，也要不断持续淘汰那些不适用的、功能低劣或重复的要素，及时补充的新的要素，对那些影响企业标准体系不能满足生产、经营、管理要求的项目采取纠正措施或预防措施，以保证企业标准体系的动态的持续地改进。

（5）阶段性

企业标准体系的动态特性，大大提高了企业标准体系与外界系统环境的适应能力，从而推动了企业标准体系随着科学技术的不断发展和生产经验总结成果的提高而持续改进和发展。但企业标准体系的发展是有阶段性的，因为标准化的效能发挥要求体系必须处于稳定状态，这是标准化的基本特征所决定的。这样的稳态、非稳态再到高一级的稳态促使标准化的进步发展体现了企业标准体系阶段性发展的特征。但是，也要认识到企业标准体系是一个人为的体系，因此它的阶段性受人为地控制，它的发展阶段可能出现不适应的滞后于客观实际的状态，这就需要及时地通过测量和数据分析，人为地控制企业标准化的过程，通过评审，不断持续地改进企业标准体系。

4. 企业标准化和安全生产管理

在安全生产管理中，技术标准是安全生产法规的技术基础，管理标准是安全生产管理的系统化措施，工作标准是消除不安全行为的手段。所以标准化是安全生产管理的基础。

（1）技术标准是安全生产法规的技术基础

安全生产标准是我国标准化的重点领域。由于安全生产问题所涉及的范围很广，而且每个行业和专业又都有各自的特殊性，所以，安全生产标准中既有横跨各专业的共性标准，也有各专业领域特定的安全生产标准，更多的是以安全生产条款或安全生产要求的形式存在于有关产品标准和其他标准中（如食品标准、工具标准、设备标准等）。

安全生产标准的种类很多，主要有：

1）劳动安全卫生标准。它是以创造安全的作业环境，保护劳动者安全健康为目的而制定的标准。例如，为防止职业性危害因素和职业病而对作业环境质量（如有毒有害物质、粉尘浓度）、作业设备等所制定的标准。

2）特种设备安全标准。除以锅炉、高压容器之外，还有高压管道、输送设备（如皮带运输机、登山索道、电梯）、大型游艺机（如过山车）等。

3）电气安全标准。许多国家还实施了安全性产品质量认证制度，只有经检验符合安全生产法规或标准的产品，才赋予安全标志，准许进入流通。

4）公共安全标准。如交通安全、金融安全、通信安全、医药安全、国防安全、核安全等。

5）消费品安全标准。这类产品是人民群众日常生活的必需品，同群众的切身利益直接相关。广大消费者有了标准这个武器，既可用以识别产品（如食品标签等），提高安全自卫能力，又可在人身安全、健康受到损害时，维护自身的合法权益。

此外还有大量的安全测试方法和测试技术标准、安全基础标准（如采光、照明、人机设计等工效学标准）、安全标志和图形符号标准以及重要工艺（如焊接）和建筑施工安全生产标准都是安全生产标准体系的组成部分。

（2）管理标准是安全生产管理的系统化措施

我国于2001年颁布了GB/T 28001《职业健康安全管理体系规范》。通过实施这个管理标准，在组织内建立起一个具有自我约束、自我完善并能持续改进的管理体系，使企业找到了对安全生产问题进行规范化控制的方法和系统的管理模式。

（3）工作标准是消除不安全行为的手段

工作标准的对象是人在特定岗位所从事的工作或作业。任何一个组织的生产和服务活动，都是利用一定的设备或设施，通过人的劳动（脑力的和体力的），把原材料加工成产品的活动。这三要素（再加上信息）的有机结合，便是推动社会进步的生产力。

在生产力诸要素中，劳动者是首要的、能动的要素。通过这一要素与其他要素结合起来以充分发挥作用。劳动者的状态如何，对三要素的结合程度有直接的影响。在有人参与的生产过程中，劳动者居于特别重要的地位。就企业管理来说，最重要也最难管理的要素是人所从事的工作。人的要素与其他要素的区别，除了人是有思想的生命物体这一点之外，还因为人的生产作业活动有着与机器设备截然不同的特点。主要是：

1）个体差别。这是指从事同种工作的人之间在体力、劳动技能、动作速度、注意力、理解力、耐力以及应变能力等方面互有差别，有时这种差别很大。而设备则不然，同类机器设备之间有可能做到各项工况参数相对一致。在生产过程中，机器体系越庞大、越复杂，参与的劳动者越多，人的个体差别对生产系统的影响越大，不安全因素越多。

2）可变性。这是指工人之间不仅互有差别，而且同一个工人的作业参数（行走速度、搬运的重量、动作的幅度、作业的效率）以及注意力、反应能力等是可变的，在很大程度上随劳动时间、疲劳程度、操作的熟练程度、对环境的适应能力而发生变化。而机器设备却能做到运转速度始终一致，功率均衡输出，节奏均匀不变。人与机器体系之间的这种差异是一种潜在的危险，许多不安全行为和事故原因都与此有关。

3）随意性。这是指作业者按自己的意愿和理解操作，尤其是在紧急情况下不按科学方法和科学规则行事，常常是酿成安全生产事故的原因。由于恶性人身伤害事故通常是小概率事件，一次、两次、甚至多次不安全行为都可能未造成伤害，从而助长了劳动者侥幸心理、图省事的惰性心理，乃至非理智的逞能行为。在缺乏制度约束的环境下，极易滋生随意性。

4）可靠性。这是指人的操作动作的准确性、精确性、重复性、稳定性，受健康状况、疲劳程度、心理状态、有无充分准备、熟练程度、责任感、工作热情以及紧急情况下的敏感、反应及处置能力的影响。这种人的因素的可靠性是可变的，难以预测、难以控制，随机性很大，差异也很大。

由于人的作业活动有上述的一些特点，同物的因素相比，人的不安全因素是比较难控制的。所以，对人的因素的管理是安全生产管理的重点，尤其在那些无章可循、管理混乱、随意操作的单位更是如此。在工作现场，人和物是结合的，抓人的管理同时，对物的管理也包含在其中。

研究和实践都已证明，作业人员对某项作业或操作是否已经形成习惯，其动作的熟练程度和可靠性也大不相同。习惯是怎样形成的呢？一般来说，同一件事按同一程序重复多次，就可能变成习惯。倘若通过分析研究，设计出科学合理的工作流程和作业方法，将其制定为标准，用以约束同一工种的所有工人遵照执行，这样不仅可以加速个人习惯的形成，而且是形成群体习惯的有效方法。所以，工作（作业）标准化的过程是形成群体习惯和群体行为准则的过程，是缩小个体差别、提高整体素质的过程。它不仅能有效地消除不必要的、不合理的作业程序、作业方法和作业动作，而且能促使工人克服已形成的不合理的、随意性的操作习惯，防止个体差别和可变因素影响的扩大，增进人的作业可靠性，从而克服和降低人的因素对安全系统的副作用。

通过标准的贯彻实施，与安全生产有关的岗位上，每个操作者都按标准规定的程序、方法和动作重复地操作，这种重复的结果必能使作业者的动作达到熟练并最终形成习惯，人在作业中的随意性和各种不安全行为就不易发生。工作标准化既可控制人的安全因素，又能控制和优化物的安全因素，是实施安全生产管理，保证生产系统安全、高效运行的基础工作。

5. 什么是安全生产标准化

安全生产标准化是指通过建立安全生产责任制，制定安全管理制度和操作规程，排查、治理隐患和监控重大危险源，建立预防机制，规范生产行为，使各生产环节符合有关安全生产法律、法规和标准规范的要求，人、机、环境处于良好的生产状态，并持续改进，不断加强企业安全生产规范化建设。

安全生产标准化的定义涵盖了企业安全生产工作的全局，是企业开展安全生产工作的基本要求和衡量尺度，也是企业加强安全生产管理的重要方法和手段。而《标准化法》中的"标准化"，主要是通过制定、实施国家、行业等标准，来规范各种生产行为，以获得最佳生产秩序和社会效益的过程，二者有所不同。

企业标准化工作就是在企业生产经营和全部活动中，全面贯彻执行国家、行业颁发的各项法律、规程、规章、标准，按标准组织生产经营活动，按标准从事各项管理工作，按标准进行作业和工作，按标准对企业各个环节进行持续改进和自我完善。同时，要依据这些标准，结合企业实际、建立起科学严格的企业内部技术标准、质量标准、工作标准、管理标准、作业标准及其他各项基础管理制度等，使企业的各项活动、作业工序、环节、岗位都有标准可供遵循，都在标准的指导和约束下进行，从而提高企业的工作质量、产品质量、服务质量，降低成本、提高效率、增加效益，进而增强市场竞争能力。

而安全生产标准化，就是将标准化工作引入和延伸到安全生产工作中来，它是企业全部标准化工作中最重要的组成部分之一。其内涵就是企业在生产经营和全部管理过程中，要自觉贯彻执行国家和地区、部门的安全生产法律、法规、规程、规章和标准，并将这些内容细化，依据这些法律、法规、规程、规章和标准制定本企业安全生产方面的规章、制度、规程、标准、办法，并在企业生产经营管理工作的全过程、全方位、全员、全天候地切实得到贯彻实施，使企业的安全生产工作得到不断加强并持续改进，使企业的本质安全水平不断得到提升，使企业的人、机、环境始终处于和谐和保持在最好的安全状态下运行，进而保证和促进企业在安全的前提下健康、快速地发展。

第二节 我国企业安全生产标准化建设

一、企业安全生产标准化建设历程

2004 年，原国家安全生产监督管理局下发了《关于开展安全质量标准化活动的指导意见》（安监管政法字〔2004〕62 号），煤矿、非煤矿山、危险化学品、烟花爆竹、冶金、机械等行业相继展开了安全质量标准化活动。近年，由于国家重视和安全生产工作的进展，通过国家安全生产监督管理总局公告的安全生产标准化一级企业逐年增多，企业安全生产标准化建设取得了瞩目的成绩。

我国安全生产标准化工作的开展，大致经历了三个阶段：

1. 第一阶段——"煤矿质量标准化"

第一阶段是从 1964 年开始。原煤炭工业部张霖之部长首先提出了"煤矿质量标准化"的概念，重点是要抓好煤炭采掘工程质量。20 世纪 80 年代初期，煤炭行业事故持续上升，为此，原煤炭工业部于 1986 年在全国煤矿开展"质量标准化、安全创水平"活动，目的是通过质量标准化促进安全生产。有色、建材、电力、黄金等多个行业也相继开展了质量标准化创建活动，用以提高企业安全生产水平。

2. 第二阶段——安全质量标准化

第二阶段是从 2003 年 10 月开始。原国家安全生产监督管理局和中国煤炭工业协会在黑龙江省七台河市召开了全国煤矿安全质量标准化现场会，提出了新形势下煤矿安全质量标准化的内容，会后出台的《关于在全国煤矿深入开展安全质量标准化活动的指导意见》（煤安监办字〔2003〕96 号），提出了安全质量标准化的概念。

3. 第三阶段——安全生产标准化

20 世纪 80 年代，冶金、机械、采矿等领域率先开展了企业安全生产标准化活动，先后推行了设备设施标准化、作业现场标准化和行为标准化。随着人们对安全生产标准化认识的提高，特别是在 20 世纪末，职业安全健康管理体系引入我国，风险管理的方法逐渐被部分企业所接受，从此使安全生产标准化不仅停留在包括设备设施维护标准化、作业现场标准化、行为动作标准化，也开始了安全生产管理活动的标准化。

第三阶段是从 2004 年开始。这一年发布的《国务院关于进一步加强安全生产工作的决定》（国发〔2004〕2 号）提出了在全国所有的工矿、商贸、交通、建筑施工等企业普遍开展安全质量标准化活动的要求。原国家安全生产监督管理局印发了《关于开展安全质量标准化活动的指导意见》，煤矿、非煤矿山、危险化学品、烟花爆竹、冶金、机械等行业、领域均开展了安全质量标准化创建工作。随后，除煤炭行业强调了煤矿安全生产状况与质量管理相结合外，其他多数行业逐步弱化了质量的内容，提出了安全生产标准化的概念。

《国务院关于进一步加强安全生产工作的决定》进一步明确了安全生产工作的指导思想和目标，为加强和改善安全生产工作指明了方向。在安全生产工作措施中明确指出：要通过制定和颁布重点行业、领域安全生产技术规范和安全生产工作标准，在所有工矿等企业普遍开展安全质量标准化活动，使企业的生产经营活动和行为，符合安全生产有关法律、法规和安全生产技术规范的要求，做到规范化和标准化。按照这个精神，原国家安全生产监督管理局制定下发了《关于开展安全质量标准化活动的指导意见》，在此基础上，2005—2011年国家安全生产监督管理总局和有关部门先后在非煤矿山、危险化学品、冶金、电力、机械、道路和水上交通运输、建筑、旅游、烟花爆竹等领域修订完善了开展安全标准化工作的标准、规范、评分办法等一系列指导性文件，指导企业开展安全标准化建设的考评工作。

二、企业安全生产标准化建设的法规基础

1. 《国务院关于进一步加强企业安全生产工作的通知》相关要求

2010年7月19日，国务院下发了《国务院关于进一步加强企业安全生产工作的通知》（国发〔2010〕23号），明确要求：

（1）全面开展安全达标

深入开展以岗位达标、专业达标和企业达标为内容的安全生产标准化建设，凡在规定时间内未实现达标的企业要依法暂扣其生产许可证、安全生产许可证，责令停产整顿；对整改逾期未达标的，地方政府要依法予以关闭。

（2）强化企业安全生产属地管理

安全生产监管监察部门、负有安全生产监管职责的有关部门和行业管理部门要按职责分工，对当地企业包括中央、省属企业实行严格的安全生产监督检查和管理，组织对企业安全生产状况进行安全标准化分级考核评价，评价结果向社会公开，并向银行业、证券业、保险业、担保业等主管部门通报，作为企业信用评级的重要参考依据。

（3）加快完善安全生产技术标准

各行业管理部门和负有安全生产监管职责的有关部门要根据行业技术进步和产业升级的要求，加快制定、修订生产、安全技术标准，制定和实施高危行业从业人员资格标准。对实施许可证管理制度的危险性作业要制定落实专项安全技术作业规程和岗位安全操作规程。

（4）严格安全生产准入前置条件

把符合安全生产标准作为高危行业企业准入的前置条件，实行严格的安全标准核准制度。矿山建设项目和用于生产、储存危险物品的建设项目，应当分别按照国家有关规定进行安全条件论证和安全评价，严把安全生产准入关。凡不符合安全生产条件违规建设的，要立即停止建设，情节严重的由本级人民政府或主管部门实施关闭取缔。降低标准造成隐患的，要追究相关人员和负责人的责任。

2.《国务院办公厅关于继续深化"安全生产年"活动的通知》相关要求

2011 年 3 月 2 日，国务院办公厅下发了《国务院办公厅关于继续深化"安全生产年"活动的通知》（国办发〔2011〕11 号），明确要求：

有序推进企业安全标准化达标升级。在工矿商贸和交通运输企业广泛开展以"企业达标升级"为主要内容的安全生产标准化创建活动，着力推进岗位达标、专业达标和企业达标。组织对企业安全生产状况进行安全标准化分级考核评价，评价结果向社会公开，并向银行业、证券业、保险业、担保业等主管部门通报，作为企业信用评级的重要参考依据。各有关部门要加快制定完善有关标准，分类指导，分步实施，促进企业安全基础不断强化。

3.《国务院办公厅关于继续深入扎实开展"安全生产年"活动的通知》相关要求

2012 年 2 月 14 日，国务院办公厅下发了《国务院办公厅关于继续深入扎实开展"安全生产年"活动的通知》（国办发〔2012〕14 号），明确要求：

着力推进企业安全生产达标创建。加快制定和完善重点行业领域、重点企业安全生产的标准规范，以工矿、商贸和交通运输行业领域为主攻方向，全面推进安全生产标准化达标工程建设。对一级企业要重点抓巩固、二级企业着力抓提升、三级企业督促抓改进，对不达标的企业要限期抓整顿，经整改仍不达标的要责令关闭退出，促进企业安全条件明显改善、管理水平明显提高。

4.《关于深入开展企业安全生产标准化建设的指导意见》相关要求

2011 年 5 月 3 日，国务院安全生产委员会下发了《关于深入开展企业安全生产标准化建设的指导意见》（安委〔2011〕4 号），对深入开展企业安全生产标准化建设提出了指导意见，并对工作的开展提出了具体要求：

（1）加强领导，落实责任

按照属地管理和"谁主管、谁负责"的原则，企业安全生产标准化建设工作由地方各级人民政府统一领导，明确相关部门负责组织实施。国家有关部门负责指导和推动本行业（领域）企业安全生产标准化建设，制定实施方案和达标细则。企业是安全生产标准化建设工作的责任主体，要坚持高标准、严要求，全面落实安全生产法律、法规和标准规范，加大投入，规范管理，加快实现企业高标准达标。

（2）分类指导，重点推进

对于尚未制定企业安全生产标准化评定标准和考评办法的行业（领域），要抓紧制定；已经制定的，要按照《企业安全生产标准化基本规范》（AQ/T 9006—2010）和相关规定进行修改完善，规范已达标企业的等级认定。要针对不同行业（领域）的特点，加强工作指导，把影响安全生产的重大隐患排查治理、重大危险源监控、安全生产系统改造、产业技术升级、应急能力提升、消防安全保障等作为重点，在达标建设过程中切实做到"六个结合"，即与深入开展执法行动相结合，依法严厉打击各类非法违法生产经营建设行为；与安全专项整治相结合，深化重点行业（领域）隐患排查治理；与推进落实企业安全生产主体责任相结合，强化安全生产基层和基础建设；与促进提高安全生产保障能力相结合，着力提高先进安全技术装备和物联网技术应用等信息化水平；与加强职业安全健康工作相结合，改善从业人员的作业环境和条件；与完善安全生产应急救援体系相结合，加快救援基地和相关专业队伍标准化建设，切实提高实战救援能力。

（3）严抓整改，规范管理

严格安全生产行政许可制度，促进隐患整改。对达标的企业，要深入分析二级与一级、三级与二级之间的差距，找准薄弱点，完善工作措施，推进达标升级；对未达标的企业，要盯住抓紧，督促加强整改，限期达标。通过安全生产标准化建设，实现"四个一批"：对在规定期限内仍达不到最低标准、不具备安全生产条件、不符合国家产业政策、破坏环境、浪费资源，以及发生各类非法违法生产经营建设行为的企业，要依法关闭取缔一批；对在规定时间内未实现达标的，要依法暂扣其生产许可证、安全生产许可证，责令停产整顿一批；对具备基本达标条件，但安全技术装备相对落后的，要促进达标升级，改造提升一批；对在本行业（领域）具有示范带动作用的企业，要加大支持力度，巩固发展一批。

（4）创新机制，注重实效

各地区、各有关部门要加强协调联动，建立推进安全生产标准化建设工作机制，及时发现解决建设过程中出现的突出矛盾和问题，对重大问题要组织相关部门开展联合执法，切实把安全生产标准化建设工作作为促进落实和完善安全生产法规章、推广应用先进技术装备、强化先进安全理念、提高企业安全管理水平的重要途径，作为落实安全生产企业主体责任、部门监管责任、属地管理责任的重要手段，作为调整产业结构、加快转变经济发展方式的重要方式，扎实推进。要把安全生产标准化建设纳入安全生产"十二五"规划及有关行业（领域）发展规划。要积极研究采取相关激励政策措施，将达标结果向银行、证券、保险、担保等主管部门通报，作为企业绩效考核、信用评级、投融资和评先推优等的重要参考依据，促进提高达标建设的质量和水平。

（5）严格监督，加强宣传

各地区、各有关部门要分行业（领域）、分阶段组织实施，加强对安全生产标准化建设工作的督促检查，严格对有关评审和咨询单位进行规范管理。要深入基层、企业，加强对重点地区和重点企业的专题服务指导。加强安全专题教育，提高企业安全管理人员和从业人员的技能素质。充分利用各类舆论媒体，积极宣传安全生产标准化建设的重要意义和具体标准要求，营造安全生产标准化建设的浓厚社会氛围。国务院安全生产委员会办公室以及各地区、各有关部门要建立公告制度，定期发布安全生产标准化建设进展情况和达标企业、关闭取缔企业名单；及时总结推广有关地区、有关部门和企业的经验做法，培育典型，示范引导，推进安全生产标准化建设工作广泛深入、扎实有效开展。

5. 《关于进一步加强企业安全生产规范化建设 严格落实企业安全生产主体责任的指导意见》相关要求

2010 年 8 月 20 日，国家安全生产监督管理总局发布了《关于进一步加强企业安全生产规范化建设 严格落实企业安全生产主体责任的指导意见》（安监总办〔2010〕139 号），其中对企业安全生产标准化提出了进一步的要求：

深入贯彻落实科学发展观，坚持安全发展理念，指导督促企业完善安全生产责任体系，建立健全安全生产管理制度，加大安全基础投入，加强教育培训，推进企业全员、全过程、全方位安全生产管理，全面实施安全生产标准化，夯实安全生产基层基础工作，提升安全生产管理工作的规范化、科学化水平，有效遏制重特大事故发生，为实现安全生产提供基础保障。

提高企业安全生产标准化水平。企业要严格执行安全生产法律、法规和行业规程标准，按照《企业安全生产标准化基本规范》的要求，加大安全生产标准化建设投入，积极组织开展岗位达标、专业达标和企业达标的建设活动，并持续巩固达标成果，实现全面达标、本质达标和动态达标。

6. 《安全生产标准化基本规范》发布

2010 年 4 月 15 日，国家安全生产监督管理总局第 9 号公告发布了安全生产行业标准《安全生产标准化基本规范》（AQ/T 9006—2010），自 2010 年 6 月 1 日起实施。

《安全生产标准化基本规范》对各行业已经开展的安全生产标准化工作，在形式要求、基本内容、考评办法等方面做出了相对一致的规定，以进一步规范各项工作的开展。同时，《安全生产标准化基本规范》为调动企业开展安全生产标准化工作的积极性和主动性，结合企业安全生产工作的共性特点，制定出了操作性较强的安全生产工作规范，并以行业标准的形式予以发布。

第三节 企业安全生产标准化建设的目标和重要意义

一、企业安全生产标准化建设的目标

开展安全生产标准化活动，就是要引导和促进企业在全面贯彻落实现行的国家、地区、行业安全生产法律、法规、规程、规章和标准的同时，修订原有的相关标准、完善原有的相关标准、建立全新的安全生产标准，形成较为完整的安全生产标准体系。

在此基础上，认真贯彻安全生产标准，执行安全生产标准，落实安全生产标准和其他各项规章制度，把企业的安全生产工作全部纳入安全生产标准化的轨道，让企业的每个员工从事的每项工作都按安全生产标准和制度办事，从而促进企业工作规范、管理规范、操作规范、行为规范、技术规范，全面改进和加强企业内部的安全管理，全面开展达标活动，在全面按标准办事，加强安全基础管理，落实责任、落实任务、落实措施，提高安全工作质量、安全管理质量的同时，尽快淘汰危及安全的落后技术、工艺和装备，广泛采用新技术、新设备、新材料、新工艺，提高安全装备和设施质量，不断改善安全生产条件，提高企业本质安全程度和水平，进而达到消除隐患，控制好危险源，消灭事故的目的。

根据《国务院安全生产委员会关于深入开展企业安全生产标准化建设的指导意见》（安委〔2011〕4号），我国企业安全生产标准化的总体要求和目标任务是：

1. 总体要求

深入贯彻落实科学发展观，坚持"安全第一，预防为主，综合治理"的方针，牢固树立以人为本、安全发展理念，全面落实《国务院关于进一步加强企业安全生产工作的通知》和《国务院办公厅关于继续深入扎实开展"安全生产年"活动的通知》精神，按照《企业安全生产标准化基本规范》和相关规定，制定完善安全生产标准和制度规范。严格落实企业安全生产责任制，加强安全科学管理，实现企业安全管理的规范化。加强安全教育培训，强化安全意识、技术操作和防范技能，杜绝"三违"。加大安全投入，提高专业技术装备水平，深化隐患排查治理，改进现场作业条件。通过安全生产标准化建设，实现岗位达标、专业达标和企业达标，各行业（领域）企业的安全生产水平明显提高，安全管理和事故防范能力明显增强。

2. 目标任务

在工矿、商贸和交通运输行业（领域）深入开展安全生产标准化建设，重点突出煤矿、非煤矿山、交通运输、建筑施工、危险化学品、烟花爆竹、民用爆炸物品、冶金等行业（领域），并要求按照时间阶段性完成各项任务。要建立健全各行业（领域）企业安全生产标准化评定标准和考评体系；进一步加强企业安全生产规范化管理，推进全员、全方位、全过程安全管理；加强安全生产科技装备，提高安全保障能力；严格把关，分行业（领域）开展达标考评验收；不断完善工作机制，将安全生产标准化建设纳入企业生产经营全过程，促进安全生产标准化建设的动态化、规范化和制度化，有效提高企业本质安全水平。

二、企业安全生产标准化建设的重要意义

目前，我国进入以重工业快速发展为特征的工业化中期，工业高速增长，加剧了煤、电、油、运等紧张的状况，加大了事故风险，处于事故易发期，安全生产工作的压力很大。如何采取适合我国经济发展现状和企业实际的安全监管方法和手段，使企业安全生产状况得以有效控制并稳定好转，是当前安全生产工作的重要内容之一。安全生产标准化体现了"安全第一，预防为主，综合治理"的方针和"以人为本"的科学发展观，代表了现代安全管理的发展方向，是先进安全生产管理思想与我国传统安全生产管理方法、企业具体实际的有机结合。开展安全生产标准化活动，将能进一步落实企业安全生产主体责任，改善安全生产条件，提高管理水平，预防事故，对保障生命财产安全有着重大意义。

实施安全生产标准化的重要意义，主要体现在以下几个方面：

1. 落实安全生产主体责任的基本手段

各行业安全生产标准化考评标准，无论从管理要素，还是设备设施要求、现场条件等，均体现了法律、法规、标准、规程的具体要求，以管理标准化、操作标准化、现场标准化为核心，制定符合自身特点的各岗位、工种的安全生产规章制度和操作规程，形成安全生产管理有章可循、有据可依、照章办事的良好局面，规范和提高从业人员的安全操作技能。通过建立、健全企业主要负责人、管理人员、从业人员的安全生产责任制，将安全生产责任从企业法人落实到每个从业人员、操作岗位，强调了全员参与的重要意义，进行全员、全过程、全方位的梳理工作，全面细致地查找各种事故隐患和问题，以及与考评标准规定不符合的地方，制定切实可行的整改计划，落实各项整改措施，从而将安全生产的主体责任落实到位，促使企业安全生产状况持续好转。

2. 建立安全生产长效机制的有效途径

开展安全生产标准化活动重在基础、重在基层、重在落实、重在治本。安全生产标准化要求企业各个工作部门、生产岗位、作业环节的安全生产管理、规章制度和各种设备设施、作业环境，必须符合法律、法规、标准、规程等要求，是一项系统、全面、基础和长期的工作，克服了工作的随意性、临时性和阶段性，做到用法规抓安全，用制度保安全，实现企业安全生产工作规范化、科学化。同时，安全生产标准化比传统的质量标准化具有更先进的理念和方法，比国外引进的职业安全健康管理体系有更具体的实际内容，是现代安全生产管理

思想和科学方法的中国化，有利于形成和促进企业安全文化建设，促进安全生产管理水平的不断提升。

3. 提高安全生产监管水平的有力抓手

开展安全生产标准化工作，对于实行安全许可的矿山、危险品、烟花爆竹等行业，可以全面满足安全许可制度的要求，保证安全许可制度的有效实施，最终能够达到强化源头管理的目的；对于冶金、有色、机械等无行政许可的行业，完善了监管手段，在一定程度上解决了监管缺乏手段的问题，提高了监管力度和监管水平。同时，实施安全生产标准化建设考评，将企业划分为不同等级，能够客观真实地反映出各地区企业安全生产状况和不同安全生产水平的企业数量，为加强安全监管提供有效的基础数据，为政府实施安全生产分类指导、分级监管提供重要依据。

4. 防范和降低生产安全事故发生的有效办法

我国是世界制造大国，行业门类全、企业多，企业规模、装备水平、管理能力差异很大，特别是中小型企业的安全生产管理基础薄弱，生产工艺和装备水平较低，作业环境相对较差，事故隐患较多，伤亡事故时有发生。安全生产事故多发的原因之一就是安全生产责任不到位，基础工作薄弱，管理混乱，"三违"现象不断发生。安全生产标准化是以隐患排查治理为基础，强调任何事故都是可以预防的理念，将传统的事后处理，转变为事前预防。开展安全生产标准化工作，就是要求企业加强安全生产基础工作，建立严密、完整、有序的安全生产管理体系和规章制度，完善安全生产技术规范，使安全生产工作经常化、规范化和标准化。要求企业建立、健全岗位标准，严格执行岗位标准，杜绝违章指挥、违章作业和违反劳动纪律等现象，切实保障广大人民群众生命财产安全。

第四节　企业安全生产标准化工作原则

一、推进安全生产标准化工作的重点

安全生产标准化工作是由国务院总体部署，国家安全生产监督管理总局指导推动的一项重要工作。《国务院关于进一步加强安全生产工作的决定》对安全生产标准工作做出了总体部署，要求"制定和颁布重点行业、领域安全生产技术规范和安全生产质量工作标准。企业生产流程各环节、各岗位要建立严格的安全生产质量责任制。生产经营活动和行为，必须符合安全生产有关法律法规和安全生产技术规范的要求，做到规范化和标准化"。

为推进安全生产标准化工作，原国家安全生产监督管理局印发了《关于开展安全质量标准化活动的指导意见》，还组织召开了各省级安全生产监督管理部门和中央企业安全管理部门参加的安全生产标准化宣贯会议，并多次在创建、运行安全生产标准化成效显著的企业召开安全生产标准化工作现场会，介绍地方安全生产监督管理部门推动及企业创建安全生产标准化的经验，用事实、成果和经验推动安全生产标准化工作。

推进安全标准化的几项重点工作主要有：

1. 针对行业特点，加强制度建设

国家安全生产监督管理总局组织力量，制定了煤矿、金属非金属矿山、危险化学品、烟花爆竹、冶金、机械等行业的考核标准和考评办法，初步形成了覆盖主要行业的安全生产标准化考核标准和评分办法。煤矿考核评级办法分为采煤、掘进、机电、运输、通风、地测防治水 6 个专业，同时要求满足矿井百万吨死亡率、采掘关系、资源利用、风量及制定并执行安全质量标准化检查评比及奖惩制度等方面的规定；金属非金属矿山通过国际合作，借鉴南非的经验，围绕建设安全生产标准化的 14 个核心要素制定了金属非金属地下矿山、露天矿山、尾矿库、小型露天采石场安全生产标准化评分办法；危险化学品采用了计划（P）、实施（D）、检查（C）、改进（A）动态循环、持续改进的管理模式；烟花爆竹分为生产企业和经营企业两部分，制定了考核标准和评分办法；冶金行业制定了炼铁、炼钢单元的考评标准，并起草了烧结、焦化、轧钢等主要工艺单元的考评标准；机械制造企业分为基础管理考评、设备设施安全考评、作业环境与职业健康考评。有色、水泥、烟草等行业的考评标准也逐步完善。

2. 摸索经验，积极推动

为提高企业开展安全生产标准化工作的积极性，各地在推进安全生产标准化过程中，摸索出了一些行之有效的经验和办法。部分地区出台了有利于推动安全生产标准化发展的奖惩规定，如取得安全生产标准化证书的企业在安全生产许可证有效期届满时，可以不再进行安全评价，直接办理延期手续；在安全生产责任保险中，其存保额可按下限缴纳；在安全生产评优、奖励、政策扶持等方面优先考虑。

二、安全生产标准化工作的部署

1. 统一规范管理

根据国家安全生产监督管理总局要求，出台《安全生产标准化通用规范》明确安全生产标准化的总体原则、管理模式和要求。加强对安全生产标准化工作的统一组织领导，做好不同行业、领域安全生产标准化的协调工作，研究制定安全生产标准化的整体工作方案，统一等级设置、评审程序、公告发牌等要求；制定安全生产标准化的通用规范，完善与之配套的行业考核标准和考评办法，形成一套完整的标准化工作文件，健康、有序地推进安全生产标准化工作。

2. 加快相关配套措施出台

应充分利用政策措施和经济杠杆的推动力和拉动力，把安全生产标准化与行政许可、监管监察执法、评优评先、保险费率等有机结合起来，制定相应的优惠激励政策，调动企业开展创建工作的积极性，推动安全生产标准化的广泛实施。如安全生产许可证到期时，对处于安全生产标准化达标有效期内的企业，可以取消安全评价、现场审查等条件；安全生产标准化等级与风险抵押金缴纳、工伤保险费率、安全生产责任险费率、融资贷款等挂钩；把安全生产标准化工作作为表彰奖励的条件，在目标考核中增加安全生产标准化落实情况的内容；对达标企业进行行政处罚时取下限，对未达标企业处罚取上限等。

3. 加强舆论宣传力度

充分利用各种条件，采取各种形式，加大安全生产标准化工作宣传力度，同时大力宣传各地的典型经验，不断提高社会各方面对安全生产标准化重要性的认识，实现从"要我达标"到"我要达标"的转变。

4. 对各地标准化工作进行量化考核

国家安全生产监督管理总局对各地安全生产标准化工作进行全面部署，加大工作力度。如在年度安全生产标准化工作的基础上，数量提高多少比例，总量达到多少等。从而扩大安全生产标准化的工作面和影响力，增加标准化企业的数量，同时提高标准化的质量和水平。

三、实施企业安全生产标准化的要素

安全生产标准化的具体实施有四大要素，即安全生产管理标准化、安全生产现场标准化、岗位安全操作标准化和过程控制标准化。

1. 安全生产管理标准化

通过制定科学的管理标准来规范人的思想行为，确定组织成员必须遵守的行为准则，要求生产经营单位的每一环节，都必须按一定的方法和标准来运行，实现管理的规范化。其内容主要包括：安全生产责任制，纵向到底，横向到边，不留死角；安全生产规章制度；安全生产管理网络，安全操作规程；建立安全生产培训教育、安全生产活动，安全检查，隐患整改指令台账及安全生产例会等各种会议记录；应急救援与伤亡事故调查处理等。

2. 安全生产现场标准化

通过生产现场标准化的实施，来实现人、机、环境的合理匹配，使安全生产管理达到最佳状态。其内容主要包括：生产现场安全装备系列化；生产场所安全化；管线吊装艺术化；现场定置科学化；作业牌板、安全标志规范化；文明生产管理标准化；要害部位管理标准化；现场应急处置标准化等。

3. 岗位安全操作标准化

一是指人的安全操作规程、保证人在生产操作中不受伤害；二是作业姿势、作业方法要符合人的身体健康；三是在作业环境中存在各种有毒有害因素时，作业者必须穿戴的防护用具用品以及处置办法。岗位安全操作标准化内容主要包括：现场作业人、岗、证"三对口"；现场作业反"三违"；正确使用安全设备、个人防护用具；特殊作业管理；岗位作业标准等。

4. 过程控制标准化

从安全角度看，过程控制的核心是控制人的不安全行为和物的不安全状态，其控制方式可以分为：预防控制、更正性控制、行为过程控制和事故控制。其主要内容包括：一是过程的确认。应分析、确认过程中有没有危险或有害因素，应当采取怎样的措施。确认的内容一般应包括：作业准备的确认、作业方法的确认、设备运行的确认、关闭设备的确认、多人作业的确认等。确认的方法，一般采用检查表、流程图、监护指挥、模拟操作等确认法。二是程序的制定。过程控制必须通过程序来完成，如设计程序、项目审批程序、检查程序、监护程序、隐患查处程序、救护应急程序等。

第五节　企业安全生产标准化建设实施

一、企业安全生产标准化建设流程

企业安全生产标准化建设流程包括策划准备及制定目标、教育培训、现状梳理、管理文件制修订、实施运行及整改、企业自评、评审申请、外部评审 8 个阶段。

1. 策划准备及制定目标

策划准备阶段首先要成立领导小组，由企业主要负责人担任领导小组组长，所有相关的职能部门的主要负责人作为成员，确保安全生产标准化建设组织保障；成立执行小组，由各部门负责人、工作人员共同组成，负责安全生产标准化建设过程中的具体问题。

制定安全生产标准化建设目标，并根据目标来制定推进方案，分解落实达标建设责任，确保各部门在安全生产标准化建设过程中任务分工明确，顺利完成各阶段工作目标。

2. 教育培训

安全生产标准化建设需要全员参与。教育培训首先要解决企业领导层对安全生产标准化建设工作重要性的认识，加强其对安全生产标准化工作的理解，从而使企业领导层重视该项工作，加大推动力度，监督检查执行进度；其次要解决执行部门、人员操作的问题，培训评定标准的具体条款要求是什么，本部门、本岗位、相关人员应该做哪些工作，如何将安全生产标准化建设和企业日常安全管理工作相结合。

同时，要加大安全生产标准化工作的宣传力度，充分利用企业内部资源广泛宣传安全生产标准化的相关文件和知识，加强全员参与度，解决安全生产标准化建设的思想认识和关键问题。

3. 现状梳理

对照相应专业评定标准（或评分细则），对企业各职能部门及下属各单位安全生产管理情况、现场设备设施状况进行现状摸底，摸清各单位存在的问题和缺陷；对于发现的问题，定责任部门、定措施、定时间、定资金，及时进行整改并验证整改效果。现状摸底的结果作为企业安全生产标准化建设各阶段进度任务的针对性依据。

企业要根据自身经营规模、行业地位、工艺特点及现状摸底结果等因素及时调整达标目标，注重建设过程，真实有效可靠，不可盲目一味追求达标等级。

4. 管理文件制修订

安全生产标准化对安全生产管理制度、操作规程等要求，核心在其内容的符合性和有效性，而不是对其名称和格式的要求。企业要对照评定标准，对主要安全生产管理文件进行梳理，结合现状摸底所发现的问题，准确判断管理文件亟待加强和改进的薄弱环节，提出有关文件的制修订计划；以各部门为主，自行对相关文件进行制修订，由标准化执行小组对管理文件进行把关。

5. 实施运行及整改

根据制修订后的安全生产管理文件，企业要在日常工作中进行实际运行。根据运行情况，对照评定标准的条款，按照有关程序，将发现的问题及时进行整改及完善。

6. 企业自评

企业在安全生产标准化系统运行一段时间后，依据评定标准，由标准化执行小组组织相关人员，开展自主评定工作。

企业对自主评定中发现的问题进行整改，整改完毕后，着手准备安全生产标准化评审申请材料。

7. 评审申请

企业要与相关安全生产监督管理部门或评审组织单位联系，严格按照相关行业规定的评审管理办法，完成评审申请工作。企业在自评材料中，应当将每项考评内容的得分及扣分原因进行详细描述，要通过申请材料反映企业工艺及安全生产管理情况；根据自评结果确定拟申请的等级，按相关规定到属地或上级安全生产监督管理部门办理外部评审推荐手续后，正式向相应的评审组织单位（承担评审组织职能的有关部门）递交评审申请。

8. 外部评审

接受外部评审单位的正式评审，在外部评审过程中，积极主动配合，由参与安全生产标准化建设执行部门的有关人员参加外部评审工作。企业应对评审报告中列举的全部问题，形成整改计划，及时进行整改，并配合评审单位上报有关评审材料。外部评审时，可邀请属地安全生产监督管理部门派员参加，便于安全生产监督管理部门监督评审工作，掌握评审情况，督促企业整改评审过程中发现的问题和隐患。

二、企业安全生产标准化建设的法律责任

《国务院关于进一步加强企业安全生产工作的通知》（国发〔2010〕23号）要求：凡在规定时间内未实现安全生产标准化达标的企业要依法暂扣其生产许可证、安全生产许可证，责令停产整顿；对整改逾期未达标的，地方政府要依法予以关闭；安全标准化分级考核评价结果向社会公开，并向银行业、证券业、保险业、担保业等主管部门通报，作为企业信用评级的重要参考依据。

国务院安全生产委员会《关于深入开展企业安全生产标准化建设的指导意见》（安委〔2011〕4号）要求：对在规定期限内仍达不到最低标准、不具备安全生产条件、不符合国家产业政策、破坏环境、浪费资源，以及发生各类非法违法生产经营建设行为的企业，要依法关闭取缔一批；对在规定时间内未实现达标的，要依法暂扣其生产许可证、安全生产许可证，责令停产整顿一批；对具备基本达标条件，但安全技术装备相对落后的，要促进达标升级，改造提升一批；对在本行业（领域）具有示范带动作用的企业，要加大支持力度，巩固发展一批。企业安全生产标准化达标结果向银行、证券、保险、担保等主管部门通报，作为企业绩效考核、信用评级、投融资和评先推优等的重要参考依据，促进提高达标建设的质量和水平。

煤矿、非煤矿山、交通运输、建筑施工、危险化学品、烟花爆竹、民用爆炸物品、冶金等行业（领域）分别对安全标准化建设工作提出了具体要求，如非煤矿山行业，国务院安全生产委员会办公室《关于贯彻落实〈国务院关于进一步加强企业安全生产工作的通知〉精神进一步加强非煤矿山安全生产工作的实施意见》（安委办〔2010〕17号）要求在规定时间内未达到安全标准化最低等级的，要依法吊销其安全生产许可证，提请县级以上地方政府依法予以关闭。2011年1月1日以后换发安全生产许可证的，必须达到安全标准化最低等级，否则不予办理延期换证手续。

第二章 企业安全生产标准化建设基本规范

第一节 企业安全生产标准化建设基本规范概况

一、《企业安全生产标准化基本规范》及其特点

2010 年 4 月 15 日，国家安全生产监督管理总局发布了《企业安全生产标准化基本规范》（以下简称《基本规范》）安全生产行业标准，标准编号为 AQ/T 9006—2010，自 2010 年 6 月 1 日起实施。

《基本规范》共分为范围、规范性引用文件、术语和定义、一般要求、核心要求等五章。在核心要求这一章，对企业安全生产工作的组织机构、安全投入、安全管理制度、人员教育培训、设备设施运行管理、作业安全管理、隐患排查和治理、重大危险源监控、职业健康、应急救援、事故的报告和调查处理、绩效评定和持续改进等方面的内容作了具体规定。

《基本规范》的特点主要有以下三个方面：

（1）采用了国际通用的策划（P. Plan）、实施（D. Do）、检查（C. Check）、改进（A. Act）动态循环的 PDCA 现代安全生产管理模式。通过企业自我检查、自我纠正、自我完善这一动态循环的管理模式，能够更好地促进企业安全生产绩效的持续改进和安全生产长效机制的建立。

（2）对各行业、各领域具有广泛适用性。《基本规范》总结归纳了煤矿、危险化学品、金属非金属矿山、烟花爆竹、冶金、机械等已经颁布的行业安全生产标准化标准中的共性内容，提出了企业安全生产管理的共性基本要求，既适应各行业安全生产工作的开展，又避免了自成体系的局面。

（3）体现了企业主体责任与外部监督相结合的思想。《基本规范》要求企业对安全生产标准化工作进行自主评定，自主评定后申请外部评审定级，并由安全生产监督管理部门对评审定级进行监督。

二、《企业安全生产标准化基本规范》实施的意义

《基本规范》实施的重要意义主要体现在以下几个方面：

（1）有利于进一步规范企业的安全生产工作

《基本规范》涉及企业安全生产工作的方方面面，提出的要求明确、具体，较好地解决了企业安全生产工作"干什么"和"怎么干"的问题，能够更好地引导企业落实安全生产责任，做好安全生产工作。

（2）有利于进一步维护从业人员的合法权益

安全生产工作的最终目的都是为了保护人民群众的生命财产安全，《基本规范》的各项规定，尤其是关于教育培训和职业健康的规定，可以更好地保障从业人员安全生产方面的合法权益。

（3）有利于进一步促进安全生产法律、法规的贯彻落实

安全生产法律、法规对安全生产工作提出了原则要求，设定了各项法律制度。《基本规范》是对这些相关法律制度内容的具体化和系统化，并通过运行使之成为企业的生产行为规范，从而更好地促进安全生产法律、法规的贯彻落实。

三、《企业安全生产标准化基本规范》的贯彻落实要求

《基本规范》的发布实施是安全生产标准化工作中的大事，是搞好安全生产监督管理工作的有益尝试。《基本规范》能否取得预期的效果，关键在落实。

（1）组织制定相关配套规定

企业安全生产标准化是一项系统工程，涉及各行业的各个生产环节。《基本规范》的全面贯彻落实，需要配套的制度规定。各地区应根据《基本规范》的相关规定，结合本地实际，对近年已经开展的安全生产标准化工作进行梳理，积极研究制定、修订有关企业安全生产标准化的配套规定，尤其要针对不同行业、不同规模的企业制定更加具体的规定，加强《基本规范》适用的针对性。

（2）加强与安全生产有关工作的衔接

在煤矿、非煤矿山、危险化学品、烟花爆竹等高危行业，《基本规范》的实施与安全生产许可证工作相结合。各安全生产许可证颁发管理机关在安全生产许可证发证和延期审查时，应严格依据《安全生产许可证条例》及其有关配套规章的规定，结合《基本规范》的有关内容，并综合考量企业安全生产标准化自主评定和外部评审的结果后，再做出是否同意的决定。

（3）搞好《基本规范》实施的监督检查

安全生产监督管理部门应结合年度的行政执法计划，深入开展《基本规范》实施的监督检查，督促企业根据《基本规范》的要求，完善相应的安全生产管理制度，并针对当前安全生产管理中存在的问题和薄弱环节，完善工作机制，健全规章制度，切实提高安全生产管理

水平。同时，应以《基本规范》发布实施为契机，进一步规范安全生产行政执法行为，提升安全生产监督管理和监察水平，使政府的安全生产监督管理与企业的安全管理形成良性互动。通过学习宣传贯彻《基本规范》，加强企业安全生产规范化建设，提高企业安全生产管理能力，可使各行业逐步实现岗位达标、专业达标和企业达标，进一步促进全国安全生产形势的稳定好转。

四、《企业安全生产标准化基本规范》的范围和一般要求

企业安全生产标准化基本目标是：企业根据自身安全生产实际，制定总体和年度安全生产目标；按照所属基层单位和部门在生产经营中的职能，制定安全生产指标和考核办法。

1. 范围

《基本规范》适用于工矿企业开展安全生产标准化工作以及对标准化工作的咨询、服务和评审；其他企业和生产经营单位可参照执行。

有关行业制定安全生产标准化标准应满足《基本规范》的要求；已经制定行业安全生产标准化标准的，优先适用行业安全生产标准化标准。

2. 标准中适用的术语和定义

（1）安全生产标准化

通过建立安全生产责任制，制定安全生产管理制度和操作规程，排查治理隐患和监控重大危险源，建立预防机制，规范生产行为，使各生产环节符合有关安全生产法律、法规和标准规范的要求，人、机、环处于良好的生产状态，并持续改进，不断加强企业安全生产规范化建设。

（2）安全绩效

根据安全生产目标，在安全生产工作方面取得的可测量结果。

（3）相关方

与企业的安全绩效相关联或受其影响的团体或个人。

（4）资源

实施安全生产标准化所需的人员、资金、设施、材料、技术和方法等。

3. 一般要求

（1）原则

企业开展安全生产标准化工作，遵循"安全第一，预防为主，综合治理"的方针，以隐患排查治理为基础，提高安全生产水平，减少事故发生，保障人身安全健康，保证生产经营活动的顺利进行。

（2）建立和保持

企业安全生产标准化工作采用"策划、实施、检查、改进"动态循环的模式，依据《基本规范》的要求，结合自身特点，建立并保持安全生产标准化系统；通过自我检查、自我纠正和自我完善，建立安全绩效持续改进的安全生产长效机制。

（3）评定和监督

企业安全生产标准化工作实行企业自主评定、外部评审的方式。

企业应当根据本《基本规范》和有关评分细则，对本企业开展安全生产标准化工作情况进行评定；自主评定后申请外部评审定级。

安全生产标准化评审分为一级、二级、三级，一级为最高，各行业领域可根据实际情况需要，制定相关评审等级。

安全生产监督管理部门对评审定级进行监督管理。

第二节 《企业安全生产标准化建设基本规范》通用条款释义

一、安全生产目标

1. 目标

企业的安全生产目标管理是指企业在一个时期内，根据国家等有关要求，结合自身实际，制定安全生产目标、层层分解，明确责任、落实措施；定期考核、奖惩兑现，达到现代化安全生产目的的科学管理方法。因此，企业应制定对安全生产目标的管理制度，从制度层面规定其从制定、分解到实施、考核等所有环节的要求，保证目标执行的闭环管理。其范围应包括企业的所有部门、所属单位和全体员工。该制度可以单独建立，也可以和其他目标的制度融合在一起。通过职业健康安全管理体系认证的企业，有《方针和目标控制程序》的程序文件，一般要求比较抽象，不具体，可操作性不强，不能满足环节内容的要求，需要修订。

企业应按照安全生产目标管理制度的要求，制定具体的年度安全生产目标。各企业具体的目标不尽相同，但应该是合理的，可以实现的。目标制定的主要原则有：

（1）符合原则：符合有关法规标准和上级要求。

（2）持续进步原则：比以前的稍高一点，"跳起来，够得着"，能够实现。

（3）"三全"原则：覆盖全员、全过程、全方位。

（4）可测量原则：可以量化测量，否则无法考核兑现绩效。

（5）重点原则：突出重点、难点工作。

2. 监测与考核

企业应根据所属基层单位和所有的部门在安全生产中的职能以及可能面临的风险大小，

将安全生产目标进行分解。原则上应包括所有的单位和职能部门,如安全生产管理部门、生产部门、设备部门、人力资源部门、财务部门、党群部门等。如果企业管理层级较多,各所属单位可以逐级承接分解细化企业总的年度安全生产目标,实现所有的单位、所有的部门、所有的人员都有安全目标要求。为了保障年度安全生产目标与指标的完成,要针对各项目标,制订具体的实施计划和考核办法。

主管部门应在目标实施计划的执行过程中,按照规定的检查周期和关键节点,对目标进行监测检查、有效监督,发现问题及时解决。同时保存有关监测检查的记录资料,以便提供考核依据。

年度各项安全生产目标的完成情况如何,需要进行定期的总结评估分析。评估分析后,如发现企业当前的目标完成情况与设定的目标计划不符合时,应对目标进行必要的调整,并修订实施计划。总结评估分析的周期应和考核的周期频次保持一致,原则上应由月度、季度、半年度的总结评估分析和考核。总结评估分析的内容应全面、实事求是,充分肯定成绩的同时,认真查找需要改进提高的方面。

二、组织机构和职责

1. 生产经营单位安全生产管理机构

生产经营单位的安全生产管理必须有组织上的保障,否则就无法真正有效地抓安全生产管理工作。在生产经营单位内部,安全生产管理上的组织保障主要包含了两层意思:一是安全生产管理机构的保障;二是安全生产管理人员的保障。

安全生产管理机构是指生产经营单位中专门负责安全生产监督管理的内设机构。安全生产管理人员是指生产经营单位从事安全生产管理工作的专职或者兼职人员。在生产经营单位专门从事安全生产管理工作的人员就是专职的安全生产管理人员;在生产经营单位既承担其他工作职责、工作任务,同时又承担安全生产管理职责的人员则为兼职安全生产管理人员。安全生产机构和安全生产管理人员的作用是落实国家有关安全生产的法律、法规,组织生产经营单位内部各种安全生产检查活动,负责日常安全生产检查,及时整改各种事故隐患,监督安全生产责任制的落实等。

2. 生产经营单位安全生产管理机构和人员的设置配备要求

根据《安全生产法》的规定,生产经营单位安全生产管理机构的设置应满足如下要求:

矿山、建筑施工单位和危险物品的生产、经营、储存单位,以及从业人员超过300人的其他生产经营单位,应当设置安全生产管理机构或者配备专职安全生产管理人员。具体是否设置安全生产管理机构或者配备多少专职安全生产管理人员,则应根据生产经营单位危险性的大小、从业人员的多少、生产经营规模的大小等因素确定。

除从事矿山开采、建筑施工和危险物品生产、经营、储存活动的生产经营单位外，其他生产经营单位是否设立安全生产管理机构以及是否配备专职安全生产管理人员，则要根据其从业人员的规模来确定。

除矿山、建筑施工单位和危险物品的生产、经营、储存单位之外的生产经营单位，从业人员不超过300人的，可以设置安全生产管理机构或者配备专职安全生产管理人员，或者委托具有国家规定的相关专业技术资格的工程技术人员提供安全生产管理服务。生产经营单位依照规定委托工程技术人员提供安全生产管理服务的，保证安全生产的责任仍由本单位负责。

生产经营单位配备的安全生产管理人员素质要求：生产经营单位的安全生产管理人员必须具备与本单位所从事的生产经营活动相应的安全生产知识和管理能力。危险物品的生产、经营、储存单位以及矿山、建筑施工单位的安全生产管理人员，应当由有关主管部门对其安全生产知识和管理能力考核合格后方可任职。

3. 安全生产责任制

（1）什么是安全生产责任制

什么是安全生产责任制？安全生产责任制是根据我国的安全生产方针"安全第一，预防为主，综合治理"和安全生产法规以及"管生产的同时必须管安全"这一原则，建立的各级领导、职能部门、工程技术人员、岗位操作人员在劳动生产过程中对安全生产层层负责的制度，是将以上所列的各级负责人员、各职能部门及其工作人员和各岗位生产人员在安全生产方面应做的事情和应负的责任加以明确规定的一种制度。安全生产责任制是企业岗位责任制的一个组成部分，是企业中最基本的一项安全生产制度，也是企业安全生产、劳动保护管理制度的核心。实践证明，凡是建立、健全了安全生产责任制的企业，各级领导重视安全生产、劳动保护工作，切实贯彻执行党的安全生产、劳动保护方针、政策和国家的安全生产、劳动保护法规，在认真负责地组织生产的同时，积极采取措施，改善劳动条件，安全生产事故和职业性疾病就会减少。反之，就会职责不清，相互推诿，从而使安全生产、劳动保护工作无人负责，无法进行，安全生产事故与职业病就会不断发生。

（2）安全生产责任制的主要内容

安全生产责任制纵向方面，即从上到下所有类型人员都有相应的安全生产职责。在建立责任制时，可首先将本单位从主要负责人一直到岗位工人分成相应的层级；然后结合本单位的实际工作，对不同层级的人员在安全生产中应承担的职责做出规定。横向方面，即各职能部门（包括党、政、工、团）都有相应的安全生产职责。在建立责任制时，可按照本单位职能部门的设置（如安全生产、设备、计划、技术、生产、基建、人事、财务、设计、档案、培训、党办、宣传、工会、团委等部门），分别对其在安全生产中应承担的职责做出规定。

生产经营单位在建立安全生产责任制时，在纵向方面至少应包括下列几类人员：

1）生产经营单位主要负责人。生产经营单位的主要负责人是本单位安全生产的第一责任者，对安全生产工作全面负责。生产经营单位的主要负责人的安全生产职责有：①建立、健全本单位安全生产责任制。组织制定本单位安全生产规章制度和操作规程。②保证本单位安全生产投入的有效实施。③督促、检查本单位的安全生产工作，及时消除生产安全事故隐患。④组织制定并实施本单位的生产安全事故应急救援预案。⑤及时、如实报告生产安全事故。具体可根据上述内容，并结合本单位的实际情况对主要负责人的职责做出具体规定。

2）生产经营单位其他负责人。生产经营单位其他负责人的职责是协助主要负责人搞好安全生产工作。不同的负责人管的工作不同，应根据其具体分管工作，对其在安全生产方面应承担的具体职责作出规定。

3）生产经营单位职能管理机构负责人及其工作人员。各职能部门都会涉及安全生产职责，需根据各部门职责分工做出具体规定。各职能部门负责人的职责是按照本部门的安全生产职责，组织有关人员做好本部门安全生产责任制的落实，并对本部门职责范围内的安全生产工作负责；各职能部门的工作人员则是在其职责范围内做好有关安全生产工作，并对自己职责范围内的安全生产工作负责。

4）班组长。班组安全生产是搞好企业安全生产工作的关键。班组长全面负责本班组的安全生产，是安全生产法律、法规和规章制度的直接执行者。班组长的主要职责是贯彻执行本单位对安全生产的规定和要求，督促本班组的工人遵守有关安全生产规章制度和安全操作规程，切实做到不违章指挥，不违章作业，遵守劳动纪律。

5）岗位工人。岗位工人对本岗位的安全生产负直接责任。岗位工人要接受安全生产教育和培训，遵守有关安全生产规章和安全操作规程，不违章作业，遵守劳动纪律。特种作业人员必须接受专门的培训，经考试合格取得安全操作资格证书后，方可上岗作业。

三、安全生产投入

1. 安全生产投入的要求

保证必要的安全生产投入是实现安全生产目标的重要基础。《安全生产法》规定，生产经营单位应当具备安全生产条件所必需的资金投入。生产经营单位必须安排适当的资金，用于改善安全生产设施，进行安全生产教育培训，更新安全生产技术装备、器材、仪器、仪表以及其他安全生产设备设施，以保证生产经营单位达到法律、法规、标准规定的安全生产条件，并对由于安全生产所必需的资金投入不足导致的后果承担责任。

安全生产投入资金具体由谁来保证，应根据企业的性质而定。一般来说，股份制企业、合资企业等安全生产投入资金由董事会予以保证；一般国有企业由厂长或者经理予以保证；

个体工商户等个体经济组织由投资人予以保证。上述保证人承担由于安全生产所必需的资金投入不足而导致事故后果的法律责任。

为了进一步建立和完善安全生产投入的长效机制，在总结经验、广泛调研、征求意见基础上，财政部、国家安全生产监督管理总局对原有的《煤炭生产安全费用提取和使用管理办法》（财建〔2004〕119号）、《关于调整煤炭生产安全费用提取标准、加强煤炭生产安全费用使用管理与监督的通知》（财建〔2005〕168号）、《烟花爆竹生产企业安全费用提取与使用管理办法》（财建〔2006〕180号）和《高危行业企业安全生产费用财务管理暂行办法》（财企〔2006〕478号）进行了整合、修改、补充和完善，形成了统一的《企业安全生产费用提取和使用管理办法》（财企〔2012〕16号），以满足企业安全生产新形势的需求，进一步加强企业安全生产保障能力。管理办法在原有煤矿、非煤矿山、危险化学品、烟花爆竹、建筑施工、道路交通等行业基础上，进一步扩大了适用范围，从六大行业扩展到九大行业，新增了冶金、机械制造、武器装备研制生产与试验三类行业（企业）。同时，提高了安全生产费用的提取标准，扩展了安全生产费用的使用方向，明确和细化了安全生产费用的使用范围，为企业安全生产提供了更加坚实的资金保障。安全生产费用使用不再局限于安全生产设施，还包括安全生产条件项目及安全生产宣传教育和培训、职业危害预防、井下安全避险、重大危险源监控及隐患治理等预防性投入和减少事故损失的支出，扩展了安全生产费用对企业安全生产保障的空间，对企业安全生产发挥更大的促进作用。

2. 安全生产费用的提取标准

危险品生产与储存企业以上年度实际营业收入为计提依据，采取超额累退方式按照以下标准平均逐月提取：

（1）营业收入不超过1 000万元的，按照4%提取；

（2）营业收入超过1 000万元至1亿元的部分，按照2%提取；

（3）营业收入超过1亿元至10亿元的部分，按照0.5%提取；

（4）营业收入超过10亿元的部分，按照0.2%提取。

3. 安全生产费用的使用

危险品生产与储存企业安全生产费用的使用

（1）完善、改造和维护安全防护设施设备支出（不含"三同时"要求初期投入的安全设施），包括车间、库房、罐区等作业场所的监控、监测、通风、防晒、调温、防火、灭火、防爆、泄压、防毒、消毒、中和、防潮、防雷、防静电、防腐、防渗漏、防护围堤或者隔离操作等设施设备支出；

（2）配备、维护、保养应急救援器材、设备支出和应急演练支出；

（3）开展重大危险源和事故隐患评估、监控和整改支出；

（4）安全生产检查、评价（不包括新建、改建、扩建项目安全评价）、咨询和安全生产标准化建设支出；

（5）配备和更新现场作业人员安全防护用品支出；

（6）安全生产宣传、教育、培训支出；

（7）安全生产适用的新技术、新标准、新工艺、新装备的推广应用支出；

（8）安全生产设施及特种设备检测检验支出；

（9）其他与安全生产直接相关的支出。

四、安全生产规章制度与操作规程

1. 什么是安全生产规章制度

生产经营单位安全生产规章制度是指生产经营单位依据国家有关法律、法规、国家和行业标准，结合生产、经营的安全生产实际，以生产经营单位名义起草颁发的有关安全生产的规范性文件。一般包括：规程、标准、规定、措施、办法、制度、指导意见等。

安全生产规章制度是生产经营单位贯彻国家有关安全生产法律、法规、国家和行业标准，贯彻国家安全生产方针政策的行动指南，是生产经营单位有效防范生产、经营过程安全生产风险，保障从业人员安全和健康，加强安全生产管理的重要措施。

建立、健全安全生产规章制度是生产经营单位的法定责任。生产经营单位是安全生产的责任主体，国家有关法律、法规对生产经营单位加强安全规章制度建设有明确的要求。《安全生产法》规定：生产经营单位必须遵守本法和其他有关安全生产的法律、法规，加强安全生产管理，建立、健全安全生产责任制度，完善安全生产条件，确保安全生产。

生产经营单位安全生产管理规章制度基本可分为三大类：一是以生产经营单位安全生产责任制为核心的全单位性安全生产总则；二是各种单项制度，如安全生产的教育制度、检查制度、安全生产技术措施计划管理制度、特种作业人员培训制度、危险作业审批制度、伤亡事故管理制度、职业卫生管理制度、特种设备安全生产管理制度、电气安全管理制度、消防管理制度等；三是岗位安全操作规程。

2. 安全生产规章制度建设的原则

（1）主要负责人负责的原则

安全生产规章制度建设，涉及生产经营单位的各个环节和所有人员，只有生产经营单位主要负责人亲自组织，才能有效调动生产经营单位的所有资源，才能协调各个方面的关系。同时，我国安全生产的法律、法规明确规定，建立、健全本单位安全生产责任制，组织制定本单位安全生产规章制度和操作规程，是生产经营单位的主要负责人的职责。

（2）安全第一的原则

"安全第一，预防为主，综合治理"是我国的安全生产方针，也是安全生产客观规律的具体要求。生产经营单位要实现安全生产，就必须采取综合治理的措施，在事先防范上下功夫。企业在生产经营过程中，必须把安全生产工作放在各项工作的首位，正确处理安全生产和工程进度、经济效益等的关系。只有通过安全生产规章制度建设，才能把这一安全生产客观要求，融入生产经营单位的体制建设、机制建设、生产经营活动组织的各个环节，落实到生产、经营各项工作中去，才能保障安全生产。

（3）系统性原则

风险来自于生产、经营过程之中，只要生产、经营活动在进行，风险就客观存在。因此，要按照安全系统工程的原理，建立涵盖全员、全过程、全方位的安全生产规章制度，即：涵盖生产经营单位每个环节、每个岗位、每个人；涵盖生产经营单位的规划设计、建设安装、生产调试、生产运行、技术改造的全过程；涵盖生产经营全过程的事故预防、应急处置、调查处理等全方位的安全生产规章制度。

（4）规范化和标准化原则

生产经营单位安全生产规章制度的建设应实现规范化和标准化管理，以确保安全生产规章制度建设的严密、完整、有序。建立安全生产规章制度起草、审核、发布、教育培训、修订的严密的组织管理程序，安全生产规章制度编制要做到目的明确，流程清晰，标准明确，具有可操作性，按照系统性原则的要求，建立完整的安全生产规章制度体系。

五、安全生产教育培训

1. 安全生产教育培训的目的

《安全生产法》规定：生产经营单位应当对从业人员进行安全生产教育和培训，保证从业人员具备必要的安全生产知识，熟悉有关的安全生产规章制度和安全操作规程，掌握本岗位的安全操作技能。未经安全生产教育和培训合格的从业人员，不得上岗作业。

安全生产教育培训是企业安全生产工作的重要内容，坚持安全生产教育培训制度，搞好对全体职工的安全生产教育培训，对提高企业安全生产水平具有重要作用。

（1）统一思想，提高认识

通过教育培训，把全厂职工的思想统一到"安全第一，预防为主，综合治理"的方针上来，使企业的经营管理者和各级领导真正把安全生产摆在"第一"的位置，在从事企业经营管理活动中坚持"五同时"（企业的各级领导或管理者在计划、布置、检查、总结、评比生产的同时要计划、布置、检查、总结、评比安全工作）的基本原则；使广大职工认识安全生产的重要性，从"要我安全"变为"我要安全""我会安全"，做到"三不伤害"，即"我不伤害自己，我不伤害他人，我不被他人伤害"。提高企业自觉抵制"三违"现象的能力。

（2）提高企业的安全生产管理水平

安全生产管理包括对全体职工的安全生产管理，对设备、设施的安全生产技术管理和对作业环境的劳动卫生管理。通过安全生产教育培训，提高各级领导干部的安全生产政策水平，掌握有关安全生产法规、制度，学习应用先进的安全生产管理方法、手段，提高全体职工在各自工作范围内，对设备、设施和作业环境的安全生产管理能力。

（3）提高全体职工的安全生产知识水平和安全生产技能

安全生产知识包括对生产活动中存在的各类危险因素和危险源的辨识、分析、预防、控制知识。安全生产技能包括安全操作的技巧、紧急状态的应变能力以及事故状态的急救、自救和处理能力。通过安全生产教育培训，使广大职工掌握安全生产知识，提高安全操作水平，发挥自防自控的自我保护及相互保护作用，有效地防止事故。

鉴于企业经济实力和科技水平，设备、设施的安全状态尚未达到本质安全的程度，坚持不断地进行安全生产教育培训，减少和控制人的不安全行为，就显得尤为重要。

2. 安全生产教育培训的内容

安全生产教育培训的内容主要包括思想教育、法制教育、知识教育和技能训练。

（1）思想教育主要是安全生产方针政策教育、形势任务教育和重要意义教育等。通过形式多样、丰富多彩的安全生产教育，使各级领导牢固地树立起"安全第一"的思想，正确处理各自业务范围内的安全与生产、安全与效益的关系，主动采取事故预防措施；通过教育提高全体职工的安全生产意识，激励其安全生产动机，自觉采取安全生产行为。

（2）法制教育主要是法律、法规教育，执法守法教育，权利义务教育等。通过教育，使企业的各级领导和全体职工知法、懂法、守法，以法规为准绳约束自己，履行自己的义务；以法规为武器维护自己的权利。

（3）知识教育主要是安全生产管理、安全生产技术和劳动卫生知识教育。通过教育，使企业的经营管理者和各级领导了解和掌握安全生产规律，熟悉自己业务范围内必需的安全生产管理理论和方法及相关的安全技术、劳动卫生知识，提高安全生产管理水平；使全体职工掌握各自必要的安全生产科学技术，提高企业的整体安全生产素质。

（4）技能训练主要是针对各个不同岗位或工种的工人所必需的安全生产方法和手段的训练，例如安全操作技能训练、危险预知训练、紧急状态事故处理训练、自救互救训练、消防演练、逃生救生训练等。通过训练，使工人掌握必备的安全生产技能与技巧。

3. 对生产经营单位主要负责人的教育培训

（1）基本要求

1）危险物品的生产、经营、储存单位以及矿山、建筑施工单位的主要负责人必须进行安全生产资格培训，经安全生产监督管理部门或法律、法规规定的有关主管部门考核合格并取得安全生产资格证书后方可任职；

2）其他单位主要负责人必须按照国家有关规定进行安全生产培训；

3）所有单位主要负责人每年应进行安全生产再培训。

（2）培训的主要内容

1）国家有关安全生产的方针、政策、法律和法规及有关行业的规章、规程、规范和标准；

2）安全生产管理的基本知识、方法与安全生产技术，有关行业安全生产管理专业知识；

3）重大危险源管理、重大事故防范、应急管理和救援组织以及事故调查处理的有关规定；

4）职业危害及其预防措施；

5）国内外先进的安全生产管理经验；

6）典型事故和应急救援案例分析；

7）其他需要培训的内容。

（3）培训时间

危险物品的生产、经营、储存单位以及矿山、建筑施工单位主要负责人安全生产资格培训时间不得少于48学时；每年再培训时间不得少于16学时。

其他单位主要负责人安全生产管理培训时间不得少于32学时；每年再培训时间不得少于12学时。

（4）再培训的主要内容

再培训的主要内容是新知识、新技术和新本领，包括：

1）有关安全生产的法律、法规、规章、规程、标准和政策；

2）安全生产的新技术、新知识；

3）安全生产管理经验；

4）典型事故案例。

4. 对安全生产管理人员的教育培训

（1）基本要求

1）危险物品的生产、经营、储存单位以及矿山、建筑施工单位的安全生产管理人员必须进行安全生产资格培训，经安全生产监督管理部门或法律、法规规定的有关主管部门考核合格后并取得安全生产资格证书后方可任职；

2）其他单位安全生产管理人员必须按照国家有关规定进行安全生产培训；

3）所有单位安全生产管理人员每年应进行安全生产再培训。

（2）培训的主要内容

1）国家有关安全生产的方针、政策，及有关安全生产的法律、法规、规章及标准；

2）安全生产管理知识、安全生产技术，职业卫生等知识；

3）伤亡事故统计、报告及职业危害的调查处理方法；

4）应急管理、应急预案编制以及应急处置的内容和要求；

5）国内外先进的安全生产管理经验；

6）典型事故和应急救援案例分析；

7）其他需要培训的内容。

（3）培训时间

危险物品的生产、经营、储存单位以及矿山、建筑施工单位安全生产管理人员安全生产资格培训时间不得少于 48 学时；每年再培训时间不得少于 16 学时。

其他单位安全生产管理人员安全生产管理培训时间不得少于 32 学时；每年再培训时间不得少于 12 学时。

（4）再培训的主要内容

再培训的主要内容是新知识、新技术和新本领，包括：

1）有关安全生产的法律、法规、规章、规程、标准和政策；

2）安全生产的新技术、新知识；

3）安全生产管理经验；

4）典型事故案例。

5. 对特种作业人员的教育培训

特种作业人员上岗前，必须进行专门的安全生产技术和操作技能的教育培训，增强其安全生产意识，获得证书后方可上岗。特种作业人员的培训实行全国统一培训大纲、统一考核教材、统一证件的制度。根据国家特种作业目录，特种作业主要包括电工作业类 3 种、焊接与热切割作业类 3 种、高处作业类 2 种、制冷与空调作业类 2 种、煤矿安全作业类 10 种、金属非金属矿山作业类 8 种、石油天然气安全作业类 1 种、冶金（有色）生产安全作业类 1 种、危险化学品安全作业类 16 种、烟花爆竹安全作业类 5 种以及由安全生产监督管理总局认定的其他作业。共 10 大类 51 个工种。

特种作业人员安全生产技术考核包括安全生产技术理论考试与实际操作技能考核两部分，以实际操作技能考核为主。《特种作业人员操作证》由国家统一印制，地、市级以上行政主管部门负责签发，全国通用。离开特种作业岗位达 6 个月以上的特种作业人员，应当重新进行实际操作考核，经确认合格后方可上岗作业。取得《特种作业人员操作证》者，每两年进行一次复审。连续从事本工种 10 年以上的，经用人单位进行知识更新教育后，每 4 年复审 1 次。复审的内容包括：健康检查，违章记录，安全新知识和事故案例教育，本工种安全生产知识考试。未按期复审或复审不合格者，其操作证自行失效。

6. 对生产经营单位其他从业人员的教育培训

生产经营单位其他从业人员（简称"从业人员"）是指除主要负责人和安全生产管理人员以外，该单位从事生产经营活动的所有人员，包括其他负责人、管理人员、技术人员和各岗位的工人，以及临时聘用的人员。

（1）新从业人员

对新从业人员应进行厂（矿）、车间（工段、区、队）、班组三级安全生产教育培训。

1）厂（矿）级安全生产教育培训的内容主要是：安全生产基本知识；本单位安全生产规章制度；劳动纪律；作业场所和工作岗位存在的危险因素、防范措施及事故应急措施；有关事故案例等。

2）车间（工段、区、队）级安全生产教育培训的内容主要是：本车间（工段、区、队）安全生产状况和规章制度；作业场所和工作岗位存在的危险因素、防范措施及事故应急措施；事故案例等。

3）班组级安全生产教育培训的内容主要是：岗位安全操作规程；生产设备、安全装置、劳动防护用品（用具）的正确使用方法；事故案例等。

新从业人员安全生产教育培训时间不得少于24学时，危险性较大的行业和岗位，新从业人员教育培训时间不得少于48学时。

（2）调整工作岗位或离岗1年以上重新上岗的从业人员

从业人员调整工作岗位或离岗1年以上重新上岗时，应进行相应的车间（工段、区、队）级安全生产教育培训。

企业实施新工艺、新技术或使用新设备、新材料时，应对从业人员进行有针对性的安全生产教育培训。

单位要确立终身教育的观念和全员培训的目标，对在岗的从业人员应进行经常性的安全生产教育培训。其内容主要是：安全生产新知识、新技术；安全生产法律、法规；作业场所和工作岗位存在的危险因素、防范措施及事故应急措施；事故案例等。

六、安全生产设备设施

1. 什么是建设项目"三同时"

"三同时"制度是指一切新建、改建、扩建的基本建设项目（工程）、技术改造项目（工程）、引进的建设项目，其职业安全卫生设施必须符合国家规定的标准，必须与主体工程同时设计、同时施工、同时投入生产和使用，一般简称为"三同时"制度。职业安全卫生设施是指为了防止生产安全事故的发生，而采取的消除职业危害因素的设备、装置、防护用具及其他防范技术措施的总称，主要包括安全、卫生设施、个体防护措施和生产性辅助设施。

2. 建设项目"三同时"的主要内容

建设项目"三同时"制度的实施，要求与建设项目配套的劳动安全卫生设施，从项目的可行性研究到设计、施工、试生产、竣工验收到投入使用都应同步进行，都应按"三同时"的规定进行审查验收，具体包括以下内容：

(1) 可行性研究

建设单位或可行性研究承担单位在进行建设项目可行性研究时，应同时进行劳动安全卫生论证，并将其作为专门章节编入建设项目可行性研究报告中。同时，将劳动安全卫生设施所需投资纳入投资计划。

在建设项目可行性研究阶段，应按有关要求实施建设项目劳动安全卫生预评价。

对符合下列情况之一的，由建设单位自主选择并委托本建设项目设计单位以外的、有劳动安全卫生预评价资格的机构进行劳动安全卫生预评价：

1) 大中型或限额以上的建设项目；

2) 火灾危险性生产类别为甲类的建设项目；

3) 爆炸危险场所等级为特别危险场所和高度危险场所的建设项目；

4) 大量生产或使用Ⅰ级、Ⅱ级危害程度的职业性接触毒物的建设项目；

5) 大量生产或使用石棉粉料或含有10％以上游离二氧化硅粉料的建设项目；

6) 安全生产监督管理机构确认的其他危险、危害因素大的建设项目。

建设项目劳动安全卫生评价机构应采用先进、合理的定性、定量评价方法，分析和预测建设项目中潜在的危险、危害因素及其可能造成的后果，提出明确的预防措施，并形成预评价报告。

建设项目劳动安全卫生预评价工作应在建设项目初步设计会审前完成。预评价机构在完成预评价工作并形成预评价报告后，由建设单位将预评价报告交评审单位进行评审后，将预评价报告和评审意见按相关规定一并报送相应级别的安全生产监督管理部门审批。

(2) 初步设计

初步设计是说明建设项目的技术经济指标、总图运输、工艺、建筑、采暖通风、给排水、供电、仪表、设备、环境保护、劳动安全卫生、投资概算等设计意图的技术文件（含图样），我国对初步设计的深度有详细规定。

初步设计阶段，设计单位应完成的工作包括以下几项：

1) 设计单位在编制初步设计文件时，应严格遵守我国有关劳动安全卫生的法律、法规和标准，并应依据安全生产监督管理机构批复的劳动安全卫生预评价报告中提出的措施建议，同时编制《劳动安全卫生专篇》，完善初步设计。

《劳动安全卫生专篇》的主要内容包括：设计依据；工程概述；建筑及场地布置；生产过程中职业危险、危害因素的分析；劳动安全卫生设计中采用的主要防范措施；劳动安全卫生机构设置及人员配备情况；专用投资概算；建设项目劳动安全卫生预评价的主要结论；预期效果及存在的问题与建议。

2）建设单位在初步设计会审前，应向安全生产监督管理部门报送初步设计文件及图样资料。安全生产监督管理部门根据国家有关法规和标准，审查并批复建设项目初步设计文件中的《劳动安全卫生专篇》。

3）初步设计经安全生产监督管理部门审查批复同意后，建设单位应及时办理《建设项目劳动安全卫生初步设计审批表》。

（3）施工

建设单位对承担施工任务的单位提出落实"三同时"规定的具体要求，并负责提供必需的资料和条件。

施工单位应对建设项目的劳动安全卫生设施的工程质量负责。施工中应严格按照施工图纸和设计要求施工，确实做到劳动安全卫生设施与主体工程同时施工、同时投入生产和使用，并确保工程质量。

（4）试生产

建设单位在试生产设备调试阶段，应同时对劳动安全卫生设施进行调试和考核，对其效果做出评价。在试生产之前，应进行劳动安全卫生培训教育和考核取证，制定完整的劳动安全卫生方面的规章制度及事故预防和应急处理预案。

建设单位在试生产运行正常后，建设项目预验收前，应自主选择、委托安全生产监督管理部门认可的单位进行劳动条件检测、危害程度分级和有关设备的安全卫生检测、检验，并将试运行中劳动安全卫生设备运行情况、措施的效果、检测检验数据、存在的问题以及采取的措施写入劳动安全卫生验收专题报告，报送安全生产监督管理部门审批。

凡是符合需要进行预评价条件的建设项目，还需根据国家有关安全验收评价的法规要求，由建设单位委托具有资质的机构进行安全验收评价，形成安全验收评价报告，并由建设单位将评价报告交由具备评审资质的机构进行评审和出具评审意见。

（5）竣工验收

建设单位在竣工验收之前，应将建设项目劳动安全卫生验收专题报告或验收评价报告及评审意见，按相关规定报送相应级别的安全生产监督管理部门审批。

安全生产监督管理部门根据建设单位报送并审批的建设项目劳动安全卫生验收专题报告或验收评价报告及评审意见，进行预验收或专项审查验收，并提出劳动安全卫生方面的改进意见，直至建设单位按照预验收或专项审查验收改进意见如期整改后，再进行正式竣工验收。

建设项目劳动安全卫生设施和技术措施经安全生产监督管理部门竣工验收通过后，建设单位应及时办理《建设项目劳动安全卫生验收审批表》。

（6）投产使用

建设项目正式投产使用后，建设单位必须同时将劳动安全卫生设施进行投产使用。不得擅自将劳动安全卫生设施闲置不用或拆除，并需进行日常维护和保养，确保其效果。

3. 安全设施及其分类

安全设施是指企业（单位）在生产经营活动中，将危险、有害因素控制在安全范围内，以及减少、预防和消除危害所配备的装置（设备）和采取的措施。

安全设施主要分为预防事故设施、控制事故设施、减少与消除事故影响设施三类：

（1）预防事故设施

1）检测、报警设施：压力、温度、液位、流量、组分等报警设施，可燃气体、有毒有害气体、氧气等检测和报警设施，用于安全检查和安全数据分析等检验检测设备、仪器。

2）设备安全防护设施：防护罩、防护屏、负荷限制器、行程限制器，制动、限速、防雷、防潮、防晒、防冻、防腐、防渗漏等设施，传动设备安全锁闭设施，电器过载保护设施，静电接地设施。

3）防爆设施：各种电气、仪表的防爆设施，抑制助燃物品混入（如氮封）、易燃易爆气体和粉尘形成等设施，阻隔防爆器材，防爆工器具。

4）作业场所防护设施：作业场所的防辐射、防静电、防噪声、通风（除尘、排毒）、防护栏（网）、防滑、防灼烫等设施。

5）安全警示标志：包括各种指示、警示作业安全和逃生避难及风向等警示标志。

（2）控制事故设施

1）泄压和止逆设施：用于泄压的阀门、爆破片、放空管等设施，用于止逆的阀门等设施，真空系统的密封设施。

2）紧急处理设施：紧急备用电源，紧急切断、分流、排放（火炬）、吸收、中和、冷却等设施，通入或者加入惰性气体、反应抑制剂等设施，紧急停车、仪表联锁等设施。

（3）减少与消除事故影响设施

1）防止火灾蔓延设施：阻火器、安全水封、回火防止器、防油（火）堤、防爆墙、防爆门等隔爆设施，防火墙、防火门、蒸汽幕、水幕等设施，防火材料涂层。

2）灭火设施：水喷淋、惰性气体、蒸汽、泡沫释放等灭火设施，消火栓、高压水枪（炮）、消防车、消防水管网、消防站等。

3）紧急个体处置设施：洗眼器、喷淋器、逃生器、逃生索、应急照明等设施。

4）应急救援设施：堵漏、工程抢险装备和现场受伤人员医疗抢救装备。

5）逃生避难设施：逃生和避难的安全通道（梯）、安全避难所（带空气呼吸系统）、避难信号等。

6）劳动防护用品和装备：包括头部，面部，视觉、呼吸、听觉器官，四肢，躯干等的防火、防毒、防灼烫、防腐蚀、防噪声、防辐射、防高处坠落、防砸击、防刺伤等免受作业场所物理、化学因素伤害的劳动防护用品和装备。

4. 设备设施运行管理

生产设备设施的运行管理是在其建设阶段验收合格的基础上，通过制定生产、安全设备设施管理制度，明确管理部门和责任人及各自工作内容，从而确保生产、安全设备设施在使用、检测、检维修等阶段和环节，都能从整体上保证和提高设施的安全性和可靠性。

生产设备设施的运行管理涉及企业的众多设备设施、众多管理部门、众多安全生产规章制度和操作规程、众多台账和检查、维护保养记录等，运行情况的好坏最能体现企业安全管理生活的能力和水平。

在建设阶段，变更是经常发生的，而生产设备设施的变更往往与工艺的变更、设备变更、产品变更、安装位置的变更等紧密联系在一起。因此企业应制定合理的变更管理制度，按照相关规定和程序来实施变更，控制因变更带来的新危险源和有害因素，甚至影响安全设施"三同时"的监督管理要求。

生产设备设施的变更管理核心和基础是对变更的全过程进行风险辨识、评价和控制。变更过程的风险主要来自变更实施前、实施时及实施后可能对装备的本质安全、工艺安全、操作和管理人员能力要求带来的新风险。变更风险控制主要通过执行变更管理制度，履行变更程序来进行。

变更管理和程序一般包括变更申请、批准、实施、验收等过程，根据变更规模的大小，实施变更还可能涉及可行性研究、设计、施工等过程。

安全设施的检维修应与生产设施检维修等同管理，编制安全设施检维修计划，定期进行。安全设施因检维修拆除的，应采取临时安全措施，弥补因为安全设施拆除而造成的安全防护能力降低的缺陷，检维修完毕后应立即恢复安全性能。

5. 新设备设施验收及旧设备拆除、报废

（1）新设备的验收

设备安装单位必须建立设备安装工程资料档案，并在验收后 30 日内将有关技术资料移交使用单位，使用单位应将其存入设备的安全技术档案：合同或任务书；设备的安装及验收资料；设备的专项施工方案和技术措施。

设备到货验收时，必须认真检查设备的安全性能是否良好，安全装置是否齐全、有效，

还需查验厂家出具的产品质量合格证，设备设计的安全技术规范，安装及使用说明书等资料是否齐全；对于特种施工设备，除具备上述条件外，还必须有国家相关部门出具的检测报告。

各种设备验收，应准备下列技术文件：设备安装、拆卸及试验图示程序和详细说明书；各安全保险装置及限位装置调试和说明书；维修保养及运输说明书；安装操作规程；生产许可证（国家已经实行生产许可的设备）产品鉴定证书、合格证书；配件及配套工具目录；其他注意事项。

设备安装后应能正常使用，符合有关规定的技术要求。

（2）旧设备拆除、报废

《安全生产法》规定：生产、经营、运输、储存、使用危险物品或者处置废弃危险物品的，由有关主管部门依照有关法律、法规的规定和国家标准或者行业标准审批并实施监督管理。生产经营单位生产、经营、运输、储存、使用危险物品或者处置废弃危险物品，必须执行有关法律、法规和国家标准或者行业标准，建立专门的安全管理制度，采取可靠的安全措施，接受有关主管部门依法实施的监督管理。

企业应执行生产设施拆除和报废管理制度，对各类设备设施要根据其磨损或腐蚀情况，确定报废的年限，建立明确的报废规定，对不符合安全条件的设备要及时报废，防止引发生产安全事故。在组织实施生产设备设施拆除施工作业前，要制定拆除计划或方案，办理拆除设施交接手续，并经处理、验收合格。

企业应对拆除工作进行风险评估，针对存在的风险，制定相应防范措施和应急预案；按照生产设施拆除和报废管理制度，制定拆除方案，明确拆除和报废的验收责任部门、责任人及其职责，确定工作程序；施工单位的现场负责人与生产设备设施使用单位进行施工现场交底，在落实具体任务和安全措施、办理相关拆除手续后方可实施拆除。拆除施工中，要对拆除的设备、零件、物品进行妥善放置和处理，确保拆除施工的安全。拆除施工结束后要填写拆除验收记录及报告。

七、作业安全

1. 作业许可管理

对于大部分企业来说，现场最常见的高危作业包括动火作业、受限空间作业、临时用电作业、高处作业等活动，必须在作业前对整个过程的每个环节进行充分的危险因素分析，包括准备过程、作业实施过程、作业后的整理或复位等可能存在的人的不安全行为、物的不安全状态、环境方面的欠缺、管理方面的缺陷等。在此基础上，制定出切实可行的安全控制措施，并在相关作业许可证的审批过程中予以充分把关。

爆破、吊装、进入受限空间等作业一般具有很高的危险性，过程中的一个环节如果没有控制好，就可能会带来严重的后果，所以应安排专人进入现场监护和安全管理，确保遵守相关安全规程，落实安全措施，保证作业安全。爆破、吊装经常会涉及多部门、多工种在现场交叉作业，对整个活动中各环节的安全管理，同样要按上述的要求进行有效的管理和控制，尤其是对部门交叉或空间交叉的环节，更应注意分析与控制，并做好协调工作。参与的每个人能否按规定进行作业、有关规程及制度的落实情况、现场指挥者的指挥与协调能力，是现场管理人员必须全过程加以重点关注的。

2. 反"三违"

（1）什么是"三违"

违章不一定出事（故），出事（故）必是违章。违章是发生事故的起因，事故是违章导致的后果。所谓的"三违"是指：

1）违章指挥：企业负责人和有关管理人员法制观念淡薄，缺乏安全生产知识，思想上存有幸心理，对国家、集体的财产和人民群众的生命安全不负责任。明知不符合安全生产有关条件，仍指挥作业人员冒险作业。

2）违章作业：作业人员没有安全生产常识，不懂安全生产规章制度和操作规程，或者在知道基本安全生产知识的情况下。在作业过程中，违反安全生产规章制度和操作规程，不顾国家、集体的财产和他人、自己的生命安全，擅自作业，冒险蛮干。

3）违反劳动纪律：上班时不知道劳动纪律，或者不遵守劳动纪律，违反劳动纪律进行冒险作业，造成不安全因素。

（2）"三违"的常见原因

落实班组生产作业标准化，可以有效防治"三违"，进而控制安全生产事故的发生。生产现场中，"三违"发生的常见原因有以下几种：

1）侥幸心理。有一部分人在几次违章但却没发生事故后，慢慢滋生了侥幸心理，混淆了几次违章没发生事故的偶然性和长期违章迟早要发生事故的必然性。

2）省事心理。人们嫌麻烦、图省事、降成本，总想以最小的代价取得最好的效果，甚至压缩到极限，降低了系统的可靠性。尤其是在生产任务紧迫和眼前既得利益的诱因下，极易产生。

3）自我表现心理（或者叫逞能）。有的人自以为技术好，有经验，常满不在乎，虽说能预见到有危险，但是轻信能避免，用冒险蛮干当作表现自己的技能。有的新人技术差，经验少，但是"初生牛犊不怕虎"，急于表现自己，以自己或他人的痛苦验证安全制度的重要作用，用鲜血和生命证实安全规程的科学性。

4）从众心理。别人做了没事，我"福大命大造化大"，肯定更没事。尤其是一个安全秩序不好，管理混乱的场所，这种心理像瘟疫一样，严重威胁企业的生产安全。

5）逆反心理。在人与人之间关系紧张的时候，人们常常产生这种心理：把同事的善意提醒不当回事，把领导的严格要求口是心非，气大于理，火烧掉情，置安全规章于不顾，以致酿成事故。

（3）反"三违"的常用方法

1）舆论宣传。反"三违"首先要充分发挥舆论工具的作用，广泛开展反"三违"宣传。利用各种宣传工具、方法，大力宣传遵章守纪的必要性和重要性，违章违纪的危害性。表彰安全生产中遵章守纪的好人好事；谴责那些违章违纪给人民生命和国家财产造成严重损害的恶劣行为，并结合典型事故案例进行法制宣传，形成视"三违"如"过街老鼠，人人喊打"的局面。通过宣传，使职工认真贯彻"安全第一，预防为主，综合治理"的方针，勿忘安全，珍惜生命，自觉遵章守纪。

2）教育培训。职工的安全生产意识、技术素质的高低，防范"三违"的自觉程度和应变能力都与其密切相关。安全生产教育培训要采取多种形式，除经常性的安全生产方针、法律、法规、组织纪律、安全生产知识、工艺规程的教育外，应重点抓好法制教育、主人翁思想教育，特别要注意抓好新干部上岗前、新工人上岗前、工人转换工种（岗位）时的安全规程教育。做到教育培训、考核管理工作制度化、经常化，以提高全体干部职工的安全意识和安全操作技能，增强防范事故的能力，为反"三违"打下坚实的基础。

3）重点人员管理。把下述三方面作为反"三违"的重点，进行重点教育、培训、管理，并分别针对其特点加以引导和采取相应的措施，就可有效控制"三违"行为，降低事故发生率。

①企业领导。开展反"三违"要以领导为龙头，从各级领导抓起。一方面，从提高各级领导自身的安全意识、安全素质入手，针对个别领导容易出现的重生产、重效益，忽视安全的不良倾向，进行灌输宣传，使他们真正树立"安全第一，预防为主"的思想，自觉坚持"管生产必须管安全"的原则，以身作则，做反"三违"的带头人。另一方面，要求各级领导运用现代管理方法，按照"分级管理、分线负责"的原则，对"三违"实行"四全"（全员、全方位、全过程、全天候）综合治理，把反"三违"纳入安全生产责任制之中。做到层层抓、层层落实，并与经济责任制挂钩，使安全生产责任制的约束作用和经济责任制的激励作用有机地结合起来，形成反"三违"的强大推动力，充分发挥领导的龙头作用。

②企业班组。班组是企业的"细胞"，既是安全生产管理的重点，也是反"三违"的主要阵地。一方面抓好日常安全意识教育，针对"违章不一定出事故"的侥幸心理，用正反两方面的典型案例分析其危害性，启发职工自觉遵章守纪，增强自我保护意识。通过自查自纠，自我揭露，同时查纠身边的不安全行为、事故苗子和事故隐患，从"本身无违章"到

"身边无事故"。另一方面抓好岗位培训，让职工掌握作业标准、操作技能、设备故障处理技能、消防知识和规章制度，向先进技术水平挑战，做到"不伤害自己，不伤害他人，不被他人伤害"。

③三种人群。班组长：企业生产一线的指挥员，是班组管理的领头羊。班组安全生产工作的好坏主要取决于这些人。班组长敢于抓"三违"，就能带动一批人，管好一个班。特种作业人员：他们都处在关键岗位，或者从事危险性较大的职业和作业，随时有危及自身和他人安全的可能，是事故多发之源。青年职工：他们多为新工人，往往安全意识较差，技术素质较低，好奇心、好胜心强。在这个群体中极易发生违章违纪现象。

4）现场管理。现场是生产的场所，是职工生产活动与安全活动交织的地方，也是发生"三违"，出现伤亡事故的源地，狠抓现场安全生产管理尤为重要。要抓好现场安全生产管理，安全生产监督管理人员要经常深入现场，在第一线查"三违"疏而不漏，纠违章铁面无私，抓防范举一反三，搞管理新招迭出，居安思危，防患于未然，把各类事故消灭在萌芽状态，确保安全生产顺利进行。

5）良好习惯。人们在工作、生活中，某些行为、举止或做法，一旦养成习惯就很难改变。俗话说：习惯成自然。在实际工作中，养成的违章违纪恶习势必酿成事故，后患无穷，严重威胁着安全生产。要改变这种局面，除了需要对不安全行为乃至成为习惯的主观因素进行认真分析，有针对性地采取矫正措施，克服不良习惯外，还要利用站班会、班组学习来提高职工的安全意识；开展技术问答、技术练兵，提高安全操作技能；严格标准、强调纪律，规范操作行为；实行"末位淘汰制"，促使职工养成遵章守纪、规范操作的良好习惯。

6）教罚并举。凡是事故，都要按照"三不放过"的原则，认真追查分析，根据情节轻重和造成危害的程度对责任人给予帮教处罚。对导致发生伤亡事故的责任者，依据规定，严肃查处，触犯法律的交司法部门处理。要做到干部职工一视同仁，实现从人治到法治的转变。

7）群防群治。在企业安全生产工作中，"企业负责，群众监督"是两项齐抓并举的任务。"群众监督"是实现"企业负责"搞好安全生产的可靠保证，也是搞好反"三违"工作的可靠保证。要搞好群众监督，就应特别注重发挥各级工会对安全生产的监督作用，不断提高职工代表的安全生产监督能力，广泛发动职工依法进行监督，开展以"群防、群查、群治"反"三违"的监督检查活动，确保安全生产事故不会发生。

3. 安全标志

(1) 安全色

所谓安全色，是指用以传递安全信息含义的颜色，包括红、蓝、黄、绿四种颜色。

1）红色。用以传递禁止、停止、危险或者提示消防设备、设施的信息，如禁止标志等。

2）蓝色。用以传递必须遵守规定的指令性信息，如指令标志等。

3）黄色。用以传递注意、警告的信息，警告标志等。

4）绿色。用以传递安全的提示信息，如提示标志、车间内或工地内的安全通道等。

安全色普遍适用于公共场所、生产经营单位和交通运输、建筑、仓储等行业以及消防等领域所使用的信号和标志的表面颜色。但是不适用于灯光信号和航海、内河航运以及其他目的而使用的颜色。

（2）对比色

对比色，是指使安全色更加醒目的反衬色，包括黑、白两种颜色。

安全色与对比色同时使用时，应按表2—1规定搭配使用。

表 2—1 安全色的对比色

安全色	对比色
红色	白色
蓝色	白色
黄色	黑色
绿色	白色

对比色使用时，黑色用于安全标志的文字、图形符号和警告标志的几何图形；白色作为安全标志红、蓝、绿色的背景色，也可用于安全标志的文字和图形符号；红色和白色、黄色和黑色间隔条纹，是两种较醒目的标示；红色与白色交替，表示禁止越过，如道路及禁止跨越的临边防护栏杆等；黄色与黑色交替，表示警告危险，如防护栏杆、吊车吊钩的滑轮架等。

（3）安全标志

安全标志是由安全色、几何图形和图形符号构成的，是用来表达特定安全信息的标记，分为禁止标志、警告标志、指令标志和提示标志四类：禁止标志的含义是禁止人们的不安全行为；警告标志的含义是提醒人们对周围环境引起注意，以避免可能发生的危险；指令标志的含义是强制人们必须做出某种动作或采取防范措施；提示标志的含义是向人们提供某种信息（如标明安全设施或场所等）。

（4）安全标志的使用和管理

《安全生产法》第二十八条规定：生产经营单位应当在有较大危险因素的生产经营场所和有关设施、设备上，设置明显的安全警示标志。

《安全标志及使用导则》等规定了安全色、基本安全图形和符号；烟花爆竹等一些行业根据《安全标志及使用导则》的原则，还制定了有本行业特色的安全标志（图形或符号）。

4. 相关方管理

《安全生产法》规定：两个以上生产经营单位在同一作业区域内进行生产经营活动，可能危及对方生产安全的，应当签订安全生产管理协议，明确各自的安全生产管理职责和应当采取的安全措施，并指定专职安全生产管理人员进行安全检查与协调。

生产经营单位不得将生产经营项目、场所、设备发包或者出租给不具备安全生产条件或者相应资质的单位或者个人。生产经营项目、场所有多个承包单位、承租单位的，生产经营单位应当与承包单位、承租单位签订专门的安全生产管理协议，或者在承包合同、租赁合同中约定各自的安全生产管理职责；生产经营单位对承包单位、承租单位的安全生产工作统一协调、管理。

企业应执行承包商、供应商等相关方管理制度，对其资格预审、选择、服务前准备、作业过程、提供的产品、技术服务、表现评估、续用等进行管理。

企业应建立合格相关方的名录和档案，根据服务作业行为定期识别服务行为风险，并采取行之有效的控制措施。企业应对进入同一作业区的相关方进行统一安全管理，不得将项目委托给不具备相应资质或条件的相关方。企业和相关方的项目协议应明确规定双方的安全生产责任和义务。

对相关方的控制过程一般有资格预审、选择、开工前准备、作业过程监督、表现评价、续用等过程进行管理，建立合格相关方名录和档案。生产经营单位应与选用的相关方签订安全协议书。

5. 变更管理

变更指管理、人员、工艺、设备设施、材料、作业过程和场所等永久性或暂时性的变化；变更管理是指对这些变化进行有计划性的控制，清除或减少由于变更而引起的潜在事故隐患，提高工作质量，避免或减轻对安全生产的影响。变更会带来新的风险，为了消除或减少由于变更而引发的潜在事故隐患，规范变更管理，企业应建立变更管理制度，分析并控制变更中所产生的风险，严格履行变更程序。

变更程序一般包括变更申请、变更审批、变更实施、变更验收等。

变更申请应制定统一的变更申请表，明确变更名称、时间，变更部门和负责人、变更说明及依据、风险分析、控制措施等内容。

变更申请表填写好后，应逐级上报职能主管部门和主管领导审批。职能主管部门组织有关人员按变更原因和生产的实际需要确定是否进行变更。

变更批准后，由相关职责的主管部门负责实施。实施部门应将变更的内容及时传送给相关人员，对有关人员进行培训，实施变更。变更应该在批准的范围和时限内进行，超过原批准范围和时限的任何临时性变更，都必须重新进行申请和批准。

变更实施结束后，变更主管部门应对变更情况进行验收，确保变更达到计划要求。变更主管部门应及时将变更结果通知相关部门和人员。

八、隐患排查和治理

1. 什么是安全生产事故隐患

安全生产事故隐患（以下简称事故隐患），是指生产经营单位违反安全生产法律、法规、规章、标准、规程和安全生产管理制度的规定，或者因其他因素在生产经营活动中存在可能导致事故发生的物的危险状态、人的不安全行为和管理上的缺陷。

事故隐患分为一般事故隐患和重大事故隐患。一般事故隐患，是指危害和整改难度较小，发现后能够立即整改排除的隐患。重大事故隐患，是指危害和整改难度较大，应当全部或者局部停产停业，并经过一定时间整改治理方能排除的隐患，或者因外部因素影响致使生产经营单位自身难以排除的隐患。

2. 企业事故隐患排查和治理的职责

根据《安全生产事故隐患排查治理暂行规定》，生产经营单位是事故隐患排查、治理和防控的责任主体，有以下主要职责：

（1）生产经营单位主要负责人对本单位事故隐患排查治理工作全面负责。

（2）生产经营单位应当建立健全事故隐患排查治理和建档监控等制度，逐级建立并落实从主要负责人到每个从业人员的隐患排查治理和监控责任制。

（3）生产经营单位应当定期组织安全生产管理人员、工程技术人员和其他相关人员排查本单位的事故隐患。对排查出的事故隐患，应当按照事故隐患的等级进行登记，建立事故隐患信息档案，并按照职责分工实施监控治理。

（4）生产经营单位应当建立事故隐患报告和举报奖励制度，鼓励、发动职工发现和排除事故隐患，鼓励社会公众举报。对发现、排除和举报事故隐患的有功人员，应当给予物质奖励和表彰。

（5）生产经营单位将生产经营项目、场所、设备发包、出租的，应当与承包、承租单位签订安全生产管理协议，并在协议中明确各方对事故隐患排查、治理和防控的管理职责。生产经营单位对承包、承租单位的事故隐患排查治理负有统一协调和监督管理的职责。

（6）生产经营单位应当每季、每年对本单位事故隐患排查治理情况进行统计分析，并分别于下一季度15日前和下一年1月31日前向安全监管监察部门和有关部门报送书面统计分析表。统计分析表应当由生产经营单位主要负责人签字。

对于重大事故隐患，生产经营单位除依照前款规定报送外，应当及时向安全监管监察部门和有关部门报告。重大事故隐患报告内容应当包括：①隐患的现状及其产生原因；②隐患的危害程度和整改难易程度分析；③隐患的治理方案。

（7）生产经营单位应当加强对自然灾害的预防。对于因自然灾害可能导致事故灾难的隐患，应当按照有关法律、法规、标准和本规定的要求排查治理，采取可靠的预防措施，制定应急预案。在接到有关自然灾害预报时，应当及时向下属单位发出预警通知；发生自然灾害可能危及生产经营单位和人员安全的情况时，应当采取撤离人员、停止作业、加强监测等安全措施，并及时向当地人民政府及其有关部门报告。

3. 安全生产检查

安全生产检查是指对生产过程及安全生产管理中可能存在的隐患、有害与危险因素、缺陷等进行查证，以确定隐患或有害与危险因素、缺陷的存在状态，以及它们转化为事故的条件，以便制定整改措施，消除隐患和有害与危险因素，确保生产安全。

安全生产检查是安全生产管理工作的重要内容，是消除隐患、防止事故发生、改善劳动条件的重要手段。通过安全生产检查可以发现生产经营单位生产过程中的危险因素，以便有计划地制定纠正措施，保证生产安全。

安全生产检查的主要方式有：

（1）定期安全生产检查

定期检查一般是通过有计划、有组织、有目的的形式来实现的，如次/年、次/季、次/月、次/周等，检查周期根据各单位实际情况确定。定期检查的面广，有深度，能及时发现并解决问题。

（2）经常性安全生产检查

经常性检查则是采取个别的、日常的巡视方式来实现的。在施工（生产）过程中进行经常性的预防检查，能及时发现隐患，及时消除，保证施工（生产）正常进行。

（3）季节性及节假日前安全生产检查

由各级生产单位根据季节变化，按事故发生的规律对易发的潜在危险，突出重点进行季节检查。如冬季防冻保温、防火、防煤气中毒；夏季防暑降温、防汛、防雷电等检查。

由于节假日（特别是重大节日，如元旦、春节、劳动节、国庆节）前后容易发生事故，因而应进行有针对性的安全生产检查。

（4）专项安全生产检查

专项安全生产检查是对某个专项问题或在施工（生产）中存在的普遍性安全问题进行的单项定性检查。

对危险较大的在用设备、设施，作业场所环境条件的管理性或监督性定量检测检验则属专业性安全生产检查。专项检查具有较强的针对性和专业要求，用于检查难度较大的项目。通过检查，发现潜在问题，研究整改对策，及时消除隐患，进行技术改造。

（5）综合性安全生产检查

一般是由主管部门对下属各企业或生产单位进行的全面综合性检查，必要时可组织进行系统的安全性评价。

（6）不定期的职工代表巡视安全生产检查

由企业或车间工会负责人负责组织有关专业技术特长的职工代表进行巡视安全生产检查。重点查国家安全生产方针、法规的贯彻执行情况；查单位领导干部安全生产责任制的执行情况；工人安全生产权利的执行情况；查事故原因、隐患整改情况；并对责任者提出处理意见。此类检查可进一步强化各级领导安全生产责任制的落实，促进职工安全生产合法权利的维护。

4. 隐患治理

任何单位和个人发现事故隐患，均有权向安全监管监察部门和有关部门报告。安全监管监察部门接到事故隐患报告后，应当按照职责分工立即组织核实并予以查处；发现所报告事故隐患应当由其他有关部门处理的，应当立即移送有关部门并记录备查。

对于一般事故隐患，由生产经营单位（车间、分厂、区队等）负责人或者有关人员立即组织整改。

对于重大事故隐患，由生产经营单位主要负责人组织制定并实施事故隐患治理方案。重大事故隐患治理方案应当包括以下内容：①治理的目标和任务；②采取的方法和措施；③经费和物资的落实；④负责治理的机构和人员；⑤治理的时限和要求；⑥安全措施和应急预案。

生产经营单位在事故隐患治理过程中，应当采取相应的安全防范措施，防止事故发生。事故隐患排除前或者排除过程中无法保证安全的，应当从危险区域内撤出作业人员，并疏散可能危及的其他人员，设置警戒标志，暂时停产停业或者停止使用；对暂时难以停产或者停止使用的相关生产储存装置、设施、设备，应当加强维护和保养，防止事故发生。

地方人民政府或者安全监管监察部门及有关部门挂牌督办并责令全部或者局部停产停业治理的重大事故隐患，治理工作结束后，有条件的生产经营单位应当组织本单位的技术人员和专家对重大事故隐患的治理情况进行评估；其他生产经营单位应当委托具备相应资质的安全评价机构对重大事故隐患的治理情况进行评估。

经治理后符合安全生产条件的，生产经营单位应当向安全监管监察部门和有关部门提出恢复生产的书面申请，经安全监管监察部门和有关部门审查同意后，方可恢复生产经营。申请报告应当包括治理方案的内容、项目和安全评价机构出具的评价报告等。

九、重大危险源监控

1. 重大危险源定义

参照第 80 届国际劳工大会通过的《预防重大工业事故公约》和我国的有关标准，将危险源定义为：长期或临时地生产、加工、搬运、使用或储存危险物质，且危险物的数量等于或超过临界量的单元。此处的单元意指一套生产装置、设施或场所；危险物是指能导致火灾、爆炸或中毒、触电等危险的一种或若干物质的混合物；临界量是指国家法律、法规、标准规定的一种或一类特定危险物质的数量。

根据《安全生产法》，重大危险源是指长期地或者临时地生产、搬运、使用或者储存危险物品，且危险物品的数量等于或者超过临界量的单元（包括场所和设施）。

依据我国安全生产领域的相关规定和结合行业的工艺特点，从可操作性出发，以重大危险源所处的场所或设备、设施进行分类，每类中可依据不同的特性进行有层次地展开。一般工业生产作业过程的危险源分为如下五类：

（1）易燃、易爆和有毒有害物质危险源；

（2）锅炉及压力容器设施类危险源；

（3）电气类设施危险源；

（4）高温作业区危险源；

（5）辐射类危害类危险源。

2. 危险源辨识

危险源辨识是发现、识别系统中危险源的工作。这是一件非常重要的工作，它是危险源控制的基础，只有辨识了危险源之后才能有的放矢地考虑如何采取措施控制危险源。

以前，人们主要根据以往的事故经验进行危险源辨识工作。例如，通过与操作者交谈或到现场进行检查，查阅以往的事故记录等方式发现危险源。由于危险源是"潜在的"的不安全因素，比较隐蔽，所以危险源辨识是件非常困难的工作。在系统比较复杂的场合，危险源辨识工作更加困难，需要利用专门的方法，还需要许多知识和经验。

危险源辨识方法主要分为对照法和系统安全分析法。

（1）对照法

对照法是与有关的标准、规范、规程或经验进行对照，通过对照来辨识危险源。有关的标准、规范、规程，以及常用的安全检查表，都是在大量实践经验的基础上编制而成的，因此，对照法是一种基于经验的方法，适用于有以往经验可供借鉴的情况。

（2）系统安全分析法

系统安全分析法主要是从安全角度进行的系统分析，通过揭示系统中可能导致系统故障或事故的各种因素及其相互关联，来辨识系统中的危险源。系统安全分析方法经常被用来辨识可能带来严重事故后果的危险源，也可以用于辨识没有事故经验的系统的危险源。

危险源分级一般按危险源在触发因素作用下转化为事故的可能性大小与发生事故的后果的严重程度划分。危险源分级实质上是对危险源的评价，按事故出现可能性大小可分为非常容易发生、容易发生、较容易发生、不容易发生、难以发生、极难发生，根据危害程度可分为可忽略、临界的、危险的、破坏性的等级别。也可按单项指标来划分等级，如高处作业根据高差指标将坠落事故危险源划分为 4 级（一级 2～5 m，二级 5～15 m，三级 15～30 m，特级 30 m 以上）；按压力指标将压力容器划分为低压容器、中压容器、高压容器、超高压容器 4 级。从控制管理角度，通常根据危险源的潜在危险性大小、控制难易程度、事故可能造成损失情况进行综合分级。

3. 危险性评价

危险性是指某种危险源导致事故、造成人员伤亡或财物损失的可能性。一般地，危险性包括危险源导致事故的可能性和一旦发生事故造成人员伤亡或财物损失的后果严重程度两个方面的问题。

系统危险性评价是对系统中危险源危险性的综合评价。危险源的危险性评价包括对危险源自身危险性的评价和对危险源控制措施效果的评价两方面的问题。

系统中危险源的存在是绝对的，任何工业生产系统中都存在着若干危险源。受实际的人力、物力等方面因素的限制，不可能完全消除或控制所有的危险源，只能集中有限的人力、物力资源消除、控制危险性较大的危险源。在危险性评价的基础上，按其危险性的大小把危险源分类排队，可以为确定采取控制措施的优先次序提供依据。

采取了危险源控制措施后进行的危险性评价，可以表明危险源控制措施的效果是否达到了预定的要求。如果采取控制措施后危险性仍然很高，则需要进一步研究对策，采取更有效的措施使危险性降低到预定的标准。当危险源的危险性很小时可以被忽略，则不必采取控制措施。危险性评价方法有相对的评价法和概率的评价法两大类。

4. 危险源监控

危险源的控制可从三方面进行，即技术控制、人行为控制和管理控制。

（1）技术控制

技术控制是指采用技术措施对固有危险源进行控制，主要技术有消除、控制、防护、隔离、监控、保留和转移等。

（2）人行为控制

人行为控制是指控制人为失误，减少人不正确行为对危险源的触发作用。人为失误的主要表现形式有：操作失误，指挥错误，不正确的判断或缺乏判断，粗心大意，厌烦，懒散，疲劳，紧张，疾病或生理缺陷，错误使用防护用品和防护装置等。人行为的控制首先是加强教育培训，做到人的安全化；其次应做到操作安全化。

（3）管理控制

可采取以下管理措施，对危险源实行控制：

1）建立、健全危险源管理的规章制度。危险源确定后，在对危险源进行系统危险性分析的基础上建立、健全各项规章制度，包括岗位安全生产责任制、危险源重点控制实施细则、安全操作规程、操作人员培训考核制度、日常管理制度、交接班制度、检查制度、信息反馈制度，危险作业审批制度、异常情况应急措施、考核奖惩制度等。

2）明确责任、定期检查。应根据各危险源的等级分别确定各级的负责人，并明确他们应负的具体责任，特别是要明确各级危险源的定期检查责任。除了作业人员必须每天自查外，还要规定各级领导定期参加检查。对于重点危险源，应做到公司总经理（厂长、所长等）半年一查，分厂厂长月查，车间主任（室主任）周查，工段、班组长日查。对于低级别的危险源也应制定出详细的检查安排计划。

对危险源的检查要对照检查表逐条逐项，按规定的方法和标准进行检查，并作记录。如发现隐患则应按信息反馈制度及时反馈，促使其及时得到消除。凡未按要求履行检查职责而导致事故者，要依法追究其责任。规定各级领导人参加定期检查，有助于增强他们的安全责任感，体现管生产必须管安全的原则，也有助于重大事故隐患的及时发现并得到解决。

专职安技人员要对各级人员实行检查的情况定期检查、监督并严格进行考评，以实现管理的封闭。

3）加强危险源的日常管理。要严格要求作业人员贯彻执行有关危险源日常管理的规章制度：搞好安全值班、交接班，按安全操作规程进行操作；按安全检查表进行日常安全生产检查；危险作业必须经过审批等。所有活动均应按要求认真做好记录。领导和安技部门定期进行严格检查考核，发现问题及时给予指导教育，根据检查考核情况进行奖惩。

4）抓好信息反馈、及时整改隐患。要建立、健全危险源信息反馈系统，制定信息反馈制度并严格贯彻实施。对检查发现的事故隐患，应根据其性质和严重程度，按照规定分级实行信息反馈和整改，做好记录，发现重大隐患应立即向安技部门和行政第一领导报告。信息反馈和整改的责任应落实到人，对信息反馈和隐患整改的情况各级领导和安技部门要进行定期考核和奖惩。安技部门要定期收集、处理信息，及时提供给各级领导研究决策，不断改进危险源的控制管理工作。

5）搞好危险源控制管理的基础建设工作。危险源控制管理的基础工作除建立、健全各项规章制度外，还应建立、健全危险源的安全档案和设置安全标志牌。应按安全档案管理的有关内容要求建立危险源的档案，并指定专人专门保管，定期整理。应在危险源的显著位置悬挂安全标志牌，标明危险等级，注明负责人员，按照国家标准的安全标志表明主要危险，并简要注明防范措施。

6）搞好危险源控制管理的考核评价和奖惩。应对危险源控制管理的各方面工作制定考核标准，并力求量化，划分等级。定期严格考核评价，给予奖惩并与班组升级和评先进结合起来。逐年提高要求，促使危险源控制管理的水平不断提高。

5. 重大危险源的申报登记

《安全生产法》规定：生产经营单位对重大危险源应当登记建档，进行定期检测、评估、监控，并制定应急预案，告知从业人员和相关人员在紧急情况下应当采取的应急措施。生产经营单位应当按照国家有关规定将本单位重大危险源及有关安全措施、应急措施报有关地方人民政府负责安全生产监督管理的部门和有关部门备案。

重大危险源申报登记制度是重大危险源监控制度建立的基础，是安全生产工作中的一项基础性工作。通过重大危险源申报登记，掌握重大危险源的数量、分布及其状况，为政府及有关部门的管理和决策及时提供准确的信息。对重大危险源的监督管理工作，国家安全生产监督管理总局在申报、登记、建档的基础上，制定重大危险源监督管理专项规定，依据规定对重大危险源实施定期检测、评估、监控，实现重大危险源监控管理的科学化和制度化。

申报登记工作的任务是：掌握重大危险源的数量、状况和分布，建立重大危险源申报、登记、评价、分级监管体系；建立国家、省（区、市）、市（地）、区（县）四级重大危险源监控信息管理网络系统。

根据《重大危险源辨识》（GB 18218—2000），重大危险源分为生产场所重大危险源和储存区重大危险源两种，储存区重大危险源包括储罐区重大危险源和库区重大危险源。因此，重大危险源包括三种类型：①储罐区（储罐）；②库区（库）；③生产场所。

为加强管理、统一标准、规范运行，原国家安全生产监督管理局（国家煤矿安全监察局）提出了《关于开展重大危险源监督管理工作的指导意见》（安监管协调字〔2004〕56号），依据该指导意见重大危险源的类别在 GB 18218 的基础上增加了以下类别：①压力管道；②锅炉；③压力容器；④煤矿（井工开采）；⑤金属非金属地下矿山；⑥尾矿库。

十、职业健康

1. 职业健康管理

"职业健康"，在我国历来被称为"劳动卫生""职业卫生"等，2010 年 12 月，原国家经贸委、国家安全生产监督管理局修订《职业安全健康管理体系试行标准》时，首次将"职业卫生"一词修订为"职业健康"。目前在我国，劳动卫生、职业卫生、职业健康等叫法并存，但是其内涵是相同的。

在国家标准《职业安全卫生术语》（GB/T 15236—2008）中，"职业卫生"定义为：以职工的健康在职业活动中免受有害因素侵害为目的的工作领域及在法律、技术、设备、组织制度和教育等方面所采取的相应措施。

职业健康（职业卫生）主要是研究劳动条件对从业者健康的影响，目的是创造适合人体生理要求的作业条件，研究如何使工作适合于人，又使每个人适合于自己的工作，使从业者在身体、精神、心理和社会福利等方面处于最佳状态。

生产经营单位是职业危害防治的责任主体。生产经营单位的主要负责人对本单位作业场所的职业危害防治工作全面负责。

存在职业危害的生产经营单位应当设置或者指定职业健康管理机构，配备专职或者兼职的职业健康管理人员，负责本单位的职业危害防治工作。生产经营单位的主要负责人和职业健康管理人员应当具备与本单位所从事的生产经营活动相适应的职业健康知识和管理能力，并接受安全生产监督管理部门组织的职业健康培训。生产经营单位应当对从业人员进行上岗前的职业健康培训和在岗期间的定期职业健康培训，普及职业健康知识，督促从业人员遵守职业危害防治的法律、法规、规章、国家标准、行业标准和操作规程。

任何单位和个人均有权向安全生产监督管理部门举报生产经营单位违反本规定的行为和职业危害事故。存在职业危害的生产经营单位应当建立、健全下列职业危害防治制度和操作规程：①职业危害防治责任制度；②职业危害告知制度；③职业危害申报制度；④职业健康宣传教育培训制度；⑤职业危害防护设施维护检修制度；⑥从业人员防护用品管理制度；⑦职业危害日常监测管理制度；⑧从业人员职业健康监护档案管理制度；⑨岗位职业健康操作规程；⑩法律、法规、规章规定的其他职业危害防治制度。

存在职业危害的生产经营单位，应当按照有关规定及时、如实将本单位的职业危害因素向安全生产监督管理部门申报，并接受安全生产监督管理部门的监督检查。存在职业危害的生产经营单位的作业场所应当符合下列要求：①生产布局合理，有害作业与无害作业分开；②作业场所与生活场所分开，作业场所不得住人；③有与职业危害防治工作相适应的有效防护设施；④职业危害因素的强度或者浓度符合国家标准、行业标准；⑤法律、法规、规章和国家标准、行业标准的其他规定。

2. 职业危害申报

《作业场所职业危害申报管理办法》规定：职业危害申报工作实行属地分级管理。生产经营单位应当按照规定对本单位作业场所职业危害因素进行检测、评价，并按照职责分工向其所在地县级以上安全生产监督管理部门申报。中央企业及其所属单位的职业危害申报，按照职责分工向其所在地设区的市级以上安全生产监督管理部门申报。

作业场所职业危害每年申报一次。生产经营单位下列事项发生重大变化的，应当按照相关规定向原申报机关申报变更：

（1）进行新建、改建、扩建、技术改造或者技术引进的，在建设项目竣工验收之日起30日内进行申报。

（2）因技术、工艺或者材料发生变化导致原申报的职业危害因素及其相关内容发生重大变化的，在技术、工艺或者材料变化之日起15日内进行申报变更。

（3）生产经营单位名称、法定代表人或者主要负责人发生变化的，在发生变化之日起15日内进行申报变更。

（4）生产经营单位终止生产经营活动的，应当在生产经营活动终止之日起15日内向原申报机关报告并办理相关注销手续。

生产经营单位申报职业危害时，应当提交《作业场所职业危害申报表》和下列有关资料：

（1）生产经营单位的基本情况；

（2）产生职业危害因素的生产技术、工艺和材料的情况；

（3）作业场所职业危害因素的种类、浓度和强度的情况；

（4）作业场所接触职业危害因素的人数及分布情况；

（5）职业危害防护设施及个人防护用品的配备情况；

（6）对接触职业危害因素从业人员的管理情况；

（7）法律、法规和规章规定的其他资料。

《作业场所职业危害申报表》《作业场所职业危害申报回执》的内容和格式由国家安全生产监督管理总局统一制定。

3. 从业人员的职业健康权利与义务

对接触职业危害的从业人员，生产经营单位应当按照国家有关规定组织上岗前、在岗期间和离岗时的职业健康检查，并将检查结果如实告知从业人员。职业健康检查费用由生产经营单位承担。

生产经营单位不得安排未经上岗前职业健康检查的从业人员从事接触职业危害的作业；不得安排有职业禁忌的从业人员从事其所禁忌的作业；对在职业健康检查中发现有与所从事职业相关的健康损害的从业人员，应当调离原工作岗位，并妥善安置；对未进行离岗前职业健康检查的从业人员，不得解除或者终止与其订立的劳动合同。

生产经营单位应当为从业人员建立职业健康监护档案，并按照规定的期限妥善保存。从业人员离开生产经营单位时，有权索取本人职业健康监护档案复印件，生产经营单位应当如实、无偿提供，并在所提供的复印件上签章。

生产经营单位不得安排未成年工从事接触职业危害的作业；不得安排孕期、哺乳期的女职工从事对本人和胎儿、婴儿有危害的作业。

生产经营单位发生职业危害事故，应当及时向所在地安全生产监督管理部门和有关部门报告，并采取有效措施，减少或者消除职业危害因素，防止事故扩大。对遭受职业危害的从业人员，及时组织救治，并承担所需费用。

从业人员有以下职业健康权利：

（1）获得职业安全健康教育、培训的权利；

（2）获得职业健康检查、职业病诊治、康复等职业危害防治服务的权利；

（3）了解作业场所产生或者可能产生的职业危害因素、危害后果和应当采取的职业危害防治措施的权利；

（4）要求用人单位提供符合要求的职业危害防护设施和个人使用的职业危害防护用品，改善工作条件的权利；

（5）对违反职业危害防治法律、法规、规章和国家标准及行业标准，危及生命健康的行为提出批评、检举和控告的权利；

（6）拒绝违章指挥和强令进行没有职业危害防护措施的作业的权利；

（7）参与用人单位职业安全健康工作的民主管理，对职业危害防治工作提出意见和建议的权利。

从业人员的职业健康义务包括：

（1）应当学习和掌握相关的职业安全健康知识；

（2）遵守职业危害防治法律、法规、规章和操作规程；

（3）正确使用、维护职业危害防护设备和个体防护用品，发现职业危害事故隐患应当及时报告。

十一、应急救援

1. 应急机构

《安全生产法》规定：危险物品的生产、经营、储存单位以及矿山、建筑施工单位应当建立应急救援组织；生产经营规模较小，可以不建立应急救援组织的，应当指定兼职的应急救援人员。危险物品的生产、经营、储存单位以及矿山、建筑施工单位应当配备必要的应急救援器材、设备，并进行经常性维护、保养，保证正常运转。

事故应急救援系统的组织机构由应急救援中心、应急救援专家组、医疗救治机构、消防与抢险部门、环境监测部门、公众疏散组织、警戒与治安组织、洗消去污组织、后勤保障系统和信息发布中心构成。

（1）应急救援中心

应急救援中心负责协调事故应急救援期间各个机构的运作，统筹安排整个应急救援行动，为现场应急救援提供各种信息支持；必要时实施场外应急力量、救援装备、器材、物品等迅速地调度和增援，保证行动快速又有序、有效地进行。

（2）应急救援专家组

应急救援专家组对城市潜在重大危险的评估、应急资源的配备、事态及发展趋势的预测、应急力量的重新调整和部署、个人防护、公众疏散、抢险、监测、清消、现场恢复等行动提出决策性的建议，起着重要的参谋作用。

（3）医疗救治机构

医疗救治机构通常由医院、急救中心和军队医院组成，负责设立现场医疗急救站，对伤员进行现场分类和急救处理，并及时合理转送医院进行救治。对现场救援人员进行医学监护。

（4）消防与抢险部门

消防与抢险主要由公安消防队、专业抢险队、有关工程建筑公司组织的工程抢险队、军队防化兵和工程兵等组成。职责是尽可能、尽快地控制并消除事故，营救受害人员。

（5）环境监测部门

环境监测部门主要由环保监测站、卫生防疫站、军队防化侦察分队、气象部门等组成，负责迅速测定事故的危害区域范围及危害性质，监测空气、水、食物、设备（施）的污染情况，以及气象监测等。

（6）公众疏散组织

公众疏散组织主要由公安、民政部门和街道居民组织抽调力量组成，必要时可吸收工厂、学校中的骨干力量参加，或请求军队支援。根据现场指挥部发布的警报和防护措施，指导部分高层住宅居民实施隐蔽；引导必须撤离的居民有秩序地撤至安全区或安置区，组织好特殊人群的疏散安置工作；引导受污染的人员前往洗消去污点；维护安全区或安置区内的秩序和治安。

（7）警戒与治安组织

警戒与治安组织通常由公安部门、武警、军队、联防等组成，负责对危害区外围的交通路口实施定向、定时封锁，阻止事故危害区外的公众进入；指挥、调度撤出危害区的人员和使车辆顺利地通过通道，及时疏散交通阻塞；对重要目标实施保护，维护社会治安。

（8）洗消去污组织

洗消去污组织主要由公安消防队伍、环卫队伍、军队防化部队组成，主要职责有：开设洗消站（点），对受污染的人员或设备、器材等进行消毒；组织地面洗消队实施地面消毒，开辟通道或对建筑物表面进行消毒，临时组成喷雾分队降低有毒有害物的空气浓度，减少扩散范围。

（9）后勤保障系统

后勤保障系统主要涉及计划、交通、电力、通信、市政、民政部门以及物资供应企业等，主要负责应急救援所需的各种设施、设备、物资以及生活、医药等的后勤保障。

（10）信息发布中心

信息发布中心主要由宣传部门、新闻媒体、广播电视等组成，负责事故和救援信息的统一发布，以及及时、准确地向公众发布有关保护措施的紧急公告等。

2. 应急队伍

根据法律、法规要求，有关企业按规定标准建立企业应急救援队伍，省（区、市）根据需要建立骨干专业救援队伍，国家在一些危险性大、事故发生频度高的地区或领域建立国家级区域救援基地，形成覆盖事故多发地区、事故多发领域分层次的安全生产应急救援队伍体系，适应经济社会发展对事故灾难应急管理的基本要求。

企业应按规定建立安全生产应急管理机构或指定专人负责安全生产应急管理工作。企业应建立与本单位安全生产特点相适应的专、兼职应急救援队伍，或指定专、兼职应急救援人员，并组织训练；无须建立应急救援队伍的，可与附近具备专业资质的应急救援队伍签订服务协议。

煤矿和非煤矿山、危险化学品单位应当依法建立由专职或兼职人员组成的应急救援队伍。不具备单独建立专业应急救援队伍的小型企业，除建立兼职应急救援队伍外，还应当与邻近建有专业救援队伍的企业签订救援协议，或者联合建立专业应急救援队伍。应急救援队伍在发生事故时要及时组织开展抢险救援，平时开展或协助开展风险隐患排查。加强应急救援队伍的资质认定管理。矿山、危险化学品单位属地县、乡级人民政府要组织建立队伍调运机制，组织队伍参加社会化应急救援。应急救援队伍建设及演练工作经费在企业安全生产费用中列支，在矿山、危险化学品工业集中的地方，当地政府可给予适当经费补助。

专职安全生产应急救援队伍是具有一定数量经过专业训练的专门人员、专业抢险救援装备、专门从事事故现场抢救的组织。平时，专职安全生产救援队伍主要任务是开展技能培训、训练、演练、排险、备勤，并参加现场安全生产检查、熟悉救援环境。

兼职安全生产应急救援队伍也应当具备存放于固定场所、保持完好的专业抢险救援装备，有健全的组织管理制度；其人员也应当具备相关的专业技能，能够熟练使用抢险救援装备，且定期进行专业培训、训练。

兼职安全生产应急救援队伍与专职的队伍主要差别在于，队伍的组成人员平时要从事其他岗位的工作，事故抢险时才迅速集结起来。专职安全生产应急救援队伍要具有独立进行常规事故抢救的能力；兼职安全生产应急救援队伍应当能够有效控制常规事故，为被困人员自救、互救和专职应急救援队伍开展抢险创造条件、提供帮助。

安全生产应急救援队伍或者应急救援人员不论是专职的还是兼职的，都应当具备所属行业领域事故抢救需要的专业特长。专、兼职安全生产应急救援队伍的规模应当符合有关规定，必须保证有足够的人员轮班值守。签订救援服务协议的专职安全生产应急救援队伍应当具备有关规定所要求的资质，并能够在有关规定所要求的时间内到达事故发生地。

3. 应急预案

应急预案又称应急计划，是针对可能发生的重大事故（件）或灾害，为保证迅速、有序、有效地开展应急与救援行动、降低事故损失而预先制定的有关计划或方案。它是在辨识和评估潜在的重大危险、事故类型、发生的可能性及发生过程、事故后果及影响严重程度的基础上，对应急机构职责、人员、技术、装备、设施（备）、物资、救援行动及其指挥与协调等方面预先做出的具体安排。应急预案明确了在突发事故发生之前、发生过程中以及刚刚结束之后，谁负责做什么，何时做，以及相应的策略和资源准备等，是及时、有序、有效地开展应急救援工作的重要保障。

一般企业编制现场预案，现场预案是在专项预案的基础上，根据具体情况需要而编制的。它是针对特定的具体场所（即以现场为目标），通常是该类型事故风险较大的场所或重要防护区域等所制定的预案。例如，危险化学品事故专项预案下编制的某重大危险源的场外应急预案，防洪专项预案下的某洪区的防洪预案等。

应急预案是针对可能发生的重大事故所需的应急准备和应急行动而制定的指导性文件，其核心内容应包括：

（1）对紧急情况或事故灾害及其后果的预测、辨识、评价；

（2）应急各方的职责分配；

（3）应急救援行动的指挥与协调；

（4）应急救援中可用的人员、设备、设施、物资、经费保障和其他资源，包括社会和外部援助资源等；

（5）在紧急情况或事故灾害发生时保护生命、财产和环境安全的措施；

（6）现场恢复；

（7）其他，如应急培训和演练规定，法律、法规要求，预案的管理等。

事故应急救援预案由外部预案和内部预案两部分构成。外部预案，由地方政府制定，地方政府对所辖区域内易燃易爆和危险品生产的企业、公共场所、要害设施都应制定事故应急救援预案。外部预案与内部预案相互补充，特别是中小型企业内部应急救援能力不足更需要外部的应急救助。内部预案由相关生产经营单位制定，内部预案包含总体预案和各危险单元预案。内部预案包括：组织落实、制定责任制、确定危险目标、警报及信号系统、预防事故的措施、紧急状态下抢险救援的实施办法、救援器材设备贮备、人员疏散等内容。

应急预案基本要素包括：方针与原则；应急准备；应急策划；应急响应；事故后的现场恢复程序；培训与演练；预案管理、评审改进与维护。

4. 应急培训与教育

生产经营单位应采取不同方式开展安全生产应急管理知识和应急预案的宣传教育和培训工作，其主要目的主要有：应急培训与教育工作是增强企业危机意识和责任意识、提高事故防范能力的重要途径；应急培训与教育工作是提高应急救援人员和企业职工应急能力的重要措施；应急培训与教育工作是保证安全生产事故应急预案贯彻实施的重要手段；应急培训与教育工作是确保所有从业人员具备基本的应急技能，熟悉企业应急预案，掌握本岗位事故防范措施和应急处置程序的重要方法；应急培训与教育工作能够使应急预案相关职能部门及人员提高危机意识和责任意识，明确应急工作程序，提高应急处置和协调能力；应急培训与教育工作能使社会公众了解应急预案的有关内容，掌握基本的故事预防、避险、避灾、自救、互救等应急知识，提高安全意识和应急能力。

应急培训与教育的基本任务是锻炼和提高队伍在突发事故情况下的快速抢险、及时营救伤员、正确指导和帮助群众防护或撤离、有效消除危害后果、开展现场急救和伤员转送等应急救援技能和应急反应综合素质，有效降低事故危害，减少事故损失。

应急培训与教育的范围应包括政府主管部门的培训与教育、社区居民培训与教育、专业应急救援队伍培训与教育、企业全员培训与教育。

应急培训与教育包括对参与行动所有相关人员进行的最低程度的应急培训与教育，要求应急人员了解和掌握如何识别危险、如何采取必要的应急措施、如何启动紧急情况警报系统、如何安全疏散人群等基本操作。需要强调的是，应急培训与教育内容中应加强针对火灾应急的培训与教育以及危险物质事故应急的培训与教育，因为火灾和危险品事故是常见的事故类型。

普通员工在应急救援行动中是被救援的主要对象，因此，普通员工应当掌握一定的应急知识，以便在应急行动中能很好地配合应急救援人员开展应急工作，不会造成妨碍作用。在应急培训中，要训练普通员工学习相关的自救、互救等生存技能，以及应急中的交际技能和团队精神。通常对普通员工应要求其掌握以下内容：每个人在应急预案中的角色和所承担的责任；知道如何获得有关危险和保护行为的信息；紧急事件发生时，如何进行通报，警告和信息交流；在紧急事件中寻找家人的联系方法；面对紧急事件的响应程序；疏散、避难并告之事实情况的程序；寻找、使用公用应急设备等。

应急培训与教育的方式很多，如培训班、讲座、模拟、自学、小组受训和考试等，但以培训与教育授课的方式居多。

5. 应急演练

应急演练的目的是通过培训、评估、改进等手段提高保护人民群众生命财产安全和环境的综合应急能力，说明应急预案的各部分或整体是否能有效地付诸实施，验证应急预案应急可能出现的各种紧急情况的适应性，找出应急准备工作中可能需要改善的地方，确保建立和保持可靠的通信渠道及应急人员的协同性，确保所有应急组织都熟悉并能够履行他们的职责，找出需要改善的潜在问题。

开展应急演练的过程可划分为演练准备、演练实施和演练总结三个阶段，按照这三个阶段，可将演练前后应应完成的内容和活动确定为：确定演练日期；确定演练目标和演示范围；编写演练方案；确定演练现场规则；指定评价人员；安排后勤工作；准备和分发评价人员工作文件；培训评价人员；讲解演练方案与演练活动；记录应急组织演练表现；评价人员访谈演练参与人员；汇报与协商；编写书面评价报告；演练人员自我评价；举行公开会议；通报不足项；编写演练总结报告；评价和报告不足项补救措施；追踪整改项的纠正；追踪演练目标演示情况。

应急演练的参与人员包括参演人员、控制人员、模拟人员、评价人员和观摩人员。这五类人员在演练过程中都有着重要的作用，并且在演练过程中都应佩戴能表明其身份的识别符。

其中，如果把参演人员比作通常所说的演员的话，那么控制人员即导演，模拟人员就是道具，评价和观摩人员相当于广大观众。所不同的是，评价人员既是观众，又是参加人。实际工作中，评价人员是指负责观察演练进展情况并予以记录的人员。其主要任务包括：观察参演人员的应急行动，并记录观察结果；在不干扰参演人员工作的情况下，协助控制人员确保演练按计划进行。

参演人员是指在应急组织中承担具体任务，并在演练过程中尽可能对演练情景或模拟事件做出真实情景下可能采取的响应行动的人员，相当于通常所说的演员。参演人员所承担的具体任务主要包括：救助伤员或被困人员；保护财产或公众健康；获取并管理各类应急资源；与其他应急人员协同处理重大事故或紧急事件。

根据演练的形式，可将其分为桌面演练、功能演练和全面演练。

（1）桌面演练

桌面演练是指由应急组织的代表或关键岗位人员参加的，按照应急预案及其标准运作程序，讨论紧急事件时应采取行动的演练活动。桌面演练的主要特点是对演练情景进行口头演练，一般是在会议室内举行非正式的活动；主要作用是在没有压力的情况下，演练人员在检查和解决应急预案中问题的同时，获得一些建设性的讨论结果；主要目的是在友好、较小压力的情况下，锻炼演练人员解决问题的能力，以及解决应急组织相互协作和职责划分的问题。

桌面演练只需展示有限的应急响应和内部协调活动，应急响应人员主要来自本地应急组织，事后一般采取口头评论形式收集演练人员的建议，并提交一份简短的书面报告，总结演练活动和提出有关改进应急响应工作的建议。桌面演练方法成本较低，主要用于为功能演练和全面演练做准备。

（2）功能演练

功能演练是指针对某项应急响应功能或其中某些应急响应活动举行的演练活动。功能演练一般在应急指挥中心举行，并可同时开展现场演练，调用有限的应急设备，主要目的是针对应急响应功能，检验应急响应人员以及应急管理体系的策划和响应能力。

功能演练比桌面演练规模要大，需动员更多的应急响应人员和组织。必要时，还可要求国家级应急响应机构参与演练过程，为演练方案设计、协调和评估工作提供技术支持，因而协调工作的难度也随着更多应急响应组织的参与而增大。

功能演练所需的评估人员一般为4～12人，具体数量依据演练地点、社区规模、现有资源和演练功能的数量而定。演练完成后，除采取口头评论形式外，还应向地方提交有关演练活动的书面汇报，提出改进建议。

（3）全面演练

全面演练是指针对应急预案中全部或大部分应急响应功能，检验、评价应急组织应急运行能力的演练活动。全面演练一般要求持续几个小时，采取交互式进行，演练过程要求尽量真实，调用更多的应急响应人员和资源，并开展人员、设备及其他资源，以展示相互协调的应急响应能力。

与功能演练类似，全面演练也少不了负责应急运行、协调和政策拟订人员的参与，以及国家级应急组织人员在演练方案设计、协调和评估工作中提供的技术支持。但全面演练过程中，这些人员或组织的演示范围要比功能演练更广。全面演练一般需10～50名评价人员参与，演练完成后，除采取口头评论、书面汇报外，还应提交正式的书面报告。

十二、事故报告、调查和处理

1. 事故报告的责任

《安全生产法》和《生产安全事故报告和调查处理条例》都明确规定了事故报告的责任，下列人员和单位负有报告事故的责任：

（1）事故现场有关人员；

（2）事故发生单位的主要负责人；

（3）安全生产监督管理部门；

（4）负有安全生产监督管理职责的有关部门；

（5）有关地方人民政府。

事故单位负责人既有向县级以上人民政府安全生产监督管理部门报告的责任，又有向负有安全生产监督管理职责的有关部门报告的责任，即事故报告是两条线，实行双报告制。

安全生产监督管理部门和负有安全生产监督管理职责的有关部门，既有向上级部门报告事故的责任，又有同时报告本级人民政府的责任。

2. 事故报告的程序和时限

根据《生产安全事故报告和调查处理条例》的有关规定，事故现场有关人员、事故单位负责人和有关部门应当按照下列程序和时间要求报告事故：

（1）事故发生后，事故现场有关人员应当立即向本单位负责人报告；情况紧急时，事故现场有关人员可以直接向事故发生地县级以上人民政府安全生产监督管理部门和负有安全生产监督管理职责的有关部门报告。

（2）单位负责人接到事故报告后，应当于1小时内向事故发生地县级以上人民政府安全生产监督管理部门和负有安全生产监督管理职责的有关部门报告。

（3）安全生产监督管理部门和负有安全生产监督管理职责的有关部门接到事故报告后，应当按照事故的级别逐级上报事故情况，并报告同级人民政府，通知公安机关、劳动和社会保障行政部门、工会和人民检察院，且每级上报的时间不得超过2小时。

1）特别重大事故、重大事故逐级上报至国务院安全生产监督管理部门和负有安全生产监督管理职责的有关部门；

2）较大事故逐级上报至省、自治区、直辖市人民政府安全生产监督管理部门和负有安全生产监督管理职责的有关部门；

3）一般事故上报至设区的市级人民政府安全生产监督管理部门和负有安全生产监督管理职责的有关部门。

（4）国务院安全生产监督管理部门和负有安全生产监督管理职责的有关部门以及省级人民政府接到发生特别重大事故、重大事故的报告后，应当立即报告国务院。

必要时，安全生产监督管理部门和负有安全生产监督管理职责的有关部门可以越级上报事故情况。

3. 事故报告的内容

根据《生产安全事故报告和调查处理条例》的有关规定，事故报告的内容应当包括事故发生单位的概况，事故发生的时间、地点、简要经过和事故现场情况，事故已经造成或者可能造成的伤亡人数和初步估计的直接经济损失，以及已经采取的措施等。事故报告后出现新情况的，还应当及时补报。

（1）事故发生单位概况

事故发生单位概况应当包括单位的全称、所处地理位置、所有制形式和隶属关系、生产经营范围和规模、持有各类证照的情况、单位负责人的基本情况以及近期的生产经营状况等。对于不同行业的企业，报告的内容应该根据实际情况来确定，但是应当以全面、简洁为原则。

（2）事故发生的时间、地点以及事故现场情况

报告事故发生的时间应当具体，并尽量精确到分钟。报告事故发生的地点要准确，除事故发生的中心地点外，还应当报告事故所波及的区域。报告事故现场的情况应当全面，不仅应当报告现场的总体情况，还应当报告现场的人员伤亡情况、设备设施的毁损情况；不仅应当报告事故发生后的现场情况，还应当尽量报告事故发生前的现场情况。

（3）事故的简要经过

事故的简要经过是对事故全过程的简要叙述。核心要求在于"全"和"简"。"全"就是要全过程描述，"简"就是要简单明了。并且，描述要前后衔接、脉络清晰、因果相连。需要强调的是，由于事故的发生往往是在一瞬间，对事故经过的描述应当特别注意事故发生前作业场所有关人员和设备设施的一些细节，因为这些细节可能就是引发事故的重要原因。

（4）事故已经造成或者可能造成的伤亡人数（包括下落不明的人数）和初步估计的直接经济损失

对于人员伤亡情况的报告，应当遵循实事求是的原则，不做无根据的猜测，更不能隐瞒实际伤亡人数。在矿山事故中，往往出现多人被困井下的情况，对可能造成的伤亡人数，要根据事故单位当班记录，尽可能准确地报告。对直接经济损失的初步估算，主要指事故所导致的建筑物的毁损、生产设备设施和仪器仪表的损坏等。由于人员伤亡情况和经济损失情况直接影响事故等级的划分，并因此决定事故的调查处理等后续重大问题，在报告这方面情况时应当谨慎细致，力求准确。

（5）已经采取的措施

已经采取的措施主要是指事故现场有关人员、事故单位负责人、已经接到事故报告的安全生产监督管理部门为减少损失、防止事故扩大和便于事故调查所采取的应急救援和现场保护等具体措施。

（6）事故的补报

事故报告后出现新情况的，应当及时补报。自事故发生之日起30日内，事故造成的伤亡人数发生变化的，应当及时补报。道路交通事故、火灾事故自发生之日起7日内，事故造成的伤亡人数发生变化的，应当及时补报。

4. 事故现场调查

事故现场调查主要包括事故现场保护、事故现场的处理和勘察、事故证据的收集和整理三部分。

（1）事故现场保护

事故调查组的首要任务是进行事故现场的保护，因为事故现场的各种证据是判断事故原因以及确定事故责任的重要物质条件，需要尽最大可能给予保护。但是由于在事故救援阶段，各种人员的出入会对事故现场造成破坏，另外群众的围观也会给现场保护工作带来影响。

《生产安全事故报告和调查处理条例》第十六条规定："事故发生后，有关单位和人员应当妥善保护事故现场以及相关证据，任何人不得破坏事故现场、毁灭相关证据"。这里明确了两个问题，一是保护事故现场以及相关证据是有关单位和人员的法定义务。所谓"有关单位和人员"是事故现场保护的义务主体，既包括在事故现场的事故发生单位及其有关人员，也包括在事故现场的有关地方人民政府安全生产监督管理部门、负有安全生产监督管理职责的有关部门、事故应急救援组织等单位及其有关人员。只要是在事故现场的单位和人员，都有妥善保护现场和相关证据的义务。二是禁止破坏事故现场、毁灭有关证据。不论是过失还是故意，有关单位和人员均不得破坏事故现场、毁灭相关证据。有上述行为的，将要承担相应的法律责任。事故现场保护要做到的工作包括：核实事故情况，尽快上报事故情况；确定保护区的范围，布置警戒线；控制好事故肇事人；尽量收集事故的相关信息以便事故调查组查阅。

事故现场的保护要方法得当。对露天事故现场的保护范围可以大一些，然后根据实际情况再调整；对生产车间事故现场的保护则主要是采取封锁入口，控制人员进出；对于事故破损部件、残留件等要求不能触动，以免破坏事故现场。

（2）事故现场的处理和勘察以及证据的收集整理

1）事故现场处理。当调查组进入现场或做模拟试验需要移动某些物体时，必须做好现场的标志，同时要采用照相或摄像，将可能被清除或践踏的痕迹记录下来，以保证现场勘察、调查能获得完整的事故信息内容。调查组进入事故现场进行调查的过程中，在事故调查分析没有形成结论以前，要注意保护事故现场，不得破坏与事故有关的物体、痕迹、状态等。

2）现场勘察与证物收集。对损坏的物体、部件、碎片、残留物、致害物的位置等，均应贴上标签，注明时间、地点、管理者；所有物件应保持原样，不准冲洗、擦拭；对健康有害的物品，应采取不损坏原始证据的安全保护措施。

3）事故现场拍照。应做好以下几方面的事故现场拍照：①方位拍照：要能反映事故现场在周围环境中的位置；②全面拍照：要能反映事故现场各部分之间的联系；③中心拍照：反映事故现场中心情况；④细目拍照：解释事故直接原因的痕迹物、致害物等；⑤人体拍照：反映死亡者主要受伤和造成死亡的伤害部位。

4）事故图绘制。根据事故类别和规模以及调查工作的需要，绘出事故调查分析所必须了解的信息示意图，如建筑物平面图、剖面图，事故现场涉及范围图，设备或工器具构造简图，流程图，受害者位置图，事故状态下人员位置及疏散图，破坏物立体图或展开图等。

5）证人材料搜集。尽快搜集证人口述材料，然后认真考证其真实性，听取单位领导和群众意见。

6）事故事实材料搜集。包括与事故鉴别、记录有关的材料和与事故发生有关的事实材料。

5. 事故原因的调查分析

事故原因的调查分析包括事故直接原因和间接原因的调查分析。调查分析事故发生的直接原因就是分别对物和人的因素进行深入、细致的追踪，弄清在人和物方面所有的事故因素，明确它们的相互关系和所占的重要程度，从中确定事故发生的直接原因。

事故间接原因的调查就是调查分析导致人的不安全行为、物的不安全状态，以及人、物、环境的失调而产生的原因，弄清为什么是不安全行为和不安全状态，为什么没能在事故发生前采取措施，预防事故的发生。

导致事故发生的原因是多方面的，主要可以概况为以下三个方面的原因：

（1）劳动过程中设备、设施和环境等因素是导致事故的重要原因

这些因素主要包括：生产环境的优劣，生产设备的状态，生产工艺是否合理，原材料的毒害程度等。这些是硬件方面的原因，属于比较直接的原因。

（2）安全生产管理方面的因素也是导致事故的主要原因

这里主要包括：安全生产的规章制度是否完善，安全生产责任制是否落实，安全生产组织机构是否开展有效工作，安全生产经费是否到位，安全生产宣传教育工作的开展情况，安全防护装置的保养状况，安全警告标志和逃生通道是否齐全等。这些原因相对需要认真分析，属于更深入的原因。

（3）事故肇事人的状况也是导致事故的直接因素

这里主要包括其：操作水平是否熟练，经验是否丰富，精神状态是否良好，是否违章操作等。人的因素是事故原因中很主要的因素，需要重点分析，这是事故发生发展的关键原因。

对事故进行分析有很多方法，目的都是为了找到导致事故发生的原因。首先从专项技术的角度来分别探讨事故的技术原因，然后从事故统计的高度探讨宏观的事故统计分析法，最

后通过安全系统分析法从全局的角度全面分析事故的发生发展过程。

6. 确定事故责任

查找事故原因的目的是确定事故责任。事故调查分析不仅要明确事故的原因，而且更重要的是要确定事故责任，落实防范措施，确保不再出现同类事故。这是加强安全生产的重要手段。

（1）事故性质

目前，事故性质分为责任事故、非责任事故和人为破坏事故。

1）责任事故是指由于工作不到位导致的事故。责任事故是一种可以预防的事故，责任事故需要处理相应的责任人。

2）非责任事故是指由于一些不可抗拒的力量而导致的事故。这些事故的原因主要是由于人类对自然的认识水平有限，需要在今后的工作中更加注意预防工作，防止同类事故的再次发生。

3）人为破坏事故是指有人预先恶意地对机器设备以及其他因素进行破坏，导致其他人在不知情的状况下发生了事故。这类事故一般都属于刑事案件，相关责任人要受到法律的制裁。

（2）事故责任人

事故责任人主要包括直接责任人、领导责任人和间接责任人三种。

1）直接责任人是指由于当事人与重大事故及其损失有直接因果关系，是对事故发生以及导致一系列后果起决定性作用的人员。

2）领导责任人是指当事人的行为虽然没有直接导致事故发生，但由于其领导、监管不力而导致事故的发生所应承担的责任。

3）间接责任人是指当事人与事故的发生具有间接的关系，需要承担相应的责任。

（3）责任追究

事故责任的确定是整个事故调查分析中最难的环节，因为责任确定的过程就是将事故原因分解给不同人员的过程。这个问题说起来很简单，对于事故调查组成员来说无论处理谁都是不情愿的，但由于事故的责任人必须受到处罚，所以事故调查组就要公正地对待所有涉及事故的人员，公平、公正、科学、合理地确定相应的责任。凡因下述原因造成事故，应首先追究领导者的责任：

1）没有按规定对工人进行安全生产教育和技术培训，或未经考试合格就允许工人上岗操作的；

2）缺乏安全技术操作规程或制度与规程不健全的；

3）设备严重失修或超负载运转的；

4）安全措施、安全信号、安全标志、安全用具、个人防护用品缺失或有缺陷的；

5）对事故熟视无睹，不认真采取措施或挪用安全技术措施经费，致使重复发生同类事故的；

6）对现场工作缺乏检查或指导错误的。

特大安全事故肇事单位和个人的刑事处罚、行政处罚和民事责任，依照有关法律、法规和规章的规定执行。

十三、绩效评定和持续改进

1. 绩效评定

企业安全生产标准化工作实行企业自主评定、外部评审的方式。企业应当根据《基本规范》和有关评分细则，对本企业开展安全生产标准化工作的情况进行自主评定；自主评定后申请外部评审定级。

企业应每年至少一次对本单位安全生产标准化的实施情况进行评定，验证各项安全生产制度措施的适宜性、充分性和有效性，检查安全生产工作目标、指标的完成情况。

（1）适宜性验证

1）所制定的各项安全生产制度措施是否适合于企业的实际情况；

2）所制定的安全生产工作目标、指标及其落实方式是否合理；

3）新制度与原有的其他管理方式是否融合、相得益彰；

4）有关的措施制度能否被职工接受并很好地落实。

（2）充分性验证

1）各项安全生产管理的制度措施是否满足了安全生产标准化规范的全部管理要求；

2）所有的管理措施、管理制度是否有效运行；

3）对相关方的管理是否有效。

（3）有效性验证

1）能否保证实现企业的安全工作目标、指标；

2）是否以隐患排查治理为基础，对所有排查出的隐患实施了有效的治理与控制；

3）对重大危险源能否有效地监控；

4）企业员工通过安全标准化工作的推进，是否提高了安全意识，并能够自觉遵守安全生产管理规章制度和操作规程；

5）企业安全生产工作是否得到相应的进步。

企业主要负责人应对绩效评定工作全面负责。评定工作应形成正式文件，并将结果向所有部门、所属单位和从业人员通报，作为年度考评的重要依据。

如果发生了伤亡事故，说明企业在安全生产管理中的某些环节出现了严重的缺陷或问题，需要马上对相关的安全生产管理制度、措施进行客观评定，努力找出问题根源所在，有的放矢，对症下药，不断完善有关制度和措施。评定过程中，要对前一次评定后的纠正措施、建议的落实情况与效果做出评价，并向企业的所有部门和员工通报。

2. 持续改进

在《基本规范》的许多条款中，已经直接提出了对安全生产管理的一些具体环节要持续改进的要求。除此之外，持续改进更重要的内涵是，企业负责人通过对一定时期后的评定结果的认真分析，及时将某些部门做得比较好的管理方式及管理方法，在企业内所有部门进行全面推广。

对发现的系统问题及需要努力改进的方面及时做出调整和安排。在必要的时候，把握好合适的时机，及时调整安全生产目标、指标，或修订不合理的规章制度、操作规程，使企业的安全生产管理水平不断提升。

企业应根据安全生产标准化的评定结果和安全生产预警指数系统所反映的趋势，对安全生产目标、指标、规章制度、操作规程等进行修改完善，持续改进，不断提高安全绩效。

企业负责人还要根据安全生产预警指数数值大小，对比、分析查找趋势升高、降低的原因，对可能存在的隐患及时进行分析、控制和整改，并提出下一步安全生产工作关注的重点。

第三节 《企业安全生产标准化基本规范》与
相关行业规范的关系

相关行业的安全生产标准化规范与《企业安全生产标准化基本规范》的总体要求、管理模式等是基本相同的，他们从不同行业的角度提出了本行业安全生产标准化的特定要求，相关行业安全生产标准化规范已有相应要求的，企业应优先采用该行业规范；相关行业安全生产标准化规范没有相应要求的，企业应采用《基本规范》的相应要求。对没有制定标准化规范的相关行业，《基本规范》是企业开展安全标准化工作的基础标准。

《基本规范》是制修定相关行业规范的依据，在相关行业安全生产标准化制定、修订中，应遵循《基本规范》的要求；已制定的规范与《基本规范》的要求、模式不同的，应按《基本规范》的要求尽快修订。鼓励相关行业在《基本规范》的基础上，针对行业特点，制定具体、细化的本行业规范。

第四节 企业安全生产标准化证书和牌匾

2008年10月17日，国家安全生产监督管理总局办公厅下发了《关于规范安全生产标准化证书和牌匾式样等有关问题的通知》（安监总厅管三〔2008〕148号），规范了企业安全生产标准化证书和牌匾的式样和制作管理。

一、企业安全生产标准化证书、牌匾式样

1. 证书式样

2. 牌匾式样

安全生产标准化

Ⅹ级企业（危化）

发证单位名称

二ＸＸＸ年（有效期三年）

3. 牌匾说明

（1）牌匾材料为弧面不锈钢镀钛板，四周加亮边（亮边宽度 15 mm），文字腐蚀，20 mm 立墙；

（2）牌匾长 60 cm，高 40 cm；

（3）字体从上至下依次为华文新魏、小初；宋体、二号；宋体、三号。字间距设为标准，文字居中。从上边缘至第一行字上边的间距为 86 mm，第一行与第二行的间距为 45 mm，第二行与第三行的间距为 80 mm，第四行与下边缘的间距为 55 mm。

二、企业安全生产标准化证书编号

危险化学品从业单位一级企业证书编号为（国）AQBWⅠＸＸＸＸ；二级企业证书编号分别为（省、自治区、直辖市简称）AQBWⅡＸＸＸＸ。

三、企业安全生产标准化证书、牌匾管理

原危险化学品从业单位安全标准化（包括安全质量标准化）证书、牌匾式样从 2008 年 12 月 1 日起停止使用。已获级企业，原证书、牌匾在有效期内仍有效。

企业安全生产标准化证书由中国安全生产协会统一印制，需要的省（区、市）需与中国安全生产协会联系定制；安全生产标准化牌匾由发证单位按照牌匾式样自行制作。

第三章 危险化学品企业安全生产标准化建设规范

第一节 国家对危险化学品企业安全生产标准化工作的要求

一、贯彻落实《国务院关于进一步加强企业安全生产工作的通知》

2010年11月3日，为认真贯彻落实《国务院关于进一步加强企业安全生产工作的通知》（国发〔2010〕23号）精神，推动危险化学品企业（指生产、储存危险化学品的企业和使用危险化学品从事化工生产的企业）落实安全生产主体责任，全面加强和改进安全生产工作，建立和不断完善安全生产长效机制，切实提高安全生产管理水平，结合危险化学品企业安全生产特点，国家安全生产监督管理总局、工业和信息化部联合下发了《关于危险化学品企业贯彻落实〈国务院关于进一步加强企业安全生产工作的通知〉的实施意见》（安监总管〔2010〕186号），主要内容如下：

1. 强化安全生产体制、机制建设，建立、健全企业全员安全生产责任体系

（1）建立和不断完善安全生产责任体系

坚持"谁主管，谁负责"的原则，明确企业主要负责人、分管负责人、各职能部门、各级管理人员、工程技术人员和岗位操作人员的安全生产职责，做到全员每个岗位都有明确的安全生产职责并与相应的职务、岗位匹配。

企业的主要负责人（包括企业法定代表人等其他主要负责人）是企业安全生产的第一责任人，对安全生产负总责。要认真贯彻落实党和国家安全生产的方针、政策，严格执行国家有关安全生产法律、法规和标准，把安全生产纳入企业发展战略和长远规划，领导企业建立并不断完善安全生产的体制机制；建立、健全安全生产责任制，建立和不断完善安全生产规章制度和操作规程；保证安全投入满足安全生产的需要；加强全体从业人员的安全教育和技能培训；督促检查安全生产工作，及时消除隐患；制定事故应急救援预案；及时、如实报告生产安全事故；履行安全监督与指导责任；定期听取安全生产工作汇报，研究新情况、解决新问题；大力推进安全管理信息化建设，积极采用先进适用技术。分管负责人要认真履行本岗位安全生产职责。

企业安全生产管理部门要加强对企业安全生产的综合管理，组织贯彻落实国家有关安全生产法律、法规和标准；定期组织安全检查，及时排查和治理事故隐患；监督检查安全生产责任制和安全生产规章制度的落实。其他职能部门要按照本部门的职责，在各自的工作范围内，对安全生产负责。

各级管理人员要遵守安全生产规章制度和操作规程，不违章指挥，不违章作业，不强令从业人员冒险作业，对本岗位安全生产负责，发现直接危及人身安全的紧急情况时，要立即组织处理或者人员疏散。

岗位操作人员必须遵守安全生产规章制度、操作规程和劳动纪律，不违章作业、不违反劳动纪律；有权拒绝违章指挥，有权了解本岗位的职业危害；发现直接危及人身安全的紧急情况时，有权停止作业和撤离危险场所。

企业要不断完善安全生产责任制。要建立检查监督和考核奖惩机制，以确保安全生产责任制能够得到有效落实。

企业主要负责人要定期向安全生产监督管理部门和企业员工大会通报安全生产工作情况，主动接受全体员工监督；要充分发挥工会、共青团等群众组织在安全生产中的作用，鼓励并奖励员工积极举报事故隐患和不安全行为，推动企业安全生产全员参与、全员管理。

(2) 建立和不断完善安全生产规章制度

企业要主动识别和获取与本企业有关的安全生产法律、法规、标准和规范性文件，结合本企业安全生产特点，将法律、法规的有关规定和标准的有关要求转化为企业安全生产规章制度或安全操作规程的具体内容，规范全体员工的行为。应建立至少包含以下内容的安全生产规章制度：安全生产例会，工艺管理，开、停车管理，设备管理，电气管理，公用工程管理，施工与检维修（特别是动火作业、进入受限空间作业、高处作业、起重作业、临时用电作业、破土作业等）安全规程，安全技术措施管理，变更管理，巡回检查，安全检查和隐患排查治理；干部值班，事故管理，厂区交通安全，防火防爆，防尘防毒，防泄漏，重大危险源，关键装置与重点部位管理；危险化学品安全管理，承包商管理，劳动防护用品管理；安全教育培训，安全生产奖惩等。

要依据国家有关标准和规范，针对工艺、技术、设备设施特点和原材料、辅助材料、产品的特性，根据风险评价结果，及时完善操作规程，规范从业人员的操作行为，防范生产安全事故的发生。

安全生产规章制度、安全操作规程至少每3年评审和修订一次，发生重大变更应及时修订。修订完善后，要及时组织相关管理人员、作业人员培训学习，确保有效地贯彻执行。

(3) 加强安全生产管理机构建设

企业要设置安全生产管理机构或配备专职安全生产管理人员。安全生产管理机构要具备相对独立职能。专职安全生产管理人员应不少于企业员工总数的 2‰（不足 50 人的企业至少配备 1 人），要具备化工或安全生产管理相关专业中专以上学历，有从事化工生产相关工作 2 年以上经历，取得安全生产管理人员资格证书。

（4）建立和严格执行领导干部带班制度

企业要建立领导干部现场带班制度，带班领导负责指挥企业重大异常生产情况和突发事件的应急处置，抽查企业各项制度的执行情况，保障企业的连续安全生产。企业副总工程师以上领导干部要轮流带班。生产车间也要建立由管理人员参加的车间值班制度。要切实加强企业夜间和节假日值班工作，及时报告和处理异常情况和突发事件。

（5）及时排查治理事故隐患

企业要建立、健全事故隐患排查治理和监控制度，逐级建立并落实从主要负责人到全体员工的隐患排查治理和监控机制。要将隐患排查治理纳入日常安全管理，形成全面覆盖、全员参与的隐患排查治理工作机制，使隐患排查治理工作制度化、常态化，做到隐患整改的措施、责任、资金、时限和预案"五到位"。建立事故隐患报告和举报奖励制度，动员、鼓励从业人员及时发现和消除事故隐患。对发现、消除和举报事故隐患的人员，应当给予奖励和表彰。

企业要建立生产工艺装置危险有害因素辨识和风险评估制度，定期开展全面的危险有害因素辨识，采用相应的安全评价方法进行风险评估，提出针对性的对策措施。企业要积极利用危险与可操作性分析（Hazardand Operability Analysis，缩写 HAZOP）等先进科学的风险评估方法，全面排查本单位的事故隐患，提高安全生产水平。

（6）切实加强职业健康管理

企业要明确职业健康管理机构及其职责，完善职业健康管理制度，加强从业人员职业健康培训和健康监护、个体防护用品配备及使用管理，保障职业危害防治经费投入，完善职业危害防护设施，做好职业危害因素的检测、评价与治理，进行职业危害申报，按规定在可能发生急性职业损伤的场所设置报警、冲洗等设施，建立从业人员上岗前、在岗中和离岗时的职业健康档案，切实保护劳动者的职业健康。

（7）建立、健全安全生产投入保障机制

企业的安全投入要满足安全生产的需要。要严格执行安全生产费用提取、使用管理制度，明确负责人，按时、足额提取和规范使用安全生产费用。安全生产费用的提取和使用要符合《高危行业企业安全生产费用财务管理暂行办法》（财企〔2006〕478 号）要求。主要负责人要为安全生产正常运行提供人力、财力、物力、技术等资源保障。企业要积极推行安全生产责任险，实现安全生产保障渠道多样化。

2. 强化工艺过程安全管理，提升本质化安全水平

（1）加强建设项目安全管理

企业新建、改建、扩建危险化学品建设项目要严格按照《危险化学品建设项目安全许可实施办法》（国家安全生产监督管理总局令第8号）的规定执行，严格执行建设项目安全设施"三同时"制度。新建企业必须在化工园区或集中区建设。

建设项目必须由具备相应资质的单位负责设计、施工、监理。大型和采用危险化工工艺的装置，原则上要由具有甲级资质的化工设计单位设计。设计单位要严格遵守设计规范和标准，将安全技术与安全设施纳入初步设计方案，生产装置设计的自控水平要满足工艺安全的要求；大型和采用危险化工工艺的装置在初步设计完成后要进行 HAZOP 分析。施工单位要严格按设计图纸施工，保证质量，不得撤减安全设施项目。企业要对施工质量进行全过程监督。

建设项目建成试生产前，建设单位要组织设计、施工、监理和建设单位的工程技术人员进行"三查四定"（三查：查设计漏项、查工程质量、查工程隐患；四定：定任务、定人员、定时间、定整改措施），聘请有经验的工程技术人员对项目试车和投料过程进行指导。试车和投料过程要严格按照设备管道试压、吹扫、气密、单机试车、仪表调校、联动试车、化工投料试生产的程序进行。试车引入化工物料（包括氮气、蒸气等）后，建设单位要对试车过程的安全进行总协调和总负责。

（2）积极开展工艺过程风险分析

企业要按照《化工企业工艺安全管理实施导则》（AQ/T 3034—2010）的要求，全面加强化工工艺安全管理。

企业应建立风险管理制度，积极组织开展危害辨识、风险分析工作。要从工艺、设备、仪表、控制、应急响应等方面开展系统的工艺过程风险分析，预防重特大事故的发生。

新开发的危险化学品生产工艺，必须在小试、中试、工业化试验的基础上逐步放大到工业化生产。国内首次采用的化工工艺，要通过省级有关部门组织专家组进行安全生产论证。

（3）确保设备设施完整性

企业要制定特种设备、安全设施、电气设备、仪表控制系统、安全联锁装置等日常维护保养管理制度，确保运行可靠；防雷防静电设施、安全阀、压力容器、仪器仪表等均应按照有关法规和标准进行定期检测检验。对风险较高的系统或装置，要加强在线检测或功能测试，保证设备、设施的完整性和生产装置的长周期安全稳定运行。

要加强公用工程系统管理，保证公用工程安全、稳定运行。供电、供热、供水、供气及污水处理等设施必须符合国家标准，要制定并落实公用工程系统维修计划，定期对公用工程设施进行维护、检查。使用外部公用工程的企业应与公用工程的供应单位建立规范的联系制

度，明确检修维护、信息传递、应急处置等方面的程序和责任。

（4）大力提高工艺自动化控制与安全仪表水平

新建大型和危险程度高的化工装置，在设计阶段要进行仪表系统安全完整性等级评估，选用安全可靠的仪表、联锁控制系统，配备必要的有毒有害、可燃气体泄漏检测报警系统和火灾报警系统，提高装置的安全可靠性。

重点危险化学品企业（剧毒化学品、易燃易爆化学品生产企业和涉及危险工艺的企业）要积极采用新技术，改造提升现有装置以满足安全生产的需要。工艺技术自动控制水平低的重点危险化学品企业要制定技术改造计划，尽快完成自动化控制技术改造，通过装备基本控制系统和安全仪表系统，提高生产装置本质安全化水平。

（5）加强变更管理

企业要制定并严格执行变更管理制度。对采用的新工艺、新设备、新材料、新方法等，要严格履行申请、安全论证审批、实施、验收的变更程序，实施变更前应对变更过程产生的风险进行分析和控制。任何未履行变更程序的变更，不得实施。任何超出变更批准范围和时限的变更必须重新履行变更程序。

（6）加强重大危险源管理

企业要按有关标准辨识重大危险源，建立、健全重大危险源安全管理制度，落实重大危险源管理责任，制定重大危险源安全管理与监控方案，建立重大危险源安全管理档案，按照有关规定做好重大危险源备案工作。

要保证重大危险源安全管理与监控所必需的资金投入，定期检查维护，对存在事故隐患和缺陷的，要立即整改；重大危险源涉及的压力、温度、液位、泄漏报警等重要参数的测量要有远传和连续记录，液化气体、剧毒液体等重点储罐要设置紧急切断装置。要按照有关规定配备足够的消防、气防设施和器材，建立稳定可靠的消防系统，设置必要的视频监控系统，但不能以视频监控代替压力、温度、液位、泄漏报警等自动监控措施。

在重大危险源现场明显处设置安全警示牌、危险物质安全告知牌，并将重大危险源可能发生事故的危害后果、应急措施等信息告知周边单位和有关人员。

（7）高度重视储运环节的安全管理

制定和不断完善危险化学品收、储、装、卸、运等环节安全管理制度，严格产品收储管理。根据危险化学品的特点，合理选用合适的液位测量仪表，实现储罐收料液位动态监控。建立储罐区高效的应急响应和快速灭火系统；加强危险化学品输送管道安全管理，对经过社会公共区域的危险化学品输送管道，要完善标志标识，明确管理责任，建立和落实定期巡线制度。要采取有效措施将危险化学品输送管道危险性告知沿途的所有单位和居民。严防占压危险化学品输送管道。道路运输危险化学品的专用车辆，要全部安装使用具有行驶记录功能的卫星定位装置。在危险化学品槽车充装环节，推广使用金属万向管道充装系统代替充装软管，禁止使用软管充装液氯、液氨、液化石油气、液化天然气等液化危险化学品。

（8）加快安全生产先进技术研发和应用

企业应积极开发具有安全生产保障能力的关键技术和装备。鼓励企业采用先进适用的工艺、技术和装备，淘汰落后的技术、工艺和装备。加快对化工园区整体安全、大型油库、事故状态下危害控制技术和危险化学品输送管道安全防护等技术研究。

3. 加强作业过程管理，确保现场作业安全

（1）开展作业前风险分析

企业要根据生产操作、工程建设、检维修、维护保养等作业的特点，全面开展作业前风险分析。要根据风险分析的结果采取相应的预防和控制措施，消除或降低作业风险。

作业前风险分析的内容要涵盖作业过程的步骤、作业所使用的工具和设备、作业环境的特点以及作业人员的情况等。未实施作业前风险分析、预防控制措施不落实不得作业。

（2）严格作业许可管理

企业要建立作业许可制度，对动火作业、进入受限空间作业、破土作业、临时用电作业、高处作业、起重作业、抽堵盲板作业、设备检维修作业等危险性作业实施许可管理。

作业前要明确作业过程中所有相关人员的职责，明确安全作业规程或标准，确保作业过程涉及的人员都经过了适当的培训并具备相应资质，参与作业的所有人员都应掌握作业的范围、风险和相应的预防和控制措施。必要时，作业前要进行预案演练。无关人员禁止进入危险作业场所。

企业应加强对作业对象、作业环境和作业过程的安全监管和风险控制，制定相应的安全防范措施，按规定程序进行作业许可证的会签审批。进行作业前，对作业任务和安全措施要进一步确认，施工过程中要及时纠正违章行为，发现异常现象时要立即停止作业，消除隐患后方可继续作业，认真组织施工收尾前的安全检查确认。

（3）加强作业过程监督

企业要加强对作业过程的监督，对所有作业，特别是需要办理作业许可证的作业，都要明确专人进行监督和管理，以便于识别现场条件有无变化、初始办理的作业许可能否覆盖现有作业任务。进行监督和管理的人员应是作业许可审批人或其授权人员，须具备基本救护技能和作业现场的应急处理能力。

1）加强动火作业的安全管理。凡在安全动火管理范围内进行动火作业，必须对作业对象和环境进行危害分析和可燃气体检测分析，必须按程序办理和签发动火作业许可证，必须现场检查和确认安全措施的落实情况，必须安排熟悉作业部位及周边安全状况，且具备基本救护技能和作业现场应急处理能力的企业人员进行全过程监护。

2）加强进入受限空间作业的安全管理。进入受限空间作业前，必须按规定进行安全处理和对可燃、有毒有害气体及氧含量检测分析，必须办理进入受限空间作业许可证，必须检查隔离措施、通风排毒、呼吸防护及逃生救护措施的可靠性，防止出现有毒有害气体串入、呼吸防护器材失效、风源污染等危险因素，必须安排具备基本救护技能和作业现场应急处理能力的企业人员进行全过程监护。

3）加强高处作业、临时用电、破土作业、起重作业、抽堵盲板作业的安全管理。作业人员在 2 m 以上的高处作业时，必须系好安全带；在 15 m 以上的高处作业时，必须办理高处作业许可证。系好安全带，禁止从高处抛扔工具、物体和杂物等。临时用电作业必须办理临时用电作业许可证，在易燃易爆区必须同时办理动火作业许可证，进入受限空间作业必须使用安全电压和防爆灯具。移动式电器具要装有漏电保护装置，做到"一机一闸一保护"。破土作业必须办理破土作业许可证，情况复杂区域尽量避免采用机械破土作业，防止损坏地下电缆、管道，严禁在施工现场堆积泥土覆盖设备仪表和堵塞消防通道，未及时完成施工的地沟、井、槽应悬挂醒目的警示标志。起重作业必须办理起重作业许可证，起重机械必须按规定进行检验，大中型设备、构件或小型设备在特殊条件下起重应编制起重方案及安全措施，吊件吊装必须设置溜绳，防止碰坏周围设施。大件运输时必须对其所经路线的框架、管线、桥涵及其他构筑物的宽度、高度及承重能力进行测量核算，编制运输方案。盲板抽堵作业必须办理盲板抽堵作业许可证，盲板材质、尺寸必须符合设备安全要求，必须安排专人负责执行、确认和标识管理，高处、有毒及有其他危险的盲板抽堵作业，必须根据危害分析的结果，采取防毒、防坠落、防烫伤、防酸碱的综合防护措施。

（4）加强对承包商的管理

企业要加强对承担工程建设、检维修、维护保养的承包商的管理。要对承包商进行资质审查，选择具备相应资质、安全业绩好的企业作为承包商，要对进入企业的承包商进行全员安全教育，向承包商进行作业现场安全交底，对承包商的安全作业规程、施工方案和应急预案进行审查，对承包商的作业过程进行全过程监督。

承包商作业时要执行与企业完全一致的安全作业标准。严格控制工程分包，严禁层层转包。

4. 实施规范化安全培训管理，提高全员安全意识和操作技能

（1）进一步规范和强化企业安全培训教育管理

企业要制定安全培训教育管理制度，编制年度安全培训教育计划，制定安全培训教育方案，建立培训档案，实施持续不断的安全培训教育，使从业人员满足本岗位对安全生产知识和操作技能的要求。

强化从业人员安全培训教育。企业必须对新录用的员工（包括临时工、合同工、劳务工、轮换工、协议工等）进行强制性安全培训教育，经过厂、车间、班组三级安全培训教育，保证其了解危险化学品安全生产相关的法律、法规，熟悉从业人员安全生产的权利和义务；掌握安全生产基本常识及操作规程；具备对工作环境的危险因素进行分析的能力；掌握应急处置、个人防险、避灾、自救方法；熟悉劳动防护用品的使用和维护，经考核合格后方可上岗作业。对转岗、脱离岗位1年（含）以上的从业人员，要进行车间级和班组级安全培训教育，经考核合格后，方可上岗作业。

新建企业要在装置建成试车前（至少）6个月完成全部管理人员和操作人员的聘用、招工工作，进行安全培训，经考核合格后，方可上岗作业；新工艺、新设备、新材料、新方法投用前，要按新的操作规程，对岗位操作人员和相关人员进行专门教育培训，经考核合格后，方可上岗作业。

（2）企业主要负责人和安全生产管理人员要主动接受安全生产管理资格培训考核

企业的主要负责人和安全生产管理人员必须接受具有相应资质培训机构组织的培训，参加相关部门组织的考试（考核），取得安全生产管理资格证书。企业主要负责人应了解国家新发布的法律、法规；掌握安全生产管理知识和技能；具有一定的企业安全生产管理经验。安全生产管理人员应掌握国家有关法律、法规，掌握风险管理、隐患排查、应急管理和事故调查等专项技能、方法和手段。

（3）加强特种作业人员资格培训

特种作业人员须参加由具有特种作业人员培训资质的机构举办的培训，掌握与其所从事的特种作业相应的安全生产技术理论知识和实际操作技能，经相关部门考核合格，取得特种作业操作证后，持证上岗。

5. 加强应急管理，提高应急响应水平

（1）建立、健全企业应急体系

企业要依据国家相关法律、法规及标准要求，建立、健全应急组织和专（兼）职应急队伍，明确职责。鼓励企业与周边其他企业签订应急救援和应急协议，提高应对突发事件的能力。

企业应依据对安全生产风险的评估结果和国家有关规定，配置与抵御企业风险要求相适应的应急装备、物资，做好应急装备、物资的日常管理维护，满足应急的需要。

大中型和有条件的企业应建设具有日常应急管理、风险分析、监测监控、预测预警、动态决策、应急联动等功能的应急指挥平台。

（2）完善应急预案管理

企业应依据国家相关法规及标准要求，规范应急预案的编制、评审、发布、备案、培训、演练和修订等环节的管理。企业的应急预案要与周边相关企业（单位）和当地政府应急预案相互衔接，形成应急联动机制。

要在做好风险分析和应急能力评估的基础上分级制定应急预案。要针对重大危险源和危险目标，做好基层作业场所的现场处置方案。现场处置方案的编制要简明、可操作，应针对岗位生产、设备及其次生灾害事故的特点，制定具体的报警报告、生产处理、灾害扑救程序，做到"一事一案"或"一岗一案"。在预案编制过程中要始终把从业人员及周边居民的人身安全和环境保护作为事故应急响应的首要任务，赋予企业生产现场的带班人员、班组长、生产调度人员在遇到险情时第一时间下达停产撤人的直接决策权和指挥权，提高突发事件初期处置能力，最大限度地减少或避免事故造成的人员伤亡。

企业要积极进行危险化学品登记工作，落实危害信息告知制度，定期组织开展各层次的应急预案演练、培训和危害告知，及时补充和完善应急预案，不断提高应急预案的针对性和可操作性，增强企业应急响应能力。

（3）建立、完善企业安全生产预警机制

企业要建立、完善安全生产动态监控及预警预报体系，每月进行一次安全生产风险分析。发现事故征兆要立即发布预警信息，落实防范和应急处置措施。对重大危险源和重大隐患要报当地安全生产监督管理部门和行业管理部门备案。

6. 加强事故事件管理，进一步提升事故防范能力

（1）加强安全事件管理

企业应对涉险事故、未遂事故等安全事件（如生产事故征兆、非计划停工、异常工况、泄漏等），按照重大、较大、一般等级别，进行分级管理，制定整改措施，防患于未然；建立安全事故事件报告激励机制，鼓励员工和基层单位报告安全事件，使企业安全生产管理由单一事后处罚，转向事前奖励与事后处罚相结合；强化事故事前控制，关口前移，积极消除不安全行为和不安全状态，把事故消灭在萌芽状态。

（2）加强事故管理

企业要根据国家相关法律、法规和标准的要求，制定本企业的事故管理制度，规范事故调查工作，保证调查结论的客观完整性；事故发生后，要按照事故等级、分类时限，上报政府有关部门，并按照相关规定，积极配合政府有关部门开展事故调查工作。事故调查处理应坚持"四不放过"和"依法依规、实事求是、注重实效"的原则。

（3）深入分析事故事件原因

企业要根据国家相关法律、法规和标准的规定，运用科学的事故分析手段，深入剖析事故事件的原因，找出安全生产管理体系的漏洞，从整体上提出整改措施，改善安全生产管理体系。

（4）切实吸取事故教训

建立事故通报制度，及时通报本企业发生的事故，组织员工学习事故经验教训，完善相应的操作规程和管理制度，共同探讨事故防范措施，防范类似事故的再次发生；对国内外同行业发生的重大事故，要主动收集事故信息，加强学习和研究，对照本企业的生产现状，借鉴同行业事故暴露出的问题，查找事故隐患和类似的风险，警示本企业员工，落实防范措施；充分利用现代网络信息平台，建立事故事件快报制度和案例信息库，实现基层单位、基层员工及时上报、及时查寻、及时共享事故事件资源，促进全员安全意识的提高；充分利用事故案例资源，提高安全教育培训的针对性和有效性；对本单位、相关单位在一段时间内发生的所有事故事件进行统计分析，研究事故事件发生的特点、趋势，制定防范事故的总体策略。

7. 严格检查和考核，促进管理制度的有效执行

（1）加强安全生产监督检查

企业要完善安全生产监督检查制度，采取定期和不定期的形式对各项管理制度以及安全生产管理要求落实情况进行监督检查。

企业安全检查分日常检查、专业性检查、季节性检查、节假日检查和综合性检查。日常检查应根据管理层次、不同岗位与职责定期进行，班组和岗位员工应进行交接班检查和班中不间断地巡回检查，基层单位（车间）和企业应根据实际情况进行周检、月检和季检。专业检查分别由各专业部门负责定期进行。季节性检查和节假日检查由企业根据季节和节假日特点组织进行。综合性检查由厂和车间分别负责定期进行。

中小企业可聘请外部专家对企业进行安全检查，鼓励企业聘请外部机构对企业进行安全管理评估或安全审核。

企业应对检查发现的问题或外部评估的问题及时进行整改，并对整改情况进行验证。企业应分析形成问题的原因，以便采取措施，避免同类或类似问题再次发生。

（2）严格绩效考核

企业应对安全生产情况进行绩效考核。要设置绩效考核指标，绩效考核指标要包含人身伤害、泄漏、着火和爆炸事故等情况，以及内部检查的结果、外部检查的结果和安全生产基础工作情况、安全生产各项制度的执行情况等。要建立员工安全生产行为准则，对员工的安全生产表现进行考核。

8. 全面开展安全生产标准化建设，持续提升企业安全生产管理水平

（1）全面开展安全达标工作

企业要全面贯彻落实《企业安全生产标准化基本规范》（AQ/T 9006—2010）、《危险化学品从业单位安全标准化通用规范》（AQ 3013—2008），积极开展安全生产标准化工作。要通过开展岗位达标、专业达标工作，推进企业的安全生产标准化工作，不断提高企业安全管

理水平。

要确定"岗位达标"标准，包括建立、健全岗位安全生产职责和操作规程，明确从业人员作业时的具体做法和注意事项。从业人员要学习、掌握、落实标准，形成良好的作业习惯和规范的作业行为。企业要依据"岗位达标"标准中的各项要求进行考核，通过理论考试、实际操作考核、评议等方法，全面客观地反映每位从业人员的岗位技能情况，实现岗位达标，从而确保减少人为事故。

要确定"专业达标"标准，明确所涉及的专业定位，进行科学、精细的分类管理。按月评、季评、抽查和年综合考评相结合的方式对专业业绩进行评估，对不具备专业能力的实行资格淘汰，建立优胜劣汰的良性循环机制，使企业专业化管理水平不断提高，提高生产力效率及风险控制水平。

企业在开展安全生产标准化时，要借助有经验的专业人员查找企业安全生产存在的问题，从安全生产管理制度、安全生产条件、制度执行和人员素质等方面逐项改进，建立完善的安全生产标准化体系，实现企业安全生产标准化达标。通过开展安全生产标准化达标工作，进一步强化落实安全生产"双基"（基层、基础）工作，不断提高企业的安全生产管理水平和安全生产保障能力。

（2）深入开展安全文化建设

企业要按照《企业安全文化建设导则》（AQ/T 9004—2008）要求，充分考虑企业自身安全生产的特点和内、外部的文化特征，积极开展和加强安全文化建设，提高从业人员的安全意识和遵章守纪的自觉性，逐渐消除"三违"现象。主要负责人是企业安全文化的倡导者和企业安全文化建设的直接责任者。

企业安全文化建设，可以通过建立、健全安全生产责任制，系统的风险辨识、评价、控制等措施促进管理层安全意识与管理素质的提高，避免违章指挥，提高管理水平。通过各种安全教育和安全活动，强化作业人员安全意识、规范操作行为，杜绝违章作业、违反劳动纪律的现象和行为，提高安全技能。企业要结合全面开展安全生产标准化工作，大力推进企业安全文化建设，使企业安全生产水平持续提高，从根本上建立安全生产的长效机制。

9. 切实加强危险化学品安全生产的监督和指导管理

（1）进一步加大安全生产监督管理力度

地方各级政府有关部门要从加强安全生产和保障社会公共安全的角度审视加强危险化学品安全生产工作的重要性，强化对危险化学品安全生产工作的组织领导。安全生产监督管理部门、负有危险化学品安全生产监管职责的有关部门和工业管理部门要按职责分工，创新监管思路，监督指导企业建立和不断完善安全生产长效机制。要以监督指导企业主要负责人切实落实安全生产职责、建立和不断完善并严格履行全员安全生产责任制、建立和不断完善并严格执行各项安全生产规章制度、建立安全生产投入保障机制、强化隐患排查治理、加强安全教育与培训、加强重大危险源监控和应急工作、加强承包商管理为重点，推动企业切实履行安全生产主体责任。

（2）制定落实化工行业安全发展规划，严格危险化学品安全生产准入

各地区、各有关部门要把危险化学品安全生产作为重要内容纳入本地区、本部门安全生产总体规划布局，推动各地做好化工行业安全发展规划，规划化工园区（化工集中区），确定危险化学品储存专门区域，新建化工项目必须进入化工园区（化工集中区）。各地区要大力支持有效消除重大安全隐患的技术改造和搬迁项目，推动现有风险大的化工企业搬迁进入化工园区（化工集中区），防范企业危险化学品事故影响社会公共安全。

严格危险化学品安全生产许可制度。严把危险化学品安全生产许可证申请、延期和变更审查关，逐步提高安全准入条件，持续提高安全准入门槛。要紧紧抓住当前转变经济发展方式和调整产业结构的有利时机，对不符合有关安全生产标准、安全保障能力差、职业危害严重、危及安全生产等落后的化工技术、工艺和装备要列入产业结构调整指导目录，明令禁止使用，予以强制淘汰。加强危险化学品经营许可的管理，对于带有储存的经营许可申请要严格把关。严格执行《危险化学品建设项目安全许可实施办法》（国家安全生产监督管理总局令第8号），对新建、改建、扩建危险化学品生产、储存装置和设施项目，进行建设项目设立安全审查、安全设施设计的审查、试生产方案备案和竣工验收。加强对化工建设项目设计单位的安全管理，提高化工建设项目安全设计水平和新建化工装置本质安全度。

（3）加强对化工园区、大型石油储罐区和危险化学品输送管道的安全生产监督管理

科学规划化工园区，从严控制化工园区的数量。化工园区要做整体风险评估，化工园区内企业整体布局要统一科学规划。化工园区要有专门的安全生产监督管理机构，要有统一的一体化应急系统，提高化工园区管理水平。

要加强大型石油储罐区的安全生产监督管理。大型石油储罐区选址要科学合理，储罐区的罐容总量和储罐区的总体布局要满足安全生产的需要，涉及多家企业（单位）大型石油储罐区要建立统一的安全生产管理和应急保障系统。

切实加强危险化学品输送管道的安全生产监督管理。各地区要明确辖区内危险化学品输送管道安全生产监督管理工作的牵头部门，对辖区内危险化学品输送管道开展全面排查，摸清有关情况。特别是要摸清辖区内穿越公共区域以及公共区域内地下危险化学品输送管道的情况，并建立长期档案。针对地下危险化学品输送管道普遍存在的违章建筑占压和安全距离不够的问题，切实采取有效措施加强安全生产监督管理，要组织开展集中整治，彻底消除隐患。要督促有关企业进一步落实安全生产责任，完善危险化学品管道标志和警示标识，健全有关资料档案；落实管理责任，对危险化学品输送管道定期进行检测，加强日常巡线，发现

隐患及时处置。确保危险化学品输送管道及其附属设施的安全运行。

（4）加强城市危险化学品安全生产监督管理

各地区要严格执行城市发展规划，严格限制在城市人口密集区周边建立涉及危险化学品的企业（单位）。要督促指导城区内危险化学品重大危险源企业（单位），认真落实危险化学品重大危险源安全管理责任，采用先进的仪表自动监控系统强化监控措施，确保重大危险源安全。要加强对城市危险化学品重大危险源的安全生产监督管理，明确责任，加大监督检查的频次和力度。要进一步发挥危险化学品安全生产部门联席会议制度的作用，制定政策措施，积极推动城区内危险化学品企业搬迁工作。

（5）严格执行危险化学品重大隐患政府挂牌督办制度，严肃查处危险化学品生产安全事故

各地要按《国务院关于进一步加强企业安全生产工作的通知》的有关要求，对危险化学品重大隐患治理实行下达整改指令和逐级挂牌督办、公告制度。对存在重大隐患限期不能整改的企业，要依法责令停产整改。要按照"四不放过"和"依法依规、实事求是、注重实效"的原则，严肃查处危险化学品生产安全事故。要在认真分析事故技术原因的同时，彻底查清事故的管理原因，不断完善安全生产规章制度和法规标准。要监督企业制定有针对性防范措施并限期落实。对发生的危险化学品事故除依法追究有关责任人的责任外，发生较大以上死亡事故的企业依法要停产整顿；情节严重的要依法暂扣安全生产许可证；情节特别严重的要依法吊销安全生产许可证。对发生重大事故或一年内发生两次以上较大事故的企业，一年内禁止新建和扩建危险化学品建设项目。

企业要认真学习、深刻领会《国务院关于进一步加强企业安全生产工作的通知》精神，依据本实施意见并结合企业安全生产实际，制定具体的落实本实施意见的工作方案，并积极采取措施确保工作方案得到有效实施，建立安全生产长效机制，持续改进安全绩效，切实落实企业安全生产主体责任，全面提高安全生产水平。

各地工业和信息化主管部门要切实落实安全生产指导管理职责。制定落实危险化学品布局规划，按照产业集聚和节约用地原则，统筹区域环境容量、安全容量，充分考虑区域产业链的合理性，有序规划化工园区（化工集中区），推动现有风险大的化工企业搬迁进入园区，规范区域产业转移政策，加大安全保障能力低的项目和企业淘汰力度；提高行业准入条件，加快产业重组与淘汰落后，优化产业结构和布局，将安全风险大的落后能力列入淘汰落后产能目录；加大安全生产技术改造的支持力度，优先安排有效消除重大安全隐患的技术改造、搬迁和信息化建设项目。

二、全面开展危险化学品企业安全生产标准化工作

为深入贯彻落实《国务院关于进一步加强企业安全生产工作的通知》（国发〔2010〕23号）精神，进一步加强危险化学品企业安全生产标准化工作，2011年2月14日，国家安全生产监督管理总局下发了《关于进一步加强危险化学品企业安全生产标准化工作的通知》（安监总管三〔2011〕24号），要求各地区、各单位要有计划、分层次有序全面开展危险化学品企业安全生产标准化工作，主要内容如下：

1. 深入开展宣传和培训工作

（1）各地区、各单位要有计划、分层次有序开展安全生产标准化宣传活动

大力宣传开展安全生产标准化活动的重要意义、先进典型、好经验和好做法，以典型企业和成功案例推动安全生产标准化工作；使危险化学品企业从业人员、各级安全生产监督管理人员准确把握危险化学品企业安全生产标准化工作的主要内容、具体措施和工作要求，形成安全生产监督管理部门积极推动、危险化学品企业主动参与的工作氛围。

（2）各地区、各单位要组织专业人员讲解《企业安全生产标准化基本规范》（AQ/T 9006—2010，以下简称《基本规范》）和《危险化学品从业单位安全标准化通用规范》（AQ 3013—2008，以下简称《通用规范》）两个安全生产标准，重点讲解两个规范的要素内涵及其在企业内部的实现方式和途径。开展培训工作，使危险化学品企业法定代表人等负责人、管理人员和从业人员正确理解开展安全生产标准化工作的重要意义、程序、方法和要求，提高开展安全生产标准化工作的主动性；使危险化学品企业安全生产标准化评审人员、咨询服务人员准确理解有关标准规范的内容，正确把握开展标准化的程序，熟练掌握开展评审和提供咨询的方法，提高评审工作质量和咨询服务水平；使基层安全生产监督管理人员准确掌握危险化学品企业安全生产标准化各项要素要求、评审标准和评审方法，提高指导和监督危险化学品企业开展安全生产标准化工作的水平。

2. 全面开展危险化学品企业安全生产标准化工作

（1）现有危险化学品企业都要开展安全生产标准化工作。危险化学品企业开展安全生产标准化工作持续运行一年以上，方可申请安全生产标准化三级达标评审；安全生产标准化二级、三级危险化学品企业应当持续运行两年以上，并对照相关通用评审标准不断完善提高后，方可分别申请一级、二级达标评审。安全生产条件好、安全生产管理水平高、工艺技术先进的危险化学品企业，经所在地省级安全生产监督管理部门同意，可直接申请二级达标评审。危险化学品企业取得安全生产标准化等级证书后，发生死亡责任事故或重大爆炸泄漏事故的，取消该企业的达标等级。

（2）新建危险化学品企业要按照《基本规范》《通用规范》的要求开展安全生产标准化

工作，建立并运行科学、规范的安全管理工作体制机制。新设立的危险化学品生产企业自试生产备案之日起，要在一年内至少达到安全生产标准化三级标准。

（3）提出危险化学品安全生产许可证或危险化学品经营许可证延期或换证申请的危险化学品企业，应达到安全生产标准化三级标准以上水平。对达到并保持安全生产标准化二级标准以上的危险化学品企业，可以优先依法办理危险化学品安全生产许可证或危险化学品经营许可证延期或换证手续。

（4）危险化学品企业开展安全生产标准化工作要把全面提升安全生产水平作为主要目标。切实改变一些企业"重达标形式，轻提升过程"的现象；要按照国家安全生产监督管理总局、工业和信息化部《关于危险化学品企业贯彻落实〈国务院关于进一步加强企业安全生产工作的通知〉的实施意见》（安监总管三〔2010〕186号）的要求，结合开展岗位达标、专业达标，在开展安全生产标准化过程中，注重安全生产规章制度的完善和落实，注重安全生产条件的不断改善，注重从业人员强化安全意识和遵章守纪意识、提高操作技能，注重培育企业安全文化，注重建立安全生产长效机制。通过开展安全生产标准化工作，使危险化学品企业防范生产安全事故的能力明显提高。

3. 严格达标评审标准，规范达标评审和咨询服务工作

（1）国家安全生产监督管理总局分别制定危险化学品企业安全生产标准化一级、二级、三级评审通用标准。三级评审通用标准是将危险化学品生产企业、经营企业安全许可条件，对照《基本规范》和《通用规范》的要求，逐要素细化为达标条件，作为危险化学品企业安全生产标准化评审标准。一级、二级评审通用标准是在下一级评审通用标准的基础上，按照逐级提高危险化学品生产企业、经营企业安全生产条件的要求制定。各省级安全生产监督管理部门可根据本地区实际情况，结合本地区危险化学品企业的行业特点，制定安全生产标准化实施指南，对本地区危险化学品企业较为集中的特色行业的安全生产条件尤其是安全设施设备、工艺条件等硬件方面提出明确要求，使评审通用标准得以进一步细化和充实。

（2）本通知印发前已经通过安全生产标准化达标考评并取得相应等级证书的危险化学品企业，要按照评审通用标准持续改进提高安全生产标准化水平，待原有等级证书有效期满时，再重新提出达标评审申请，原则上本通知印发前已取得安全生产标准化达标证书的危险化学品企业应首先申请三级标准化企业达标评审，已取得一级或二级安全生产标准化达标等级证书的危险化学品企业可直接申请二级标准化企业达标评审。

（3）国家安全生产监督管理总局将依托熟悉危险化学品安全生产管理、技术能力强、人员素质高的技术支撑单位对危险化学品企业开展安全生产标准化工作提供咨询服务，并对各地危险化学品企业安全生产标准化评审单位和咨询单位进行相关标准宣贯、评审人员培训、信息化管理、专家库建立等工作提供技术支持和指导。各地区也应依托事业单位、科研院所、行业协会、安全评价机构等技术支撑单位建立危险化学品企业安全生产标准化评审单位、咨询单位。

（4）各级安全生产监督管理部门要加强监督和指导危险化学品企业安全生产标准化评审、咨询单位工作，督促评审、咨询单位建立并执行评审和咨询质量管理机制。评审单位、咨询单位要每半年向服务企业所在地的省级安全生产监督管理部门报告本单位开展危险化学品企业安全生产标准化评审、咨询服务的情况，及时向接受评审或咨询服务的企业所在地的市、县级安全生产监督管理部门报告企业存在的重大安全隐患。

4. 高度重视、积极推进，提高危险化学品安全监管执法水平

（1）高度重视、积极推进。开展安全生产标准化是危险化学品企业遵守有关安全生产法律、法规规定的有效措施，是持续改进安全生产条件、实现本质安全、建立安全生产长效机制的重要途径；是安全生产监督管理部门指导帮助危险化学品企业规范安全生产管理、提高安全生产管理水平和改善安全生产条件的有效手段。各级安全生产监督管理部门、危险化学品企业要充分认识安全生产标准化的重要意义，高度重视安全生产标准化对加强危险化学品安全生产基础工作的重要作用，积极推进，务求实效。

（2）各级安全生产监督管理部门要制定本地区开展危险化学品企业安全生产标准化的工作方案，将安全生产标准化达标工作纳入本地危险化学品安全生产监督管理工作计划，确保所有危险化学品企业达到三级以上安全标准化水平。在开展安全生产标准化工作中，各级安全生产监督管理部门要指导监督危险化学品企业把着力点放在运用安全生产标准化规范企业安全生产管理和提高安全生产管理能力上，注重实际效果，严防走过场、走形式。要把未开展安全生产标准化或未达到安全生产标准化三级标准的危险化学品企业作为安全生产监督管理重点，加大执法检查频次，督促企业提高安全生产管理水平。

（3）危险化学品安全生产监督管理人员要掌握并运用好安全生产标准化评审通用标准，提高执法检查水平。安全生产标准化既是企业安全生产管理的工具，也是安全生产监督管理部门开展危险化学品安全生产监督管理执法检查的有效手段。各级安全生产监督管理部门特别是市、县级安全生产监督管理部门的安全生产监督管理人员要熟练掌握危险化学品安全生产标准化标准和评审通用标准，用标准化标准检查和指导企业安全生产管理，规范执法行为，统一检查标准，提高执法水平。

第二节　危险化学品企业安全生产标准化评审管理

一、达标等级

（1）国家安全生产监督管理总局负责监督指导全国危险化学品企业安全生产标准化评审工作。省级、设区的市级（以下简称市级）安全生产监督管理部门负责监督指导本辖区危险化学品企业安全生产标准化评审工作。

（2）危险化学品企业安全生产标准化达标等级由高到低分为一级、二级和三级。

（3）一级企业由国家安全生产监督管理总局公告，证书、牌匾由其确定的评审组织单位发放。二级、三级企业的公告和证书、牌匾的发放，由省级安全生产监督管理部门确定。

（4）危险化学品企业安全生产标准化达标评审工作按照自评、申请、受理、评审、审核、公告、发证的程序进行。

（5）市级以上安全生产监督管理部门应建立安全生产标准化专家库，为危险化学品企业开展安全生产标准化提供专家支持。

二、机构与人员

1. 评审单位

国家安全生产监督管理总局确定一级企业评审组织单位和评审单位。

省级安全生产监督管理部门确定并公告二级、三级企业评审组织单位和评审单位。评审组织单位可以是安全生产监督管理部门，也可以是安全生产监督管理部门确定的单位。

2. 评审组织单位的工作职责

（1）受理危险化学品企业提交的达标评审申请，审查危险化学品企业提交的申请材料；

（2）选定评审单位，将危险化学品企业提交的申请材料转交评审单位；

（3）对评审单位的评审结论进行审核，并向相应安全生产监督管理部门提交审核结果；

（4）对安全生产监督管理部门公告的危险化学品企业发放达标证书和牌匾；

（5）对评审单位评审工作质量进行检查考核。

3. 评审单位应具备的条件

（1）具有法人资格；

（2）有与其开展工作相适应的固定办公场所和设施、设备，具有必要的技术支撑条件；

（3）注册资金不低于 100 万元；

（4）本单位承担评审工作的人员中取得评审人员培训合格证书的不少于 10 名，且有不少于 5 名具有危险化学品相关安全生产知识或化工生产实际经验的人员；

（5）有健全的管理制度和安全生产标准化评审工作质量保证体系。

4. 评审单位承担的职责

（1）对本地区申请安全生产标准化达标的企业实施评审；

（2）向评审组织单位提交评审报告；

（3）每年至少一次对质量保证体系进行内部审核，每年 1 月 15 日前和 7 月 15 日前分别对上年度和本年度上半年本单位评审工作进行总结，并向相应安全生产监督管理部门报送内部审核报告和工作总结。

5. 技术支持

国家安全生产监督管理总局化学品登记中心为全国危险化学品企业安全生产标准化工作提供技术支撑，承担以下工作：

（1）为各地做好危险化学品企业安全生产标准化工作提供技术支撑；

（2）起草危险化学品企业安全生产标准化相关标准；

（3）拟定危险化学品企业安全生产标准化评审人员培训大纲、培训教材及考核标准，承担评审人员培训工作；

（4）承担危险化学品企业安全生产标准化宣贯培训，为各地开展危险化学品企业安全生产标准化自评员培训提供技术服务。

6. 承担评审工作的评审人员的条件

（1）具有化学、化工或安全专业大专（含）以上学历或中级（含）以上技术职称；

（2）从事危险化学品或化工行业安全生产相关的技术或管理等工作经历 3 年以上；

（3）经中国化学品安全协会考核取得评审人员培训合格证书。评审人员培训合格证书有效期为 3 年。有效期届满 3 个月前，提交再培训换证申请表，经再培训合格，换发新证。

评审人员培训合格证书有效期内，评审人员每年至少参与完成对 2 个企业的安全生产标准化评审工作，且应客观公正，依法保守企业的商业秘密和有关评审工作信息。

7. 安全生产标准化专家应具备的条件

（1）经危险化学品企业安全生产标准化专门培训；

（2）具有至少 10 年从事化工工艺、设备、仪表、电气等专业或安全生产管理的工作经历，或 5 年以上从事化工设计工作经历。

8. 自评员应具备的条件

（1）具有化学、化工或安全专业中专以上学历；

（2）具有至少 3 年从事与危险化学品或化工行业安全生产相关的技术或管理等工作经历；

（3）经省级安全生产监督管理部门确定的单位组织的自评员培训，取得自评员培训合格证书。

三、自评与申请

（1）危险化学品企业可组织专家或自主选择评审单位为企业开展安全生产标准化提供咨询服务，对照《危险化学品从业单位安全生产标准化评审标准》（安监总管三〔2011〕93号，以下简称《评审标准》）对安全生产条件及安全生产管理现状进行诊断，确定适合本企业安全生产标准化的具体要素，编制诊断报告，提出诊断问题、隐患和建议。

危险化学品企业应对专家组诊断的问题和隐患进行整改，落实相关建议。

（2）危险化学品企业安全生产标准化运行一段时间后，主要负责人应组建自评工作组，对安全生产标准化工作与《评审标准》的符合情况和实施效果开展自评，形成自评报告。

自评工作组应至少有 1 名自评员。

（3）危险化学品企业自评结果符合《评审标准》等有关文件规定的申请条件的，方可提出安全生产标准化达标评审申请。

（4）申请安全生产标准化一级、二级、三级达标评审的危险化学品企业，应分别向一级、二级、三级评审组织单位申请。

（5）危险化学品企业申请安全生产标准化达标评审时，应提交危险化学品从业单位安全生产标准化评审申请书和危险化学品从业单位安全生产标准化自评报告。

四、受理与评审

（1）评审组织单位收到危险化学品企业的达标评审申请后，应在 10 个工作日内完成申请材料审查工作。经审查符合申请条件的，予以受理并告知企业；经审查不符合申请条件的，不予受理，及时告知申请企业并说明理由。

评审组织单位受理危险化学品企业的申请后，应在 2 个工作日内选定评审单位并向其转交危险化学品企业提交的申请材料，由选定的评审单位进行评审。

（2）评审单位应在接到评审组织单位的通知之日起 40 个工作日内完成对危险化学品企业的评审。评审完成后，评审单位应在 10 个工作日内向相应的评审组织单位提交评审报告。

（3）评审单位应根据危险化学品企业规模及化工工艺成立评审工作组，指定评审组组长。评审工作组至少由 2 名评审人员组成，也可聘请技术专家提供技术支撑。评审工作组成员应按照评审计划和任务分工实施评审。

评审单位应当如实记录评审工作并形成记录文件；评审内容应覆盖专家组确定的要素及企业所有生产经营活动、场所，评审记录应翔实、证据充分。

（4）评审工作组完成评审后，应编写评审报告。参加评审的评审组成员应在评审报告上签字，并注明评审人员培训合格证书编号。评审报告经评审单位负责人审批后存档，并提交相应的评审组织单位。评审工作组应将否决项与扣分项清单和整改要求提交给企业，并报企业所在地市、县两级安全生产监督管理部门。

（5）评审计分方法：

1）每个 A 级要素满分为 100 分，各个 A 级要素的评审得分乘以相应的权重系数（见表3—1），然后相加得到评审得分。评审满分为 100 分，计算方法如下：

$$M = \sum_{1}^{n} K_i \cdot M_i$$

式中：M——总分值；

K_i——权重系数；

M_i——各 A 级要素得分值；

n——A 级要素的数量（$1 \leqslant n \leqslant 12$）。

表 3—1   A 级要素权重系数

序号	A 级要素	权重系数
1	法律法规和标准	0.05
2	机构和职责	0.06
3	风险管理	0.12
4	管理制度	0.05
5	培训教育	0.10
6	生产设施及工艺安全	0.20
7	作业安全	0.15
8	职业健康	0.05
9	危险化学品管理	0.05
10	事故与应急	0.06
11	检查与自评	0.06
12	本地区的要求	0.05

2）当企业不涉及相关 B 级要素时为缺项，按零分计。A 级要素得分值折算方法如下：

$$M_i = \frac{M_{i实} \times 100}{M_{i满}}$$

式中：$M_{i实}$——A 级要素实得分值；

$M_{i满}$——扣除缺项后的要素满分值。

3）每个 B 级要素分值扣完为止。

4)《评审标准》第 12 个要素（本地区的要求）满分为 100 分，每项不符合要求扣 10 分。

5）按照《评审标准》评审，一级、二级、三级企业评审得分均在 80 分（含）以上，且每个 A 级要素评审得分均在 60 分（含）以上。

（6）评审单位应将评审资料存档，包括技术服务合同、评审通知、诊断报告、评审计划、评审记录、否决项与扣分项清单、评审报告、企业申请资料等。

（7）初次评审未达到危险化学品企业申请等级（申请三级除外）的，评审单位应提出申请企业实际达到等级的建议，将建议和评审报告一并提交给评审组织单位。初次评审未达到三级企业标准的，经整改合格后，重新提出评审申请。

五、审核与发证

（1）评审组织单位应在接到评审单位提交的评审报告之日起 10 个工作日内完成审核，形成审核报告，报相应的安全生产监督管理部门。

对初次评审未达到申请等级的企业，评审单位可提出达标等级建议，经评审组织单位审核同意后，可将审核结果和评审报告转交提出申请的危险化学品企业。

（2）公告单位应定期公告安全生产标准化企业名单。在公告安全生产标准化一级、二级、三级达标企业名单前，公告单位应分别征求企业所在地省级、市级、县级安全生产监督管理部门意见。

（3）评审组织单位颁发相应级别的安全生产标准化证书和牌匾。安全生产标准化证书、牌匾的有效期为 3 年，自评审组织单位审核通过之日起算。

六、监督管理

（1）安全生产标准化达标企业在取得安全生产标准化证书后 3 年内满足以下条件的，可直接换发安全生产标准化证书：

1）未发生人员死亡事故，或者 10 人以上重伤事故（一级达标企业含承包商事故），或者造成 1 000 万元以上直接经济损失的爆炸、火灾、泄漏、中毒等事故；

2）安全生产标准化持续有效运行，并有有效记录；

3）安全生产监督管理部门、评审组织单位或者评审单位监督检查未发现企业安全生产管理存在突出问题或者重大隐患；

4）未改建、扩建或者迁移生产经营、储存场所，未扩大生产经营许可范围；

5）每年至少进行 1 次自评。

（2）评审组织单位每年应按照不低于 20％的比例对达标的危险化学品企业进行抽查，

3 年内对每个达标的危险化学品企业至少抽查一次。

抽查内容应覆盖企业适用的安全生产标准化所有要素，且覆盖企业半数以上的管理部门和生产现场。

（3）取得安全生产标准化证书后，危险化学品企业应每年至少进行一次自评，形成自评报告。危险化学品企业应将自评报告报评审组织单位审查，对发现问题的危险化学品企业，评审组织单位应到现场核查。

（4）危险化学品企业抽查或核查不达标，在证书有效期内发生死亡事故或其他较大以上生产安全事故，或被撤销安全许可证的，由原公告部门撤销其安全生产标准化企业等级并进行公告。危险化学品企业安全生产标准化证书被撤销后，应在 1 年内完成整改，整改后可提出三级达标评审申请。

（5）危险化学品企业安全生产标准化达标等级被撤销的，由原发证单位收回证书、牌匾。

（6）评审人员有下列行为之一的，其培训合格证书由原发证单位注销并公告：

1）隐瞒真实情况，故意出具虚假证明、报告；

2）未按规定办理换证；

3）允许他人以本人名义开展评审工作或参与标准化工作诊断等咨询服务；

4）因工作失误，造成事故或重大经济损失；

5）利用工作之便，索贿、受贿或牟取不正当利益；

6）法律、法规规定的其他行为。

（7）评审单位有下列行为之一的，其评审资格由授权单位撤销并公告：

1）故意出具虚假证明、报告；

2）因对评审人员疏于管理，造成事故或重大经济损失；

3）未建立有效的质量保证体系，无法保证评审工作质量；

4）安全生产监督管理部门检查发现存在重大问题；

5）安全生产监督管理部门发现其评审的达标企业安全生产标准化达不到《评审标准》及有关文件规定的要求。

第三节　危险化学品企业安全生产标准化建设规范

为了规范危险化学品企业安全生产标准化建设，国家安全生产监督管理总局下发了《危险化学品从业单位安全生产标准化通用规范》（AQ 3013—2008），主要内容如下：

一、范围

标准规定了危险化学品从业单位（以下简称企业）开展安全生产标准化的总体原则、过程和要求。

标准适用于中华人民共和国境内危险化学品生产、使用、储存企业及有危险化学品储存设施的经营企业。

二、规范性引用文件

通过本标准的引用而成为本标准的条款。凡是注日期的引用文件，其随后所有的修改单（不包括勘误的内容）或修订版均不适用于本标准，然而，鼓励根据本标准达成协议的各方研究是否可使用这些文件的最新版本。

GB 2894—2000　安全标志

GB 11651—89　劳动防护用品选用规则

GB 13690—1992　常用危险化学品的分类及标志

GB 15258—1999　化学品安全标签编写规定

GB 16179—2006　安全标志使用导则

GB 16483—1999　化学品安全技术说明书编写规定

GB 18218—2000　重大危险源辨识

GB 50016—2006　建筑设计防火规范

GB 50057—94　建筑物防雷设计规范

GB 50058—94　爆炸和火灾危险环境电力装置设计规范

GB 50140—2005　建筑灭火器配置设计规范

GB 50160—1993　石油化工企业设计防火规范

GB 50351—2005　储罐区防火堤设计规范

GBZ 1—2002　工业企业设计卫生标准

GBZ 2—2007　作场所有害因素职业接触限值

GBZ 158—2003　工作场所职业病危害警示标识

AQ/T 9002—2006　生产经营单位安全生产事故应急预案编制导则

SH 3063—1999　石油化工企业可燃气体和有毒气体检测报警设计规范

SH 3097—2000　石油化工静电接地设计规范

三、术语和定义

1. 危险化学品从业单位

依法设立，生产、经营、使用和储存危险化学品的企业或者其所属生产、经营、使用和储存危险化学品的独立核算成本的单位。

2. 安全生产标准化

为安全生产活动获得最佳秩序，保证安全管理及生产条件达到法律、行政法规、部门规章和标准等要求制定的规则。

3. 关键装置

在易燃、易爆、有毒、有害、易腐蚀、高温、高压、真空、深冷、临氢、烃氧化等条件下进行工艺操作的生产装置。

4. 重点部位

生产、储存、使用易燃易爆、剧毒等危险化学品场所，以及可能形成爆炸、火灾场所的罐区、装卸台（站）、油库、仓库等；对关键装置安全生产起关键作用的公用工程系统等。

5. 资源

实施安全生产标准化所需的人力、财力、设施、技术和方法等。

6. 相关方

关注企业职业安全健康绩效或受其影响的个人或团体。

7. 供应商

为企业提供原材料、设备设施及其服务的外部个人或团体。

8. 承包商

在企业的作业现场，按照双方协定的要求、期限及条件向企业提供服务的个人或团体。

9. 事件

导致或可能导致事故的情况。

10. 事故

造成死亡、职业病、伤害、财产损失或其他损失的意外事件。

11. 危险、有害因素

可能导致伤害、疾病、财产损失、环境破坏的根源或状态。

12. 危险、有害因素识别

识别危险、有害因素的存在并确定其性质的过程。

13. 风险

发生特定危险事件的可能性与后果的结合。

14. 风险评价

评价风险程度并确定其是否在可承受范围的过程。

15. 安全绩效

基于安全生产方针和目标，控制和消除风险取得的可测量结果。

16. 变更

人员、管理、工艺、技术、设施等永久性或暂时性的变化。

17. 隐患

作业场所、设备或设施的不安全状态，人的不安全行为和管理上的缺陷。

18. 重大事故隐患

可能导致重大人身伤亡或者重大经济损失的事故隐患。

四、要求

1. 概述

本规范采用计划（P）、实施（D）、检查（C）、改进（A）动态循环、持续改进的管理模式。

2. 原则

（1）企业应结合自身特点，依据本规范的要求，开展安全生产标准化。

（2）安全生产标准化的建设，应当以危险、有害因素辨识和风险评价为基础，树立任何事故都是可以预防的理念，与企业其他方面的管理有机地结合起来，注重科学性、规范性和系统性。

（3）安全生产标准化的实施，应体现全员、全过程、全方位、全天候的安全监督管理原则，通过有效方式实现信息的交流和沟通，不断提高安全意识和安全管理水平。

（4）安全生产标准化采取企业自主管理，安全生产标准化考核机构考评、政府安全生产监督管理部门监督的管理模式，持续改进企业的安全绩效，实现安全生产长效机制。

3. 实施

（1）安全生产标准化的建立过程，包括初始评审、策划、培训、实施、自评、改进与提高6个阶段。

（2）初始评审阶段：依据法律、法规及本规范要求，对企业安全管理现状进行初始评估，了解企业安全管理现状、业务流程、组织机构等基本管理信息，发现差距。

（3）策划阶段：根据相关法律、法规及本规范的要求，针对初始评审的结果，确定建立安全生产标准化方案，包括资源配置、进度、分工等；进行风险分析；识别和获取适用的安全生产法律、法规、标准及其他要求；完善安全生产规章制度、安全操作规程、台账、档案、记录等；确定企业安全生产方针和目标。

（4）培训阶段：对全体从业人员进行安全生产标准化相关内容培训。

（5）实施阶段：根据策划结果，落实安全生产标准化的各项要求。

（6）自评阶段：应对安全生产标准化的实施情况进行检查和评价，发现问题，找出差距，提出完善措施。

（7）改进与提高阶段：根据自评的结果，改进安全生产标准化管理，不断提高安全生产标准化实施水平和安全绩效。

五、管理要素

1. 负责人与职责

（1）负责人

1）企业主要负责人是本单位安全生产的第一责任人，应全面负责安全生产工作，落实安全生产基础和基层工作；

2）企业主要负责人应组织实施安全生产标准化，建设企业安全文化；

3）企业主要负责人应做出明确的、公开的、文件化的安全承诺，并确保安全承诺转变为必需的资源支持；

4）企业主要负责人应定期组织召开安全生产委员会（以下简称安委会）或领导小组会议。

（2）方针目标

1）企业应坚持"安全第一、预防为主、综合治理"的安全生产方针。主要负责人应依据国家法律法规，结合企业实际，组织制定文件化的安全生产方针和目标。安全生产方针和目标应满足：

①形成文件，并得到本单位所有从业人员的贯彻和实施；

②符合或严于相关法律、法规的要求；

③与企业的职业安全健康风险相适应；

④与企业的其他方针和目标具有同等的重要性；

⑤公众易于获得。

2）企业应签订各级组织的安全目标责任书，确定量化的年度安全工作目标，并予以考核。各级组织应制定年度安全工作计划，以保证年度安全目标的有效完成。

（3）机构设置

1）企业应建立安委会或领导小组，设置安全生产管理机构或配备专职安全生产管理人员，并按规定配备注册安全工程师；

2）企业应根据生产经营规模大小，设置相应的管理部门；

3）企业应建立、健全从安委会或领导小组到基层班组的安全生产管理网络。

（4）职责

1）企业应制定安委会或领导小组和管理部门的安全职责；

2）企业应制定主要负责人、各级管理人员和从业人员的安全职责；

3）企业应建立安全责任考核机制，对各级管理部门、管理人员及从业人员安全职责的履行情况和安全生产责任制的实现情况进行定期考核，予以奖惩。

（5）安全生产投入及工伤保险

1）企业应依据国家、当地政府的有关安全生产费用提取规定，自行提取安全生产费用，专项用于安全生产；

2）企业应按照规定的安全生产费用使用范围，合理使用安全生产费用，建立安全生产费用台账；

3）企业应依法参加工伤社会保险，为从业人员缴纳工伤保险费。

2. 风险管理

（1）范围与评价方法

1）企业应组织制定风险评价管理制度，明确风险评价的目的、范围和准则。

2）企业风险评价的范围应包括：

①规划、设计和建设、投产、运行等阶段；

②常规和异常活动；

③事故及潜在的紧急情况；

④所有进入作业场所的人员的活动；

⑤原材料、产品的运输和使用过程；

⑥作业场所的设施、设备、车辆、安全防护用品；

⑦人为因素，包括违反操作规程和安全生产规章制度；

⑧丢弃、废弃、拆除与处置；

⑨气候、地震及其他自然灾害。

3）企业可根据需要，选择有效、可行的风险评价方法进行风险评价。常用的评价方法有：

①工作危害分析（JHA）；

②安全检查表分析（SCL）；

③预危险性分析（PHA）；

④危险与可操作性分析（HAZOP）；

⑤失效模式与影响分析（FMEA）；

⑥故障树分析（FTA）；

⑦事件树分析（ETA）；

⑧作业条件危险性分析（LEC）等方法。

4）企业应依据以下内容制定风险评价准则：

①有关安全生产法律、法规；

②设计规范、技术标准；

③企业的安全管理标准、技术标准；

④企业的安全生产方针和目标等。

（2）风险评价

1）企业应依据风险评价准则，选定合适的评价方法，定期和及时对作业活动和设备设施进行危险、有害因素识别和风险评价。企业在进行风险评价时，应从影响人、财产和环境三个方面的可能性和严重程度分析。

2）企业各级管理人员应参与风险评价工作，鼓励从业人员积极参与风险评价和风险控制。

（3）风险控制

1）企业应根据风险评价结果及经营运行情况等，确定不可接受的风险，制定并落实控制措施，将风险尤其是重大风险控制在可以接受的程度。企业在选择风险控制措施时：

①应考虑：A. 可行性；B. 安全性；C. 可靠性。

②应包括：A. 工程技术措施；B. 管理措施；C. 培训教育措施；D. 个体防护措施。

2）企业应将风险评价的结果及所采取的控制措施对从业人员进行宣传、培训，使其熟悉工作岗位和作业环境中存在的危险、有害因素，掌握、落实应采取的控制措施。

（4）隐患治理

1）企业应对风险评价出的隐患项目，下达隐患治理通知，限期治理，做到定治理措施、定负责人、定资金来源、定治理期限。企业应建立隐患治理台账。

2）企业应对确定的重大隐患项目建立档案，档案内容应包括：

①评价报告与技术结论；

②评审意见；

③隐患治理方案，包括资金概预算情况等；

④治理时间表和责任人；

⑤竣工验收报告。

3）企业无力解决的重大事故隐患，除采取有效防范措施外，应书面向企业直接主管部门和当地政府报告。

4）企业对不具备整改条件的重大事故隐患，必须采取防范措施，并纳入计划，限期解决或停产。

（5）重大危险源

1）企业应按照 GB 18218 辨识并确定重大危险源，建立重大危险源档案；

2）企业应按照有关规定对重大危险源设置安全监控报警系统；

3）企业应按照国家有关规定，定期对重大危险源进行安全评估；

4）企业应对重大危险源的设备、设施定期检查、检验，并做好记录；

5）企业应制定重大危险源应急救援预案，配备必要的救援器材、装备，每年至少进行1次重大危险源应急救援预案演练；

6）企业应将重大危险源及相关安全措施、应急措施报送当地县级以上人民政府安全生产监督管理部门和有关部门备案；

7）企业重大危险源的防护距离应满足国家标准或规定。不符合国家标准或规定的，应采取切实可行的防范措施，并在规定期限内进行整改。

（6）风险信息更新

1）企业应适时组织风险评价工作，识别与生产经营活动有关的危险、有害因素和隐患。

2）企业应定期评审或检查风险评价结果和风险控制效果。

3）企业应在下列情形发生时及时进行风险评价：

①新的或变更的法律、法规或其他要求；

②操作条件变化或工艺改变；

③技术改造项目；

④有对事件、事故或其他信息的新认识；

⑤组织机构发生大的调整。

3. 法律、法规与管理制度

（1）法律、法规

1）企业应建立识别和获取适用的安全生产法律、法规、标准及其他要求的管理制度，明确责任部门，确定获取渠道、方式和时机，及时识别和获取，并定期进行更新；

2）企业应将适用的安全生产法律、法规、标准及其他要求及时对从业人员进行宣传和培训，提高从业人员的守法意识，规范安全生产行为；

3）企业应将适用的安全生产法律、法规、标准及其他要求及时传达给相关方。

（2）符合性评价

企业应每年至少1次对适用的安全生产法律、法规、标准及其他要求进行符合性评价，消除违规现象和行为。

（3）安全生产规章制度

1）企业应制定、健全的安全生产规章制度，规范从业人员的安全行为。

2）企业应制定的安全生产规章制度，至少包括：

①安全生产职责；

②识别和获取适用的安全生产法律、法规、标准及其他要求；

③安全生产会议管理；

④安全生产费用；

⑤安全生产奖惩管理；

⑥管理制度评审和修订；

⑦安全培训教育；

⑧特种作业人员管理；

⑨管理部门、基层班组安全活动管理；

⑩风险评价；

⑪隐患治理；

⑫重大危险源管理；

⑬变更管理；

⑭事故管理；

⑮防火、防爆管理，包括禁烟管理；

⑯消防管理；

⑰仓库、罐区安全管理；

⑱关键装置、重点部位安全管理；

⑲生产设施管理，包括安全设施、特种设备等管理；

⑳监视和测量设备管理；

㉑安全作业管理，包括动火作业、进入受限空间作业、临时用电作业、高处作业、起重吊装作业、破土作业、断路作业、设备检维修作业、高温作业、抽堵盲板作业管理等；

㉒危险化学品安全管理，包括剧毒化学品安全管理及危险化学品储存、出入库、运输、装卸等；

㉓检维修管理；

㉔生产设施拆除和报废管理；

㉕承包商管理；

㉖供应商管理；

㉗职业卫生管理，包括防尘、防毒管理；

㉘劳动防护用品（具）和保健品管理；

㉙作业场所职业危害因素检测管理；

㉚应急救援管理；

㉛安全检查管理；

㉜自评等。

3）企业应将安全生产规章制度发放到有关的工作岗位。

（4）操作规程

1）企业应根据生产工艺、技术、设备设施特点和原材料、辅助材料、产品的危险性，编制操作规程，并发放到相关岗位；

2）企业应在新工艺、新技术、新装置、新产品投产或投用前，组织编制新的操作规程。

（5）修订

1）企业应明确评审和修订安全生产规章制度和操作规程的时机和频次，定期进行评审和修订，确保其有效性和适用性。在发生以下情况时，应及时对相关的规章制度或操作规程进行评审、修订：

①当国家安全生产法律、法规、规程、标准废止、修订或新颁布时；

②当企业归属、体制、规模发生重大变化时；

③当生产设施新建、扩建、改建时；

④当工艺、技术路线和装置设备发生变更时；

⑤当上级安全生产监督管理部门提出相关整改意见时；

⑥当安全检查、风险评价过程中发现涉及规章制度层面的问题时；

⑦当分析重大事故和重复事故原因，发现制度性因素时；

⑧其他相关事项。

2）企业应组织相关管理人员、技术人员、操作人员和工会代表参加安全生产规章制度和操作规程评审和修订，注明生效日期。

3）企业应及时组织相关管理人员和操作人员培训学习修订后的安全生产规章制度和操作规程。

4）企业应保证使用最新有效版本的安全生产规章制度和操作规程。

4. 培训教育

（1）培训教育管理

1）企业应严格执行安全培训教育制度，依据国家、地方及行业规定和岗位需要，制定适宜的安全培训教育目标和要求。根据不断变化的实际情况和培训目标，定期识别安全培训教育需求，制定并实施安全培训教育计划；

2）企业应组织培训教育，保证安全培训教育所需人员、资金和设施；

3）企业应建立从业人员安全培训教育档案；

4）企业安全培训教育计划变更时，应记录变更情况；

5）企业安全培训教育主管部门应对培训教育效果进行评价；

6）企业应确立终身教育的观念和全员培训的目标，对在岗的从业人员进行经常性安全培训教育。

（2）管理人员培训教育

1）企业主要负责人和安全生产管理人员应接受专门的安全培训教育，经安全生产监督管理部门对其安全生产知识和管理能力考核合格，取得安全资格证书后方可任职，并按规定参加每年再培训；

2）企业其他管理人员，包括管理部门负责人和基层单位负责人、专业工程技术人员的安全培训教育由企业相关部门组织，经考核合格后方可任职。

（3）从业人员培训教育

1）企业应对从业人员进行安全培训教育，并经考核合格后方可上岗。从业人员每年应接受再培训，再培训时间不得少于国家或地方政府规定的学时；

2）企业特种作业人员应按有关规定参加安全培训教育，取得特种作业操作证，方可上岗作业，并定期复审；

3）企业从事危险化学品运输的驾驶员、船员、押运人员，必须经所在地设区的市级人民政府交通部门考核合格（船员经海事管理机构考核合格），取得从业资格证，方可上岗作业；

4）企业应在新工艺、新技术、新装置、新产品投产前，对有关人员进行专门培训，经考核合格后，方可上岗。

（4）新从业人员培训教育

1）企业应按有关规定，对新从业人员进行厂级、车间（工段）级、班组级安全培训教育，经考核合格后，方可上岗；

2）企业新从业人员安全培训教育时间不得少于国家或地方政府规定学时。

（5）其他人员培训教育

1）企业从业人员转岗、脱离岗位一年以上（含一年）者，应进行车间（工段）、班组级安全培训教育，经考核合格后，方可上岗；

2）企业应对外来参观、学习等人员进行有关安全规定及安全注意事项的培训教育；

3）企业应对承包商的作业人员进行入厂安全培训教育，经考核合格发放入厂证，保存安全培训教育记录。进入作业现场前，作业现场所在基层单位应对施工单位的作业人员进行进入现场前安全培训教育，保存安全培训教育记录。

（6）日常安全教育

1）企业管理部门、班组应按照月度安全活动计划开展安全活动和基本功训练。

2）班组安全活动每月不少于2次，每次活动时间不少于1学时。班组安全活动应有负责人、有计划、有内容、有记录。企业负责人应每月至少参加1次班组安全活动，基层单位负责人及其管理人员应每月至少参加2次班组安全活动。

3）管理部门安全活动每月不少于1次，每次活动时间不少于2学时。

4）企业安全生产管理部门或专职安全生产管理人员应每月至少1次对安全活动记录进行检查，并签字。

5）企业安全生产管理部门或专职安全生产管理人员应结合安全生产实际，制定管理部门、班组月度安全活动计划，规定活动形式、内容和要求。

5. 生产设施及工艺安全

（1）生产设施建设

1）企业应确保建设项目安全设施与建设项目的主体工程同时设计、同时施工、同时投入生产和使用；

2）企业应按照建设项目安全许可有关规定，对建设项目的设立阶段、设计阶段、试生产阶段和竣工验收阶段规范管理；

3）企业应对建设项目的施工过程实施有效安全监督，保证施工过程处于有序管理状态；

4）企业建设项目建设过程中的变更应严格执行变更管理规定，履行变更程序，对变更全过程进行风险管理；

5）企业应采用先进的、安全性能可靠的新技术、新工艺、新设备和新材料。

（2）安全设施

1）企业应严格执行安全设施管理制度，建立安全设施台账。

2）企业应确保安全设施配备符合国家有关规定和标准，做到：

①按照 SH 3063 在易燃、易爆、有毒区域设置固定式可燃气体和/或有毒气体的检测报警设施，报警信号应发送至工艺装置、储运设施等控制室或操作室；

②按照 GB 50351 在可燃液体罐区设置防火堤，在酸、碱罐区设置围堤并进行防腐处理；

③按照 SH 3097 在输送易燃物料的设备、管道安装防静电设施；

④按照 GB 50057 在厂区安装防雷设施；

⑤按照 GB 50016、GB 50140 配置消防设施与器材；

⑥按照 GB 50058 设置电力装置；

⑦按照 GB 11651 配备个体防护设施；

⑧厂房、库房建筑应符合 GB 50016、GB 50160；

⑨在工艺装置上可能引起火灾、爆炸的部位设置超温、超压等检测仪表、声和/或光报警和安全联锁装置等设施。

3）企业的各种安全设施应有专人负责管理，定期检查和维护保养。

4）安全设施应编入设备检维修计划，定期检维修。安全设施不得随意拆除、挪用或弃置不用，因检维修拆除的，检维修完毕后应立即复原。

5）企业应对监视和测量设备进行规范管理，建立监视和测量设备台账，定期进行校准和维护，并保存校准和维护活动的记录。

（3）特种设备

1）企业应按照《特种设备安全监察条例》管理规定，对特种设备进行规范管理。

2）企业应建立特种设备台账和档案。

3）特种设备投入使用前或者投入使用后 30 日内，企业应当向直辖市或者设区的市特种设备监督管理部门登记注册。

4）企业应对在用特种设备进行经常性日常维护保养，至少每月进行 1 次检查，并保存记录。

5）企业应对在用特种设备及安全附件、安全保护装置、测量调控装置及有关附属仪器仪表进行定期校验、检修，并保存记录。

6）企业应在特种设备检验合格有效期届满前 1 个月向特种设备检验检测机构提出定期检验要求。未经定期检验或者检验不合格的特种设备，不得继续使用。企业应将安全检验合格标志置于或者附着于特种设备的显著位置。

7）企业特种设备存在严重事故隐患，无改造、维修价值，或者超过安全技术规范规定使用年限，应及时予以报废，并向原登记的特种设备监督管理部门办理注销。

（4）工艺安全

1）企业操作人员应掌握工艺安全信息，主要包括：

①化学品危险性信息：物理特性、化学特性、毒性、职业接触限值；

②工艺信息：流程图、化学反应过程、最大储存量、工艺参数安全上下限值；

③设备信息：设备材料、设备和管道图纸、电气类别、调节阀系统、安全设施。

2）企业应保证下列设备设施运行安全可靠、完整：

①压力容器和压力管道，包括管件和阀门；

②泄压和排空系统；

③紧急停车系统；

④监控、报警系统；

⑤联锁系统；

⑥各类动设备，包括备用设备等。

3）企业应对工艺过程进行风险分析：

①工艺过程中的危险性；

②工作场所潜在事故发生因素；

③控制失效的影响；

④人为因素等。

4）企业生产装置开车前应组织检查，进行安全条件确认。安全条件应满足下列要求：

①现场工艺和设备符合设计规范；

②系统气密测试、设施空运转调试合格；

③操作规程和应急预案已制定；

④编制并落实了装置开车方案；

⑤操作人员培训合格；

⑥各种危险已消除或控制。

5）企业生产装置停车应满足下列要求：

①编制停车方案；

②操作人员能够按停车方案和操作规程进行操作。

6）企业生产装置紧急情况处理应遵守下列要求：

①发现或发生紧急情况，应按照不伤害人员为原则，妥善处理，同时向有关方面报告；

②工艺及机电设备等发生异常情况时，采取适当的措施，并通知有关岗位协调处理，必要时，按程序紧急停车。

7）企业生产装置泄压系统或排空系统排放的危险化学品应引至安全地点并得到妥善处理。

8）企业操作人员应严格执行操作规程，对工艺参数运行出现的偏离情况及时分析，保证工艺参数控制不超出安全限值，偏差及时得到纠正。

（5）关键装置及重点部位

1）企业应加强对关键装置、重点部位安全管理，实行企业领导干部联系点管理机制。

2）联系人对所负责的关键装置、重点部位负有安全监督与指导责任，包括：

①指导安全承包点实现安全生产；

②监督安全生产方针、政策、法规、制度的执行和落实；

③定期检查安全生产中存在的问题；

④督促隐患项目治理；

⑤监督事故处理原则的落实；

⑥解决影响安全生产的突出问题等。

3）联系人应每月至少到联系点进行一次安全活动，活动形式包括参加基层班组安全活动、安全检查、督促治理事故隐患、安全工作指示等。

4）企业应建立关键装置、重点部位档案，建立企业、管理部门、基层单位及班组监控机制，明确各级组织、各专业的职责，定期进行监督检查，并形成记录。

5）企业应制定关键装置、重点部位应急预案，至少每半年进行一次演练，确保关键装置、重点部位的操作、检修、仪表、电气等人员能够识别和及时处理各种事件及事故。

6）企业关键装置、重点部位为重大危险源时，还应按前述相关规定执行。

（6）检维修

1）企业应严格执行检维修管理制度，实行日常检维修和定期检维修管理。

2）企业应制订年度综合检维修计划，落实"五定"，即定检修方案、定检修人员、定安全措施、定检修质量、定检修进度原则。

3）企业在进行检维修作业时，应执行下列程序：

①检维修前：

A 进行危险、有害因素识别；

B 编制检维修方案；

C 办理工艺、设备设施交付检维修手续；

D 对检维修人员进行安全培训教育；

E 检维修前对安全控制措施进行确认；

F 为检维修作业人员配备适当的劳动保护用品；

G 办理各种作业许可证。

②对检维修现场进行安全检查。

③检维修后办理检维修交付生产手续。

（7）拆除和报废

1）企业应严格执行生产设施拆除和报废管理制度。拆除作业前，拆除作业负责人应与需拆除设施的主管部门和使用单位共同到现场进行对接，作业人员进行危险、有害因素识别，制定拆除计划或方案，办理拆除设施交接手续。

2）企业凡需拆除的容器、设备和管道，应先清洗干净，分析、验收合格后方可进行拆除作业。

3）企业欲报废的容器、设备和管道内仍存有危险化学品的，应清洗干净，分析、验收合格后，方可报废处置。

6. 作业安全

（1）作业许可

企业应对下列危险性作业活动实施作业许可管理，严格履行审批手续，各种作业许可证中应有危险、有害因素识别和安全措施内容：

1）动火作业；

2）进入受限空间作业；

3）破土作业；

4）临时用电作业；

5）高处作业；

6）断路作业；

7）吊装作业；

8）设备检修作业；

9）抽堵盲板作业；

10）其他危险性作业。

（2）警示标志

1）企业应按照 GB 16179 规定，在易燃、易爆、有毒有害等危险场所的醒目位置设置符合 GB 2894 规定的安全标志；

2）企业应在重大危险源现场设置明显的安全警示标志；

3）企业应按有关规定，在厂内道路设置限速、限高、禁行等标志；

4）企业应在检维修、施工、吊装等作业现场设置警戒区域和安全标志，在检修现场的坑、井、洼、沟、陡坡等场所设置围栏和警示灯；

5）企业应在可能产生严重职业危害作业岗位的醒目位置，按照 GBZ 158 设置职业危害警示标识，同时设置告知牌，告知产生职业危害的种类、后果、预防及应急救治措施、作业场所职业危害因素检测结果等；

6）企业应按有关规定在生产区域设置风向标。

（3）作业环节

1）企业应在危险性作业活动作业前进行危险、有害因素识别，制定控制措施。在作业现场配备相应的安全防护用品（具）及消防设施与器材，规范现场人员作业行为。

2）企业作业活动的负责人应严格按照规定要求科学指挥；作业人员应严格执行操作规程，不违章作业，不违反劳动纪律。

3）企业作业人员在进行规定的作业活动时，应持相应的作业许可证作业。

4）企业作业活动监护人员应具备基本救护技能和作业现场的应急处理能力，持相应作业许可证进行监护作业，作业过程中不得离开监护岗位。

5）企业应保持作业环境整洁。

6）企业同一作业区域内有两个以上承包商进行生产经营活动，可能危及对方生产安全时，应组织并监督承包商之间签订安全生产协议，明确各自的安全生产管理职责和应当采取的安全措施，并指定专职安全生产管理人员进行安全检查与协调。

7）企业应办理机动车辆进入生产装置区、罐区现场相关手续，机动车辆应佩戴标准阻火器，按指定线路行驶。

8）企业应严格执行危险化学品储存、出入库安全管理制度。危险化学品应储存在专用仓库、专用场地或者专用储存室（以下统称专用仓库）内，并按照相关技术标准规定的储存方法、储存数量和安全距离，实行隔离、隔开、分离储存，禁止将危险化学品与禁忌物品混合储存；危险化学品专用仓库应当符合相关技术标准对安全、消防的要求，设置明显标志，并由专人管理；危险化学品出入库应当进行核查登记，并定期检查。

9）企业的剧毒化学品必须在专用仓库单独存放，实行双人收发、双人保管制度。企业应将储存剧毒化学品的数量、地点以及管理人员的情况，报当地公安部门和安全生产监督管理部门备案。

10）企业应严格执行危险化学品运输、装卸安全管理制度，规范运输、装卸人员行为。

（4）承包商与供应商

1）企业应严格执行承包商管理制度，对承包商资格预审、选择、开工前准备、作业过程监督、表现评价、续用等过程进行管理，建立合格承包商名录和档案。企业应与选用的承包商签订安全协议书。

2）企业应严格执行供应商管理制度，对供应商资格预审、选用和续用等过程进行管理，并定期识别与采购有关的风险。

（5）变更

1）企业应严格执行变更管理制度，履行下列变更程序：

①变更申请：按要求填写变更申请表，由专人进行管理；

②变更审批：变更申请表应逐级上报主管部门，并按管理权限报主管领导审批；

③变更实施：变更批准后，由主管部门负责实施。不经过审查和批准，任何临时性的变更都不得超过原批准范围和期限；

④变更验收：变更实施结束后，变更主管部门应对变更的实施情况进行验收，形成报告，并及时将变更结果通知相关部门和有关人员。

2）企业应对变更过程产生的风险进行分析和控制。

7. 产品安全与危害告知

（1）危险化学品档案

企业应对所有危险化学品，包括产品、原料和中间产品进行普查，建立危险化学品档案，包括：

1）名称，包括别名、英文名等；

2）存放、生产、使用地点；

3）数量；

4）危险性分类、危规号、包装类别、登记号；

5）安全技术说明书与安全标签。

（2）化学品分类

企业应按照国家有关规定对其产品、所有中间产品进行分类，并将分类结果汇入危险化学品档案。

（3）化学品安全技术说明书和安全标签

1）生产企业的产品属危险化学品时，应按 GB 16483 和 GB 15258 编制产品安全技术说明书和安全标签，并提供给用户；

2）企业采购危险化学品时，应索取危险化学品安全技术说明书和安全标签，不得采购无安全技术说明书和安全标签的危险化学品。

（4）化学事故应急咨询服务电话

生产企业应设立 24 小时应急咨询服务固定电话，有专业人员值班并负责相关应急咨询。没有条件设立应急咨询服务电话的，应委托危险化学品专业应急机构作为应急咨询服务代理。

（5）危险化学品登记

企业应按照有关规定对危险化学品进行登记。

（6）危害告知

企业应以适当、有效的方式对从业人员及相关方进行宣传，使其了解生产过程中危险化学品的危险特性、活性危害、禁配物等，以及采取的预防及应急处理措施。

8. 职业危害

（1）职业危害申报

企业如存在法定职业病目录所列的职业危害因素，应及时、如实向当地安全生产监督管理部门申报，接受其监督。

（2）作业场所职业危害管理

1）企业应制定职业危害防治计划和实施方案，建立、健全职业卫生档案和从业人员健康监护档案。

2）企业作业场所应符合 GBZ1、GBZ2。

3）企业应确保使用有毒物品作业场所与生活区分开，作业场所不得住人；应将有害作业与无害作业分开，高毒作业场所与其他作业场所隔离。

4）企业应在可能发生急性职业损伤的有毒有害作业场所按规定设置报警设施、冲洗设施、防护急救器具专柜，设置应急撤离通道和必要的泄险区，定期检查，并记录。

5）企业应严格执行生产作业场所职业危害因素检测管理制度，定期对作业场所进行检测，在检测点设置标识牌，告知检测结果，并将检测结果存入职业卫生档案。

6）企业不得安排上岗前未经职业健康检查的从业人员从事接触职业病危害的作业；不得安排有职业禁忌的从业人员从事禁忌作业。

（3）劳动防护用品

1）企业应根据接触危害的种类、强度，为从业人员提供符合国家标准或行业标准的个体防护用品和器具，并监督、教育从业人员正确佩戴、使用；

2）企业各种防护器具应定点存放在安全、方便的地方，并有专人负责保管、检查，定期校验和维护，每次校验后应记录、铅封；

3）企业应建立职业卫生防护设施及个体防护用品管理台账，加强对劳动防护用品使用情况的检查监督，凡不按规定使用劳动防护用品者不得上岗作业。

9. 事故与应急

（1）事故报告

1）企业应明确事故报告制度和程序。发生生产安全事故后，事故现场有关人员除立即采取应急措施外，应按规定和程序报告本单位负责人及有关部门。情况紧急时，事故现场有关人员可以直接向事故发生地县级以上人民政府安全生产监督管理部门和负有安全生产监督管理职责的有关部门报告。

2）企业负责人接到事故报告后，应当于 1 小时内向事故发生地县级以上人民政府安全生产监督管理部门和负有安全生产监督管理职责的有关部门报告。

3）企业在事故报告后出现新情况时，应按有关规定及时补报。

（2）抢险与救护

1）企业发生生产安全事故后，应迅速启动应急救援预案，企业负责人直接指挥，积极组织抢救，妥善处理，以防止事故的蔓延扩大，减少人员伤亡和财产损失。安全、技术、设备、动力、生产、消防、保卫等部门应协助做好现场抢救和警戒工作，保护事故现场。

2）企业发生有害物大量外泄事故或火灾事故的现场应设警戒线。

3）企业抢救人员应佩戴好相应的防护器具，对伤亡人员及时进行抢救处理。

（3）事故调查和处理

1）企业发生生产安全事故后，应积极配合各级人民政府组织的事故调查，负责人和有关人员在事故调查期间不得擅离职守，应当随时接受事故调查组的询问，如实提供有关情况。

2）未造成人员伤亡的一般事故，县级人民政府委托企业负责组织调查的，企业应按规定成立事故调查组组织调查，按时提交事故调查报告。

3）企业应落实事故整改和预防措施，防止事故再次发生。整改和预防措施应包括：

①工程技术措施；

②培训教育措施；

③管理措施。

4）企业应建立事故档案和事故管理台账。

（4）应急指挥与救援系统

1）企业应建立应急指挥系统，实行分级管理，即厂级、车间级管理；

2）企业应建立应急救援队伍；

3）企业应明确各级应急指挥系统和救援队伍的职责。

（5）应急救援器材

1）企业应按国家有关规定，配备足够的应急救援器材，并保持完好；

2）企业应建立应急通信网络，保证应急通信网络的畅通；

3）企业应为有毒有害岗位配备救援器材柜，放置必要的防护救护器材，进行经常性的维护保养并记录，保证其处于完好状态。

（6）应急救援预案与演练

1）企业宜按照 AQ/T 9002，根据风险评价的结果，针对潜在事件和突发事故，制定相应的事故应急救援预案；

2）企业应组织从业人员进行应急救援预案的培训，定期演练，评价演练效果，评价应急救援预案的充分性和有效性，并形成记录；

3）企业应定期评审应急救援预案，尤其在潜在事件和突发事故发生后；

4）企业应将应急救援预案报当地安全生产监督管理部门和有关部门备案，并通报当地应急协作单位，建立应急联动机制。

10. 检查与自评

（1）安全检查

1）企业应严格执行安全检查管理制度，定期或不定期进行安全检查，保证安全生产标准化有效实施。

2）企业安全检查应有明确的目的、要求、内容和计划。各种安全检查均应编制安全检查表，安全检查表应包括检查项目、检查内容、检查标准或依据、检查结果等内容。

3）企业各种安全检查表应作为企业有效文件，并在实际应用中不断完善。

（2）安全检查形式与内容

1）企业应根据安全检查计划，开展综合性检查、专业性检查、季节性检查、日常检查和节假日检查；各种安全检查均应按相应的安全检查表逐项检查，建立安全检查台账，并与责任制挂钩。

2）企业安全检查形式和内容应满足：

①综合性检查应由相应级别的负责人负责组织，以落实岗位安全责任制为重点，各专业共同参与的全面安全检查。厂级综合性安全检查每季度不少于1次，车间级综合性安全检查每月不少于1次。

②专业检查分别由各专业部门的负责人组织本系统人员进行，主要是对锅炉、压力容器、危险物品、电气装置、机械设备、构建筑物、安全装置、防火防爆设施、防尘防毒设施、监测仪器等进行专业检查。专业检查每半年不少于1次。

③季节性检查由各业务部门的负责人组织本系统相关人员进行，是根据当地各季节特点对防火防爆、防雨防汛、防雷电、防暑降温、防风及防冻保暖工作等进行预防性季节检查。

④日常检查分岗位操作人员巡回检查和管理人员日常检查。岗位操作人员应认真履行岗位安全生产责任制，进行交接班检查和班中巡回检查，各级管理人员应在各自的业务范围内进行日常检查。

⑤节假日检查主要是对节假日前安全、保卫、消防、生产物资准备、备用设备、应急预案等方面进行的检查。

（3）整改

1）企业应对安全检查所查出的问题进行原因分析，制定整改措施，落实整改时间、责任人，并对整改情况进行验证，保存相应记录；

2）企业各种检查的主管部门应对各级组织和人员检查出的问题和整改情况定期进行检查。

（4）自评

企业应每年至少1次对安全生产标准化运行进行自评，提出进一步完善安全生产标准化的计划和措施。

第四章 危险化学品企业安全生产标准化建设达标

第一节 企业安全生产标准化岗位达标

一、岗位达标的重要性

1. 岗位达标是企业安全生产标准化的基本条件

岗位是企业安全生产管理的基本单元，在安全生产标准化建设过程中，应当通过考核、评定或鉴定等方式，对每个岗位作业人员的知识、技能、素质、操作、管理及其作业条件、现场环境等进行全面评价，确认是否达到岗位标准。只有每个岗位，尤其是基层操作岗位，将国家有关安全生产法律、法规、标准规范和企业安全生产管理制度落到实处，实现岗位达标，才能真正实现企业达标。

2. 岗位达标是企业开展安全生产标准化建设工作的重要基础

目前工矿商贸行业中大部分企业为中小型企业，这些企业安全生产管理基础薄弱、事故隐患多，在开展安全生产标准化建设工作时，面临人才短缺、投入不足等实际困难，在逐步完善作业条件、改良安全设施和提高安全生产管理水平的同时，应从开展岗位达标入手，加强安全生产基础建设，重点解决岗位操作问题和作业现场管理问题，为实现企业达标奠定基础。

3. 岗位达标是企业防范事故的有效途径

据统计，企业生产安全事故多数是由"三违"（违章指挥、违规作业、违反劳动纪律）造成的。有效遏制较大以上事故、减少事故总量，必须落实各岗位的安全生产责任制，提高岗位人员的安全意识和操作技能，规范作业行为，实现岗位达标，减少和杜绝"三违"现象，全面提升现场安全生产管理水平，进而防范各类事故的发生。

二、岗位达标的目标

企业开展岗位达标工作，以基层操作岗位达标为核心，不断提高职工安全意识和操作技能，使职工做到"三不伤害"（不伤害自己、不伤害别人、不被别人伤害）；规范现场安全生产管理，实现岗位操作标准化，保障企业达标。

三、实现岗位达标的途径

1. 制定岗位标准，明确岗位达标要求

企业要结合各岗位的性质和特点，依据国家有关法律、法规、标准规范制定各个岗位的岗位标准。岗位标准是该岗位人员作业的综合规范和要求，其内容必须具体全面、切实可行。岗位标准主要要求：

（1）岗位职责描述；

（2）岗位人员基本要求：年龄、学历、上岗资格证书、职业禁忌证等；

（3）岗位知识和技能要求：熟悉或掌握本岗位的危险有害因素（危险源）及其预防控制措施、安全操作规程、岗位关键点和主要工艺参数的控制、自救互救及应急处置措施等；

（4）行为安全要求：严格按操作规程进行作业，执行作业审批、交接班等规章制度，禁止各种不安全行为及与作业无关行为，对关键操作进行安全确认，不具备安全作业条件时拒绝作业等；

（5）装备护品要求：生产设备及其安全生产设施、工具的配置、使用、检查和维护，个体防护用品的配备和使用，应急设备器材的配备、使用和维护等；

（6）作业现场安全要求：作业现场清洁有序，作业环境中粉尘、有毒物质、噪声等浓度（强度）符合国家或行业标准要求，工具物品定置摆放，安全通道畅通，各类标识和安全标志醒目等；

（7）岗位管理要求：明确工作任务，强化岗位培训，开展隐患排查，加强安全检查，分析事故风险，铭记防范措施并严格落实到位；

（8）其他要求：结合本企业、专业及岗位的特点，提出的其他岗位安全生产要求。

企业要定期评审、修订和完善岗位标准，确保岗位标准持续符合安全生产的实际要求。在国家法律、法规和标准规范、企业的生产工艺和设备设施、岗位职责等发生变化时，及时对岗位标准进行修订、完善。

2. 建立评定制度，确定达标评定程序

企业要建立岗位达标评定工作制度，对照岗位标准确定量化的评定指标，明确评定工作的方式、程序、评定结果处理等内容。企业岗位达标评定可以采用达标考试、岗位自评、班组互评、上级对下级评定、成立评定小组统一评定等方式进行。安全生产标准化评审单位在现场评审时，要按有关规定将岗位达标作为安全生产标准化的重要内容进行考评，对重要岗位和关键岗位的达标情况进行抽查。

3. 切实加强班组建设

将班组安全生产管理作为岗位达标的重要内容，从规范班前会、开展经常性的安全教育等班组安全活动入手，将各项安全生产管理措施落实到班组，将安全防范技能落实到每一个班组成员，强基固本，真正把生产经营筑牢在安全基础上。

4. 丰富达标形式，推动岗位达标创新

企业可采取开展班组建设活动、危险预知训练、岗位大练兵、岗位技术比武、全员持证上岗、师傅"传、帮、带"等切合实际、形式多样的活动，营造"全员参与岗位达标，人人实现岗位安全"的活动氛围，不断提升职工的安全生产素质，推动岗位达标工作。

四、岗位达标的保障措施

1. 落实企业责任，规范岗位达标

企业是岗位达标的主体，要切实加强对岗位达标工作的领导，紧密结合生产经营实际，突出重点岗位和关键环节，组织制定本企业推进岗位达标工作的方案，并建立有关岗位达标工作制度，定期组织开展岗位达标工作检查，做到"岗位有职责、作业有程序、操作有标准、过程有记录、绩效有考核、改进有保障"，提高达标质量，确保岗位达标工作持续、有效地开展。

2. 加大宣教力度，提升岗位技能

企业要增强岗位教育培训尤其是基层岗位教育培训的针对性，使职工具备危险预知能力、应急处置能力、安全操作技能等，自觉抵制"三违"行为。企业要充分利用班前班后会、安全讲座、安全知识竞赛和安全日活动等各种方式，开展经常性、职工喜闻乐见的安全教育培训，不断强化和提升职工安全素质。

3. 制定奖罚措施，促进岗位达标

各企业要建立并完善企业岗位达标工作的激励和约束机制，制定具体的奖罚措施，将岗位达标与职工薪酬福利、职位晋升、评先评优等挂钩；对规定期限内不达标的，采取重新培训、调岗、待岗等措施。

4. 加大安全生产投入，创造达标条件

各企业要加大安全生产投入，为开展岗位达标工作提供人、财、物等方面的条件，确保作业环境、安全生产设施、人员防护等方面符合国家有关法律、法规和标准规范的要求，为岗位达标以及现场标准化创造条件。

5. 树立典型示范，引领岗位达标

各企业要在岗位达标工作中，积极总结经验，学习借鉴其他企业岗位达标工作的经验和做法，在企业内树立岗位达标的典型，鼓励职工互帮互学，开创你追我赶、争创岗位达标的

局面，进一步推动和促进岗位达标。

6. 加强工作指导，推动岗位达标

各级安全生产监督管理部门要把岗位达标作为安全生产标准化建设的一项重要内容，加强宣贯工作，抓好企业负责人的业务培训；加强指导和组织协调，强化对企业岗位达标工作的监督检查，指导督促企业落实岗位达标的要求；适时总结和推广岗位达标工作中的成功经验和做法，为企业之间相互交流学习提供渠道和平台；充分利用电视、广播、报纸等新闻媒体，加强岗位达标的宣传，营造良好的舆论氛围。

各级工会组织要充分发挥引导职能，组织技能比赛、技术比武、师徒帮教、岗位练兵等活动，推广选树"金牌工人""首席职工""创新能手""创新示范岗"的经验，结合创建"工人先锋号""安康杯"竞赛等活动，不断提高员工安全意识和安全生产技能；要发挥安全生产监督检查职能，加强对岗位达标的检查，推动岗位达标。

各级团组织要深入推进青年文明号、青年岗位能手、青工技能振兴计划，开展"争创青年安全生产示范岗"活动，激励引导广大青年职工强化安全生产意识，提高安全生产技能，促进岗位达标。

第二节　危险化学品从业单位安全生产标准化达标评审标准

一、申请安全生产标准化达标评审的条件

1. 申请安全生产标准化三级企业达标评审的条件

（1）已依法取得有关法律、行政法规规定的相应安全生产行政许可；

（2）已开展安全生产标准化工作1年（含）以上，并按规定进行自评，自评得分在80分（含）以上，且每个A级要素自评得分均在60分（含）以上；

（3）至申请之日前1年内未发生人员死亡的生产安全事故或者造成1 000万元以上直接经济损失的爆炸、火灾、泄漏、中毒事故。

2. 申请安全生产标准化二级企业达标评审的条件

（1）已通过安全生产标准化三级企业评审并持续运行2年（含）以上，或者安全生产标准化三级企业评审得分在90分（含）以上，并经市级安全生产监督管理部门同意，均可申请安全生产标准化二级企业评审；

（2）从事危险化学品生产、储存、使用（使用危险化学品从事生产并且使用量达到一定数量的化工企业）、经营活动5年（含）以上且至申请之日前3年内未发生人员死亡的生产安全事故，或者10人以上重伤事故，或者1 000万元以上直接经济损失的爆炸、火灾、泄

漏、中毒事故。

3. 申请安全生产标准化一级企业达标评审的条件

（1）已通过安全生产标准化二级企业评审并持续运行 2 年（含）以上，或者装备设施和安全生产管理达到国内先进水平，经集团公司推荐、省级安全生产监督管理部门同意，均可申请一级企业评审；

（2）至申请之日前 5 年内未发生人员死亡的生产安全事故（含承包商事故），或者 10 人以上重伤事故（含承包商事故），或者 1 000 万元以上直接经济损失的爆炸、火灾、泄漏、中毒事故（含承包商事故）。

二、安全生产标准化达标评审标准

A 级要素	B 级要素	标准化要求	企业达标标准	评审方法	评审标准	
					否决项	扣分项
1 法律、法规和标准（100分）	1.1 法律、法规和标准的识别和获取（50分）	1. 企业应建立识别和获取适用的安全生产法律、法规、标准及其他要求的管理制度，明确责任部门，确定获取渠道、方式和时机，及时识别和获取，定期更新。	1. 建立识别和获取适用的安全生产法律法规、标准及政府其他有关要求的管理制度； 2. 明确责任部门、获取渠道、方式； 3. 及时识别和获取适用的安全生产法律、法规和标准及政府其他有关要求； 4. 形成法律、法规、标准及政府其他有关要求的清单和文本数据库，并定期更新。	查文件： 1. 识别和获取适用的安全生产法律、法规、标准及政府其他要求的制度； 2. 适用的法律、法规、标准及政府其他要求的清单和文本数据库； 3. 定期更新记录。	未明确专门部门定期识别和获取，扣 50 分（B 级要素否决项）。	1. 识别和获取的法律、法规、标准及政府其他要求，一项不符合扣 1 分； 2. 法律、法规、标准及政府其他要求未识别到条款，一项扣 1 分； 3. 未形成清单或文本数据库，扣 5 分； 4. 未及时更新清单或文本数据库，扣 5 分。
		2. 企业应将适用的安全生产法律、法规、标准及其他要求及时传达给相关方。	采用适当的方式、方法，将适用的安全生产法律、法规、标准及其他要求及时传达给相关方。	查文件： 1. 文件发放记录； 2. 培训记录、告知书、宣传材料。 询问： 相关方是否接收到企业传达的相关信息。		未及时将适用的法律、法规、标准及其他要求向相关方进行传达，一项不符合扣 1 分。

续表

A级要素	B级要素	标准化要求	企业达标标准	评审方法	评审标准	
					否决项	扣分项
1 法律、法规和标准 (100分)	1.2 法律、法规和标准符合性评价 (50分)	企业应每年至少1次对适用的安全生产法律、法规、标准及其他要求的执行情况进行符合性评价，消除违规现象和行为。	1. 每年至少1次对适用的安全生产法律、法规、标准及其他有关要求的执行情况进行符合性评价； 2. 对评价出的不符合项进行原因分析，制订整改计划和措施； 3. 编制符合性评价报告。	查文件： 1. 符合性评价报告、记录； 2. 不符合项整改记录。	未进行符合性评价，扣50分（B级要素否决项）。	1. 未编制符合性评价报告，扣5分； 2. 未对所有适用的法律、法规、标准及其他有关要求进行评价，一项扣2分； 3. 对评价出的不符合项未进行原因分析的，一项扣2分；未制订整改计划或整改措施，或整改措施不落实，一项扣2分。
2 机构和职责 (100分)	2.1 方针目标 (20分)	1. 企业应坚持"安全第一，预防为主，综合治理"的安全生产方针。主要负责人应依据国家法律、法规，结合企业实际，组织制定文件化的安全生产方针和目标。安全生产方针和目标应满足： (1) 形成文件，并得到所有从业人员的贯彻和实施； (2) 符合或严于相关法律、法规的要求； (3) 与企业的职业安全健康风险相适应； (4) 目标予以量化； (5) 公众易于获得。	1. 主要负责人组织制定符合本企业实际的、文件化的安全生产方针； 2. 主要负责人组织制定符合企业实际的、文件化的年度安全生产目标； 3. 安全生产目标应满足： (1) 形成文件，并得到所有从业人员的贯彻和实施； (2) 符合或严于相关法律、法规的要求； (3) 与企业的职业安全健康风险相适应； (4) 根据安全生产目标制定量化的安全生产工作指标； (5) 应以公众易于获得的方式发布安全生产目标。	查文件： 安全生产方针，年度安全生产目标。 询问： 抽查从业人员是否知道本企业安全生产方针和安全生产目标。 现场检查： 安全生产方针和安全生产目标告知情况。	未制定安全生产方针或年度安全生产目标，扣20分（B级要素否决项）。	1. 缺一项扣2分； 2. 安全生产目标不满足标准要求，一项不符合扣1分； 3. 从业人员不了解安全生产方针或安全生产目标，1人次扣1分； 4. 没有制定安全生产工作指标或指标未进行量化，扣2分； 5. 发布安全生产目标的方式不符合公众易于获得的要求，扣2分。

续表

A级要素	B级要素	标准化要求	企业达标标准	评审方法	评审标准	
					否决项	扣分项
2 机构和职责（100分）	2.1 方针目标（20分）	2. 企业应签订各级组织的安全生产目标责任书，确定量化的年度安全生产工作目标，并予以考核。企业各级组织应制订年度安全生产工作计划，以保证年度安全生产工作目标的有效完成。	1. 将企业年度安全生产目标分解到各级组织（包括各个管理部门、车间、班组），签订安全生产目标责任书；2. 定期考核安全生产目标完成情况；3. 企业及各级组织应制订切实可行的年度安全生产工作计划。	查文件：1. 企业的年度安全生产目标和安全生产工作计划；2. 各级组织的安全生产目标责任书；3. 各级组织年度安全生产工作计划；4. 安全生产目标责任书的考核与奖惩记录。询问：1. 主要负责人及各级组织负责人是否了解各自安全生产目标；2. 抽查从业人员是否了解本组织的安全生产目标。	未签订各级组织的安全生产目标责任书，扣20分（B级要素否决项）。	1. 每缺一个组织的安全生产目标责任书，扣2分；2. 安全生产目标责任书内容与本组织的安全生产职责不符，扣1分；3. 企业未制订年度安全生产工作计划，扣4分；各级组织未制订年度安全生产工作计划，缺一个组织扣2分；4. 未定期考核，扣4分；考核与安全生产目标责任书内容不符，扣2分；5. 未落实安全生产目标考核奖惩，扣2分；6. 有关人员不了解本组织的安全生产目标，1人次扣1分。
	2.2 负责人（20分）	1. 企业主要负责人是本单位安全生产的第一责任人，应全面负责安全生产工作，落实安全生产基础和基层工作。	1. 明确企业主要负责人是安全生产第一责任人；2. 主要负责人对本单位的危险化学品安全管理工作全面负责，落实安全生产基础与基层工作。	查文件：安全生产责任制。询问：1. 主要负责人的安全生产职责；2. 对本单位的危险化学品安全生产管理工作情况；3. 本单位安全生产基础和基层工作情况和做法。	未明确第一责任人，或不符合规定，扣20分（B级要素否决项）。	主要负责人对本单位的危险化学品安全管理工作情况、对安全生产基础管理工作情况不清楚，扣5分。

A级要素	B级要素	标准化要求	企业达标标准	评审方法	评审标准	
					否决项	扣分项
2 机构和职责（100分）	2.2 负责人（20分）	2. 企业主要负责人应组织实施安全标准化，建设企业安全文化。	1. 主要负责人组织开展安全生产标准化建设； 2. 制订安全生产标准化实施方案，明确实施时间、计划、责任部门和责任人； 3. 制订安全文化建设计划或方案。	查文件： 1. 查企业安全生产标准化实施方案； 2. 主要负责人组织和参与安全生产标准化建设的记录； 3. 安全文化建设计划或方案。		1. 安全生产标准化实施方案内容，一项不符合扣2分； 2. 无主要负责人组织或参与安全生产标准化记录，扣3分； 3. 未制订安全文化建设计划或方案，扣2分。
			二级企业应初步形成安全文化体系。	查文件： 安全文化体系有关文件。 询问： 主要负责人及有关人员对安全文化内容掌握情况。	二级企业未初步形成安全文化体系，扣100分（A级要素否决项）。	
			一级企业有效运行安全文化体系。	查文件： 安全文化体系有关文件。 询问： 主要负责人及有关人员对安全文化内容掌握情况。 现场检查： 现场检查安全文化运行效果。	一级企业未有效运行安全文化体系，扣100分（A级要素否决项）。	
		3. 企业主要负责人应作出明确的、公开的、文件化的安全生产承诺，并确保安全生产承诺转变为必需的资源支持。	1. 安全生产承诺的内容应明确、公开、文件化； 2. 主要负责人应确保安全生产标准化所需的资金、人员、时间、设备设施等资源。	查文件： 1. 主要负责人安全生产承诺书； 2. 资源配备文件及使用记录。 询问： 1. 主要负责人如何提供资源支持； 2. 从业人员是否知道主要负责人的安全生产承诺。 现场检查： 安全生产承诺告知情况。		1. 主要负责人未做出安全生产承诺，扣10分； 2. 安全生产承诺未明确、公开、文件化，一项不符合扣2分； 3. 资源支持、配备不充分，一项不符合扣2分； 4. 从业人员不清楚主要负责人的安全生产承诺，1人次扣1分。

A级要素	B级要素	标准化要求	企业达标标准	评审方法	评审标准	
					否决项	扣分项
2 机构和职责（100分）	2.2 负责人（20分）	4. 企业主要负责人应定期组织召开安全生产委员会或领导小组会议（以下简称"安委会"）。	主要负责人定期组织召开安委会会议，或定期听取安全生产工作情况汇报，了解安全生产状况，解决安全生产问题。	查文件：1. 查安委会会议记录或纪要；2. 安全生产工作汇报资料。询问：主要负责人听取安全生产工作汇报的情况。		1. 主要负责人未定期召开安委会会议或听取汇报，扣10分；2. 未形成会议记录或纪要，扣2分；3. 安全生产问题未及时解决，一项不符合扣2分。
		5. 企业应落实领导干部带班制度。	1. 落实领导干部带班制度；2. 主要负责人要对领导干部带班负全责。	查文件：1. 领导干部带班制度；2. 领导干部带班记录及考核记录。询问：主要负责人等有关负责人了解和执行带班制度的情况。	未实施领导干部带班，扣20分（B级要素否决项）。	1. 领导干部无故不参加带班，1人次扣2分；2. 带班记录一项不符合扣1分；3. 未按规定进行领导带班制度执行情况考核，扣2分；4. 主要负责人不清楚领导干部带班情况，扣2分。
	2.3 职责（30分）	1. 企业应制定安委会和管理部门的安全职责。	制定安委会和各管理部门及基层单位的安全生产职责。	查文件：安全生产责任制文件及内容。询问：各管理部门及基层单位负责人是否清楚本部门安全生产职责。		1. 缺少一个管理部门或基层单位的安全生产职责，扣2分；2. 安全生产责任制内容与部门安全职责不符合，一项扣2分；3. 主要负责人不清楚安委会安全生产职责，扣10分；4. 有关人员不了解本部门安全生产职责，1人次扣2分；5. 缺少安委会的安全生产职责，扣10分。

A级要素	B级要素	标准化要求	企业达标标准	评审方法	评审标准	
					否决项	扣分项
2 机构和职责（100分）	2.3 职责（30分）	2. 企业应制定主要负责人、各级管理人员和从业人员的安全生产职责。	1. 明确主要负责人安全生产职责，对《安全生产法》规定的主要负责人安全生产职责进行细化； 2. 明确各级管理人员的安全生产职责，做到"一岗一责"； 3. 明确从业人员安全生产职责，做到"一岗一责"。	查文件： 安全生产责任制。 询问： 1. 主要负责人是否了解《安全生产法》规定的安全生产职责和细化后的安全生产职责内容； 2. 各级管理人员、从业人员对各自职责是否清楚。	1. 未建立安全生产责任制，扣100分（A级要素否决项）； 2. 主要负责人对其安全生产职责不清楚，扣30分（B级要素否决项）。	1. 安全生产职责与其所在岗位职责不符合，一项扣2分； 2. 其他人员对其安全生产职责不清楚，1人次扣2分。
		3. 企业应建立安全生产责任制考核机制，对各级管理部门、管理人员及从业人员安全职责的履行情况和安全生产责任制的实现情况进行定期考核，予以奖惩。	1. 建立安全生产责任制考核机制； 2. 对企业负责人、各级管理部门、管理人员及从业人员安全生产责任制进行定期考核，予以奖惩。	查文件： 1. 安全生产责任制考核制度； 2. 考核、奖惩决定文件，及奖惩兑现情况。 现场检查： 财务记录、行政文件。	未建立安全生产责任制考核机制，扣30分（B级要素否决项）。	未按考核制度对企业负责人、各级管理部门和从业人员的安全生产责任制进行定期考核，予以奖惩，一项不符合扣2分。
			二级企业建立了健全的安全生产责任制和安全生产规章制度体系，并能够持续改进。	查文件： 安全生产责任制和安全生产规章制度文件。	不符合，扣100分（A级要素否决项）。	

A级要素	B级要素	标准化要求	企业达标标准	评审方法	评审标准	
					否决项	扣分项
2 机构和职责（100分）	2.4 组织机构（20分）	1. 企业应设置安委会，设置安全生产管理部门或配备专职安全生产管理人员，并按规定配备注册安全工程师。	1. 设置安委会。2. 设置安全生产管理机构或配备专职安全生产管理人员。安全生产管理机构要具备相对独立职能。专职安全生产管理人员应不少于企业员工总数的2%（不足50人的企业至少配备1人），要具备化工或安全生产管理相关专业中专以上学历，有从事化工生产相关工作2年以上经历。3. 按规定配备注册安全工程师，且至少有一名具有3年化工安全生产经历；或委托安全生产中介机构选派注册安全工程师提供安全生产管理服务。	查文件：1. 安委会、安全生产管理部门或专职安全管理人员配备文件；2. 注册安全工程师配备或委托文件；3. 安全生产管理人员的学历、工作经历；4. 与提供安全生产管理服务的中介机构签订的协议（合同）。	未设置安委会、安全生产管理部门或配备专职安全生产管理人员，扣100分（A级要素否决项）。	1. 专职安全生产管理人员配备不符合要求，一项扣2分；2. 未按规定配备注册安全工程师，或未按规定委托中介机构，扣2分；3. 注册安全工程师不具有化工安全生产经历，扣1分。
		2. 企业应根据生产经营规模大小，设置相应的管理部门。	1. 根据生产经营规模设置相应管理部门；2. 生产、储存剧毒化学品、易制毒危险化学品的单位，应当设置治安保卫机构，配备专职治安保卫人员。	查文件：1. 管理部门设置文件；2. 治安保卫部门设置及专职治安保卫人员配置文件。		1. 机构设置与企业生产经营规模不符，扣2分；2. 未设置治安保卫机构或配备专职治安保卫人员，一项扣1分。
		3. 企业应建立、健全从安委会到基层班组的安全生产管理网络。	建立从安全生产委员会到管理部门、车间、基层班组的安全生产管理网络，各级机构要配备负责安全生产的人员。	查文件：建立安全生产委员会、管理部门、车间、基层班组的安全生产管理网络的文件。询问：有关人员是否了解安全生产管理网络构成。		1. 未建立安全生产管理网络，扣2分；2. 安全生产管理网络中每缺1个单位或1个单位未明确安全管理人员，一项扣2分；3. 有关人员不清楚安全生产管理网络构成，1人次扣1分。

A级要素	B级要素	标准化要求	企业达标标准	评审方法	评审标准	
					否决项	扣分项
2 机构和职责（100分）	2.5 安全生产投入（10分）	1. 企业应依据国家、当地政府的有关安全生产费用提取规定，自行提取安全生产费用，专项用于安全生产。	根据国家及当地政府规定，建立和落实安全生产费用管理制度，确保安全生产需要。	查文件：安全生产费用管理制度。	未按有关规定投入安全生产费用，扣10分（B级要素否决项）。	安全生产费用管理制度内容不符合有关规定，一项扣1分。
		2. 企业应按照规定的安全生产费用使用范围，合理使用安全生产费用，建立安全生产费用台账。	1. 按照国家及地方规定合理使用安全生产费用；2. 建立安全生产费用台账，载明安全生产费用使用情况。	查文件：1. 安全生产费用管理制度；2. 安全生产费用台账。询问：安全生产费用管理部门对安全生产费用使用情况。现场检查：安全生产费用使用情况与台账记录是否符合。		1. 未规定安全生产费用使用范围，扣5分；2. 未建立安全生产费用台账，扣2分；3. 安全生产费用台账内容与规定要求不符，一项扣1分；4. 安全生产费用使用情况与台账记录不符，一项扣1分。
		3. 企业应依法参加工伤保险或安全责任险，为从业人员缴纳保险费。	依法参加工伤保险，为全体从业人员缴纳保险费。	查文件：企业为从业人员交纳保险凭证。		未参加工伤社会保险，扣5分；每漏缴工伤保险费1人次扣1分。
			实行全员安全生产风险抵押金制度或安全生产责任保险。	查文件：风险抵押金或安全生产责任保险考核记录。		未考核兑现，扣2分。

续表

A级要素	B级要素	标准化要求	企业达标标准	评审方法	评审标准	
					否决项	扣分项
3 风险管理（100分）	3.1 范围与评价方法（10分）	1. 企业应组织制定风险评价管理制度，明确风险评价的目的、范围和准则。	1. 制定风险评价管理制度，并明确风险评价的目的、范围、频次、准则及工作程序； 2. 明确各部门及有关人员在开展风险评价过程中的职责和任务。	查文件： 风险评价管理制度，各部门和有关人员的职责与任务。 询问： 1. 企业负责人组织开展风险评价工作的情况； 2. 从业人员是否了解风险评价制度的有关内容。		1. 未制定风险评价管理制度，或未明确风险评价的目的、频次、准则及工作程序，一项不符合扣1分； 2. 未明确各部门及有关人员的职责和任务，一项不符合扣1分； 3. 企业负责人没有组织开展风险评价工作，或不了解风险评价工作情况，一项不符合扣2分； 4. 从业人员不了解风险评价制度内容，1人次扣1分。
		2. 企业风险评价的范围应包括： （1）规划、设计和建设、投产、运行等阶段； （2）常规和非常规活动； （3）事故及潜在的紧急情况； （4）所有进入作业场所人员的活动； （5）原材料、产品的运输和使用过程； （6）作业场所的设施、设备、车辆、安全防护用品； （7）丢弃、废弃、拆除与处置； （8）企业周围环境； （9）气候、地震及其他自然灾害等。	风险评价范围满足标准要求。	查文件： 1. 风险评价记录； 2. 风险评价管理制度。		风险评价范围不符合标准要求，一项扣1分。

A级 要素	B级要素	标准化要求	企业达标标准	评审方法	评审标准	
					否决项	扣分项
3 风险 管理 (100 分)	3.1 范围与评价方法(10分)	3. 企业可根据需要,选择科学、有效、可行的风险评价方法。常用的评价方法有: (1) 工作危害分析(JHA); (2) 安全检查表分析(SCL); (3) 预危险性分析(PHA); (4) 危险与可操作性分析(HAZOP); (5) 失效模式与影响分析(FMEA); (6) 故障树分析(FTA); (7) 事件树分析(ETA); (8) 作业条件危险性分析(LEC)等方法。	1. 可选用"JHA法"对作业活动、"SCL法"对设备设施(安全生产条件)进行危险、有害因素识别和风险评价; 2. 可选用"HAZOP法"对危险性工艺进行危险、有害因素识别和风险评价; 3. 选用其他方法对相关方面进行危险、有害因素识别和风险评价。	查文件: 1. 风险管理制度; 2. 风险评价记录; 3. 选用的风险评价方法。 询问: 有关人员对风险评价方法的掌握和运用情况。		1. 未规定选用何种风险评价方法,扣2分; 2. 有关人员不清楚或未掌握选定的风险评价方法,1人次扣1分。
		4. 企业应依据以下内容制定风险评价准则: (1) 有关安全生产法律、法规; (2) 设计规范、技术标准; (3) 企业的安全生产管理标准、技术标准; (4) 企业的安全生产方针和目标等。	1. 根据企业的实际情况制定风险评价准则; 2. 评价准则应符合有关标准规范规定; 3. 评价准则应包括事件发生可能性、严重性的取值标准以及风险等级的评定标准。	查文件: 风险管理制度、风险评价准则和相关取值标准的内容。		1. 未根据实际制定风险评价准则,扣2分; 2. 风险评价准则不符合标准规定,一项扣1分; 3. 风险评价涉及的事件发生可能性、严重性的取值标准不明确,或风险等级评定标准不明确,一项扣2分。

续表

A级要素	B级要素	标准化要求	企业达标标准	评审方法	评审标准	
					否决项	扣分项
3 风险管理 (100分)	3.2 风险评价 (10分)	1. 企业应依据风险评价准则，选定合适的评价方法，定期和及时对作业活动和设备设施进行危险、有害因素识别和风险评价。企业在进行风险评价时，应从影响人、财产和环境三个方面的可能性和严重程度分析。	1. 建立作业活动清单和设备、设施清单； 2. 根据规定的频次和时机，开展危险、有害因素辨识、风险评价； 3. 从影响人、财产和环境三个方面的可能性和严重性进行评价。	查文件： 1. 作业活动清单、设备、设施清单； 2. 风险评价记录； 3. 风险评价报告。 现场检查： 从业人员参与风险评价活动的情况。	未按规定的频次和时机开展风险评价，扣10分（B级要素否决项）。	1. 未建立作业活动清单、设备设施清单，每一项不符合扣1分； 2. 危险、有害因素识别、评价不全面或不正确，一项扣1分。
		2. 企业各级管理人员应参与风险评价工作，鼓励从业人员积极参与风险评价和风险控制。	1. 厂级评价组织应有企业负责人参加； 2. 车间级评价组织应有车间负责人参加； 3. 所有从业人员应参与风险评价和风险控制。	查文件： 1. 各级机构组织开展风险评价的有关文件； 2. 风险分析记录、风险评价报告； 3. 风险评价有关会议记录或纪要。 询问： 有关企业负责人及从业人员是否参与风险评价工作。		1. 没有组织开展风险评价的文件，一项扣2分； 2. 各级管理人员及从业人员未参与风险评价工作，1人次扣1分。
	3.3 风险控制 (15分)	1. 企业应根据风险评价结果及经营运行情况等，确定不可接受的风险，制定并落实控制措施，将风险尤其是重大风险控制在可以接受的程度。企业在选择风险控制措施时： (1) 应考虑： 1) 可行性； 2) 安全性； 3) 可靠性； (2) 应包括： 1) 工程技术措施； 2) 管理措施； 3) 培训教育措施； 4) 个体防护措施。	1. 根据风险评价的结果，建立重大风险清单； 2. 结合实际情况，确定优先顺序，制定措施削减风险，将风险控制在可以接受的程度； 3. 风险控制措施符合标准要求。	查文件： 1. 重大风险清单； 2. 风险控制措施； 3. 风险评价记录，风险评价报告。 现场检查： 重大风险控制措施现场落实情况。	未将重大风险降到可以接受的程度，扣15分（B级否决项）。	1. 未建立重大风险清单，扣1分； 2. 风险控制措施缺乏针对性、可操作性和可靠性，一项扣1分。

续表

A级要素	B级要素	标准化要求	企业达标标准	评审方法	评审标准	
					否决项	扣分项
3 风险管理（100分）	3.3 风险控制（15分）	2. 企业应将风险评价的结果及所采取的控制措施对从业人员进行宣传、培训，使其熟悉工作岗位和作业环境中存在的危险、有害因素，掌握、落实应采取的控制措施。	1. 制订风险管理培训计划；2. 按计划开展宣传、培训。	查文件：1. 风险管理培训教育计划；2. 风险管理培训教育记录。询问：从业人员是否知道本岗位的危险、有害因素及应采取的控制措施。		1. 没有风险管理培训教育计划，或培训教育记录缺少风险评价内容，一项扣2分；2. 从业人员不了解本岗位风险及其控制措施，1人次扣2分。
	3.4 隐患排查与治理（20分）	1. 企业应对风险评价出的隐患项目，下达隐患治理通知，限期治理，做到定治理措施、定负责人、定资金来源、定治理期限。企业应建立隐患治理台账。	1. 建立隐患治理台账；2. 对查出的每个隐患都下达隐患治理通知，明确责任人、治理时限；3. 重大隐患项目做到整改措施、责任、资金、时限和预案"五到位"；4. 按期完成隐患治理。	查文件：1. 隐患治理制度；2. 隐患治理台账；3. 隐患治理记录；4. 重大隐患治理工作"五到位"落实情况。		1. 未建立隐患治理台账，扣5分；2. 未向相关部门下达隐患治理通知，一项扣2分；3. 通知内容不符合要求，一项扣1分；4. 重大隐患项目未做到"五到位"，一项扣1分；5. 隐患项目未按期治理，一项扣5分。
		2. 企业应对确定的重大隐患项目建立档案，档案内容应包括：（1）评价报告与技术结论；（2）评审意见；（3）隐患治理方案，包括资金概（预）算情况等；（4）治理时间表和责任人；（5）竣工验收报告；（6）备案文件。	建立重大隐患项目档案，包括隐患名称、标准要求内容及"五到位"等内容。	查文件：重大隐患项目档案。		1. 未建立重大隐患项目档案，扣5分；2. 档案内容不全，缺一项扣2分。

续表

A级要素	B级要素	标准化要求	企业达标标准	评审方法	评审标准	
					否决项	扣分项
3 风险管理（100分）	3.4 隐患排查与治理（20分）	3. 企业无力解决的重大事故隐患，除应书面向企业直接主管部门和当地政府报告外，应采取有效防范措施。	1. 暂时无力解决的重大事故隐患，应制定并落实有效的防范措施； 2. 书面向主管部门和当地政府、安全生产监督管理部门报告，报告要说明无力解决的原因和采取的防范措施。	查文件： 1. 重大事故隐患的防范措施； 2. 书面报告。	未书面向主管部门和当地政府、安全生产监督管理部门报告扣20分（B级要素否决项）。	未采取有效防范措施，扣5分。
		4. 企业对不具备整改条件的重大事故隐患，必须采取防范措施，并纳入计划，限期解决或停产。	1. 不具备整改条件的重大事故隐患，必须采取防范措施； 2. 纳入隐患整改计划，限期解决或停产； 3. 书面向主管部门和当地政府、安全生产监督管理部门报告，报告要说明不具备整改条件的原因、整改计划和防范措施等。	查文件： 1. 重大事故隐患的防范措施； 2. 隐患整改计划。	1. 不具备整改条件的重大事故隐患，未采取防范措施，或未纳入计划，或未限期解决或停产，一项不符合扣20分（B级要素否决项）； 2. 未书面向主管部门和当地政府、安全生产监督管理部门报告扣20分（B级要素否决项）。	

A级要素	B级要素	标准化要求	企业达标标准	评审方法	评审标准	
					否决项	扣分项
3 风险管理 (100分)	3.4 隐患排查与治理 (20分)	4. 企业对不具备整改条件的重大事故隐患,必须采取防范措施,并纳入计划,限期解决或停产。	二级企业符合本要素要求,不得失分,不存在重大隐患。	查文件:本要素涉及的文件。 现场检查:现场检查是否存在重大隐患。	二级企业本要素若失分,或存在重大隐患,扣100分(A级要素否决项)。	
			一级企业建立安全生产预警预报体系。	查文件:安全生产预警预报体系有关文件。 现场检查:现场检查体系运行情况。	一级企业未建立安全生产预警预报体系,扣100分(A级要素否决项)。	
	3.5 重大危险源 (20分)	1. 企业应按照《危险化学品重大危险源辨识》(GB 18218—2009)辨识并确定重大危险源,建立重大危险源档案。	1. 按照《危险化学品重大危险源辨识》(GB 18218—2009)辨识并确定重大危险源; 2. 建立重大危险源档案,包括:辨识、分级记录;重大危险源基本特征表;区域位置图、平面布置图、工艺流程图和主要设备一览表;重大危险源安全生产管理制度及安全操作规程;安全监测监控系统、措施说明;事故应急预案;安全评价报告或安全评估报告。	查文件: 1. 重大危险源管理制度的建立和执行情况; 2. 安全评价报告或安全评估报告; 3. 重大危险源档案。	未建立重大危险源管理制度,或未辨识、确定重大危险源,扣100分(A级要素否决项)。	1. 每遗漏一处扣5分; 2. 未建立重大危险源档案,扣5分; 3. 档案内容,每遗漏一项或一项不符合扣1分。

续表

A级要素	B级要素	标准化要求	企业达标标准	评审方法	评审标准	
					否决项	扣分项
3 风险管理（100分）	3.5 重大危险源（20分）	2. 企业应按照有关规定对重大危险源设置安全监控报警系统。	1. 重大危险源涉及的压力、温度、液位、泄漏报警等重要参数的测量要有远传和连续记录； 2. 对毒性气体、剧毒液体和易燃气体等重点设施应设置紧急切断装置； 3. 毒性气体应设置泄漏物紧急处置装置，独立的安全仪表系统； 4. 设置必要的视频监控系统。	查文件： 安全监控报警设施台账。 现场检查： 1. 重大危险源安全监控报警系统，重要参数远传和连续记录、视频监控系统等； 2. 毒性气体、剧毒液体和易燃气体等重点设施紧急切断装置； 3. 毒性气体泄漏物紧急处置装置及安全仪表系统。		1. 未按有关规定设置安全监控报警系统，一项不符合扣2分；安全监测监控报警系统不符合国家标准或行业标准，一项不符合扣2分； 2. 毒性气体、剧毒液体和易燃气体等重点设施未设置紧急切断装置扣2分； 3. 毒性气体未设置泄漏物紧急处置装置及独立的安全仪表系统，一项不符合扣2分。
		3. 企业应按照国家有关规定，定期对重大危险源进行安全评估。	1. 建立、明确定期评估的时限和要求等； 2. 定期对重大危险源进行安全评估。	查文件： 1. 重大危险源定期评估制； 2. 定期安全评估报告。		1. 未建立重大危险源定期评估制度或要求，扣10分； 2. 未按要求定期评估，扣10分； 3. 无重大危险源安全评估报告，扣2分。
		4. 企业应对重大危险源的设备、设施定期检查、检验，并做好记录。	1. 定期检查、维护重大危险源的设备、设施，包括检测仪表、附属设备及配件； 2. 按国家有关规定进行定期检测、检验，取得检验合格证。	查文件： 1. 重大危险源的设备、设施定期检查记录； 2. 设备、设施的检验报告或检验合格证。 现场检查： 重大危险源的设备、设施的完整性和有效性。	重大危险源有重大事故隐患，且未采取安全防范措施的，扣100分，（A级要素否决项）。	1. 未定期检查、维护，扣2分； 2. 未定期检验，1台次扣2分；检验不合格仍在使用，扣2分； 3. 无检验报告或检验合格证，1份扣2分； 4. 设备、设施完整性或有效性一处不符合，扣2分。

139

A级要素	B级要素	标准化要求	企业达标标准	评审方法	评审标准	
					否决项	扣分项
3 风险管理 (100分)	3.5 重大危险源 (20分)	5. 企业应制定重大危险源应急救援预案,配备必要的救援器材、装备,每年至少进行1次重大危险源应急救援预案演练。	1. 按要求编制重大危险源应急救援预案; 2. 根据重大危险源的危险特性配备必要的救援器材、装备; 3. 涉及吸入性有毒、有害气体的重大危险源,应配备便携式浓度检测设备、空气呼吸器、化学防护服、堵漏器材等; 4. 涉及剧毒气体的重大危险源,应配备两套以上气密性化学防护服; 5. 重大危险源应急救援预案演练按规定频次进行。	查文件: 1. 重大危险源应急救援预案; 2. 重大危险源应急预案演练记录; 3. 应急救援器材台账。 询问: 抽查有关人员对应急救援预案的掌握情况、对应急援救器材、装备使用情况。 现场检查: 应急救援器材、装备的现场状况。		1. 没有重大危险源应急救援预案,扣2分; 2. 救援器材装备不符合要求,一项扣2分; 3. 从业人员对应急救援预案不清楚,1人次扣2分。
		6. 企业应将重大危险源及相关安全措施、应急措施报送当地县级以上人民政府安全生产监督管理部门和有关部门备案。	重大危险源及相关安全措施、应急措施形成报告,报所在地县级人民政府安全生产监督管理部门和有关部门备案。	查文件: 备案资料。		未备案或备案内容不符合要求,一项扣2分。
		7. 企业重大危险源的防护距离应满足国家标准或规定。不符合国家标准或规定的,应采取切实可行的防范措施,并在规定期限内进行整改。	1. 危险化学品的生产装置和储存危险化学品数量构成重大危险源的储存设施的防护距离应满足国家规定要求; 2. 防护距离不符合国家规定要求的,应采取切实可行的防范措施,并在规定期限内进行整改。	查文件: 1. 重大危险源安全评估报告; 2. 重大危险源防护距离存在问题的整改计划、措施,包括防范措施。 现场检查: 1. 重大危险源现场测量防护距离; 2. 重大危险源防范措施的落实情况。	防护距离不符合规定要求,且无防范措施,一处扣20分(B级要素否决项);	1. 整改计划、措施不符合要求,一项扣2分; 2. 未按期整改或防范措施不落实,一项扣4分。
			二级企业应符合本要素要求,不得失分。	按照以上评审方法。	若失分,扣100分(A级要素否决项)。	

续表

A级要素	B级要素	标准化要求	企业达标标准	评审方法	评审标准	
					否决项	扣分项
3 风险管理 (100分)	3.6 变更 (10分)	1. 企业应严格执行变更管理制度，履行下列变更程序： (1) 变更申请：按要求填写变更申请表，由专人进行管理。 (2) 变更审批：变更申请表应逐级上报主管部门，并按管理权限报主管领导审批。 (3) 变更实施：变更批准后，由主管部门负责实施。不经过审查和批准，任何临时性的变更都不得超过原批准范围和期限。 (4) 变更验收：变更实施结束后，变更主管部门应对变更的实施情况进行验收，形成报告，并及时将变更结果通知相关部门和有关人员。	严格履行以下变更程序及要求： (1) 变更申请：按要求填写变更申请表，由专人进行管理。 (2) 变更审批：变更申请表应逐级上报主管部门，并按管理权限报主管领导审批。 (3) 变更实施：变更批准后，由主管部门负责实施。不经过审查和批准，任何临时性的变更都不得超过原批准范围和期限。 (4) 变更验收：变更实施结束后，变更主管部门应对变更的实施情况进行验收，形成报告，并及时将变更结果通知相关部门和有关人员。	查文件： 1. 变更管理制度； 2. 变更管理记录。 现场检查： 查看变更实施现场。		1. 未按程序实施变更，一项扣5分； 2. 履行变更程序过程，一项不符合扣2分； 3. 变更实施现场一项不符合，扣2分。
		2. 企业应对变更过程产生的风险进行分析和控制。	1. 对每项变更过程产生的风险都进行分析，制定控制措施； 2. 变更实施过程中，认真落实风险控制措施。	查文件： 1. 变更的风险分析记录； 2. 变更风险的控制措施； 3. 变更实施验收报告。		对变更过程的风险未进行分析或控制措施不落实，一项不符合扣2分。
	3.7 风险信息更新 (10分)	1. 企业应适时组织风险评价工作，识别与生产经营活动有关的危险、有害因素和隐患。	非常规活动及危险性作业实施前，应识别危险、有害因素，排查隐患。	查文件： 1. 风险评价记录或报告； 2. 作业许可证。		未按规定进行危险、有害因素识别，一项扣2分；识别不充分，一项不符合扣1分。

A级要素	B级要素	标准化要求	企业达标标准	评审方法	评审标准	
					否决项	扣分项
3 风险管理（100分）	3.7 风险信息更新（10分）	2. 企业应定期评审或检查风险评价结果和风险控制效果。	每年评审或检查风险评价结果和风险控制效果。	查文件： 年度评审或检查报告，或者评审记录。		未定期对风险评价结果和风险控制效果进行评审或检查，扣2分。
		3. 企业应在下列情形发生时及时进行风险评价： （1）新的或变更的法律、法规或其他要求； （2）操作条件变化或工艺改变； （3）技术改造项目； （4）有对事件、事故或其他信息的新认识； （5）组织机构发生大的调整。	在标准规定情形发生时，应及时进行风险评价。	查文件： 风险评价报告、记录。		未及时进行风险评价，一项不符合扣2分。
	3.8 供应商（5分）	企业应严格执行供应商管理制度，对供应商资格预审、选用和续用等过程进行管理，并定期识别与采购有关的风险。	1. 建立供应商名录、档案（包括资格预审、业绩评价等资料）； 2. 对供应商资格预审、选用、续用进行管理； 3. 定期识别与采购有关的风险。	查文件： 1. 供应商管理制度； 2. 合格供应商名录、档案； 3. 供应商选用、续用、评价记录； 4. 与采购有关的风险信息。		1. 未建立合格供应商名录、档案，一项扣2分； 2. 未对供应商进行规范管理，一项不符合扣1分； 3. 未定期识别与采购有关的风险，1次扣2分。

续表

A级要素	B级要素	标准化要求	企业达标标准	评审方法	评审标准	
					否决项	扣分项
4 管理制度(100分)	4.1 安全生产规章制度(40分)	1. 企业应制定健全的安全生产规章制度,至少包括下列内容: (1)安全生产职责; (2)识别和获取适用的安全生产法律、法规、标准及其他要求; (3)安全生产会议管理; (4)安全生产费用; (5)安全生产奖惩管理; (6)管理制度评审和修订; (7)安全培训教育; (8)特种作业人员管理; (9)管理部门、基层班组安全活动管理; (10)风险评价; (11)隐患排查治理; (12)重大危险源管理; (13)变更管理; (14)事故管理; (15)防火、防爆管理,包括禁烟管理; (16)消防管理; (17)仓库、罐区安全生产管理; (18)关键装置、重点部位安全生产管理;	1. 通过识别和评估,将适用于本企业的有关法律、法规和有关标准规定转化为企业安全生产规章制度或安全操作规程的具体内容,并严格落实; 2. 安全生产规章制度内容应符合标准要求; 3. 明确责任部门、职责、工作要求; 4. 安全生产规章制度应具有可操作性;	查文件: 1. 适用的法律、法规和标准、规章制度和安全操作规程清单; 2. 企业安全生产规章制度签发文件。	1. 未制定动火作业管理制度或进入受限空间管理制度,扣100分(A级要素否决项); 2. 未制定以下规章制度之一,扣40分(B级要素否决项):	1. 未将法律、法规的有关规定和标准的有关要求转化为企业安全生产规章制度或安全操作规程的具体内容,一项不符合扣2分; 2. 责任部门、职责、工作要求、可操作性等内容,一项不符合扣1分; 3. 缺少相关内容的管理制度,一项扣2分; 4. 有关人员不清楚法律、法规和标准规范的相关要求,1人次扣2分;

续表

A级要素	B级要素	标准化要求	企业达标标准	评审方法	评审标准	
					否决项	扣分项
4 管理制度 (100分)	4.1 安全生产规章制度 (40分)	(19) 生产设施管理，包括安全设施、特种设备等管理； (20) 监视和测量设备管理； (21) 安全作业管理，包括动火作业、进入受限空间作业、临时用电作业、高处作业、起重吊装作业、破土作业、断路作业、设备检维修作业、高温作业、抽堵盲板作业管理等； (22) 危险化学品安全管理，包括剧毒化学品安全管理及危险化学品储存、出入库、运输、装卸等； (23) 检维修管理； (24) 生产设施拆除和报废管理； (25) 承包商管理； (26) 供应商管理； (27) 职业卫生管理，包括防尘、防毒管理； (28) 劳动防护用品(具)和保健品管理； (29) 作业场所职业危害因素检测管理； (30) 应急救援管理； (31) 安全检查管理； (32) 自评。	5. 除制定《通用规范》要求的规章制度以外，还应制定包括以下内容的规章制度：工艺管理、开停车管理、设备管理、建(构)筑物管理、电气管理、公用工程管理、易制毒管理、危险化学品输送管道定期巡线制度、领导干部带班、厂区交通安全、文件、档案管理制度等； 6. 企业主要负责人应组织审定并签发安全生产规章制度。	询问： 有关人员对法律、法规和标准规范的了解、掌握情况。 现场检查： 法律、法规和标准的遵守情况。	变更管理、风险管理、隐患排查治理、临时用电作业、高处作业、起重吊装作业、破土作业、断路作业、设备检维修作业、抽堵盲板作业管理制度及文件档案管理制度。	5. 现场发现有未执行和落实法律、法规和标准，或企业安全生产管理制度或操作规程的现象，按相关要素评审标准扣分，没有评审标准的，一项不符合扣2分。 6. 企业安全生产规章制度未按规定审定或签发，一项扣5分。
		2. 企业应将安全生产规章制度发放到有关的工作岗位。	将安全生产规章制度发放到有关的工作岗位。	查文件： 文件发放记录。 现场检查： 工作岗位是否有效的规章制度。		一项不符合扣2分。

A级要素	B级要素	标准化要求	企业达标标准	评审方法	评审标准	
					否决项	扣分项
	4.2 操作规程（40分）	1. 企业应根据生产工艺、技术、设备设施特点和原材料、辅助材料、产品的危险性，编制操作规程，并发放到相关岗位。	1. 以危险、有害因素分析为依据，编制岗位操作规程； 2. 发放到相关岗位； 3. 企业主要负责人或其指定的技术负责人审定并签发操作规程。	查文件： 1. 岗位操作规程； 2. 文件发放记录； 3. 操作规程签发文件。 现场检查： 抽查岗位是否有有效的岗位操作规程。	有岗位未编制操作规程，或岗位无法提供操作规程，扣40分（B级要素否决项）。	1. 操作规程内容一项不符合扣1分； 2. 安全操作规程未按规定审定或签发，一项扣5分。
		2. 企业应在新工艺、新技术、新装置、新产品投产或投用前，组织编制新的操作规程。	新工艺、新技术、新装置、新产品投产或投用前，应组织编制新的操作规程。	查文件： 新项目的操作规程。	投产或投用前未编制操作规程，扣40分（B级要素否决项）。	
4 管理制度（100分）	4.3 修订（20分）	1. 企业应明确评审和修订安全生产规章制度和操作规程的时机和频次，定期进行评审和修订，确保其有效性和适用性。在发生以下情况时，应及时对相关的规章制度或操作规程进行评审、修订： （1）当国家安全生产法律、法规、规程、标准废止、修订或新颁布时； （2）当企业归属、体制、规模发生重大变化时； （3）当生产设施新建、扩建、改建时； （4）当工艺、技术路线和装置设备发生变更时； （5）当上级安全生产监督管理部门提出相关整改意见时； （6）当安全检查、风险评价过程中发现涉及规章制度层面的问题时； （7）当分析重大事故和重复事故原因，发现制度性因素时； （8）其他相关事项。	1. 规定安全生产规章制度和操作规程评审、修订的时机和频次； 2. 安全生产规章制度、安全操作规程至少每3年评审和修订一次； 3. 按规定进行评审和修订； 4. 在发生有关情况时，应及时评审、修订相关的规章制度或操作规程。	查文件： 1. 管理制度评审和修订制度； 2. 安全生产规章制度、操作规程； 3. 评审和修订记录。		1. 未规定评审和修订时机和频次，或规定的内容不符合要求，扣3分； 2. 未按规定评审和修订扣3分，漏评审一项制度扣1分。

A级要素	B级要素	标准化要求	企业达标标准	评审方法	评审标准	
					否决项	扣分项
4 管理制度（100分）	4.3 修订（20分）	2. 企业应组织相关管理人员、技术人员、操作人员和工会代表参加安全生产规章制度和操作规程评审和修订，注明生效日期。	1. 组织相关管理人员、技术人员、操作人员和工会代表参加安全生产规章制度和操作规程评审和修订；2. 修订的安全生产规章制度和操作规程应注明生效日期。	查文件：1. 评审、修订记录；2. 安全生产规章制度和操作规程；3. 发布修订的安全生产规章制度或操作规程的文件。		1. 相关人员未参加评审和修订，一项不符合扣2分；2. 修订后，未注明生效日期，扣1分。
		3. 企业应保证使用最新有效版本的安全生产规章制度和操作规程。	企业现行安全生产规章制度和操作规程是最新有效的版本。	查文件：发布最新版本安全生产规章制度或操作规程的文件发放记录。现场检查：部门、岗位使用的安全生产规章制度和操作规程是否是最新、有效版本。		相关岗位使用失效（或已被修订）的安全生产规章制度和操作规程，一个岗位扣5分。
5 培训教育（100分）	5.1 培训教育管理（20分）	1. 企业应严格执行安全培训教育制度，依据国家、地方及行业规定和岗位需要，制定适宜的安全培训教育目标和要求。根据不断变化的实际情况和培训目标，定期识别安全培训教育需求，制定并实施安全培训教育计划。	1. 制定全员安全培训、教育目标和要求；2. 定期识别安全培训、教育需求；3. 制定安全培训、教育计划并实施。	查文件：1. 安全培训、教育制度；2. 安全培训、教育需求记录；3. 安全培训教育计划；4. 安全培训、教育记录。询问：抽查有关人员参加培训情况。		1. 未制定全员安全培训、教育目标和要求，扣1分；2. 未定期识别培训、教育需求，扣2分；3. 未根据培训需求制定培训计划，扣2分；4. 未按照计划要求实施培训，1次不符合扣1分。
		2. 企业应组织培训教育，保证安全培训教育所需人员、资金和设施。	提供培训、教育所需的人员、资金和设施。	查文件：1. 安全生产费用台账或资金计划；2. 培训教育计划和记录。		1. 无资金计划或资金不落实，扣1分；2. 培训教师不落实或不满足要求，扣1分；3. 培训场所不落实或不满足要求，扣1分。

续表

A级要素	B级要素	标准化要求	企业达标标准	评审方法	评审标准	
					否决项	扣分项
5 培训教育（100分）	5.1 培训教育管理（20分）	3. 企业应建立从业人员安全培训教育档案。	建立从业人员安全培训教育档案。	**查文件：** 从业人员安全培训教育档案。		1. 未建立档案，扣5分；每少1人档案，扣1分。 2. 培训教育档案记录不符合规定要求，一项扣1分。
		4. 企业安全培训教育计划变更时，应记录变更情况。	安全培训教育计划变更时，应按规定记录变更情况。	**查文件：** 1. 安全培训教育计划； 2. 变更记录。		未记录计划变更情况，一项扣1分。
		5. 企业安全培训教育主管部门应对培训教育效果进行评价。	安全培训教育主管部门应对培训教育效果进行评价和改进。	**查文件：** 培训教育效果评价记录。 **询问：** 了解有关人员对安全培训、教育效果的评价。		1. 未进行教育效果评价，扣3分； 2. 未制定改进措施并改进，扣2分。
		6. 企业应确立终身教育的观念和全员培训的目标，对在岗的从业人员进行经常性安全培训教育。	1. 确立终身教育的观念和全员培训的目标； 2. 对从业人员进行经常性安全培训教育。	**查文件：** 1. 安全培训教育制度； 2. 安全培训教育计划； 3. 安全培训教育记录、档案。		1. 未进行全员培训，少1人次扣1分； 2. 未进行经常性安全培训教育，1人次扣1分。
	5.2 从业人员岗位标准（10分）		1. 企业对从业人员岗位标准要求应文件化，做到明确具体； 2. 落实国家、地方及行业等部门制定的岗位标准。	**查文件：** 1. 载明企业从业人员岗位标准的文件； 2. 从业人员招聘资料、员工台账、档案。		1. 从业人员岗位标准不明确，一项扣1分； 2. 上岗的从业人员未满足岗位标准要求，1人次扣2分。

A级要素	B级要素	标准化要求	企业达标标准	评审方法	评审标准	
					否决项	扣分项
5 培训教育 (100 分)	5.3 管理人员培训 （20分）	1. 企业主要负责人和安全生产管理人员应接受专门的安全培训教育，经安全生产监督管理部门对其安全生产知识和管理能力考核合格，取得安全资格证书后方可任职，并按规定参加每年再培训。	1. 企业主要负责人和安全生产管理人员应接受专门的安全培训教育，经安全监督管理部门对其安全生产知识和管理能力考核合格，取得安全资格证书后方可任职； 2. 按规定参加每年再培训。	查文件： 安全资格证书及培训档案。	主要负责人或安全生产管理人员未取得安全资格证书或证书失效，扣20分（B级要素否决项）。	主要负责人和安全生产管理人员未按规定每年进行再培训，1人次不符合扣5分。
		2. 企业其他管理人员，包括管理部门负责人和基层单位负责人、专业工程技术人员的安全培训教育由企业相关部门组织，经考核合格后方可任职。	1. 其他管理人员，包括管理部门负责人和基层单位负责人、专业工程技术人员的安全培训教育由企业相关部门组织； 2. 经考核合格后方可任职； 3. 按规定参加每年再培训。	查文件： 安全培训教育档案。		1. 未对其他管理人员进行安全培训教育，1人次不符合扣2分； 2. 未经考核合格上岗任职，1人次扣2分； 3. 未参加每年的再培训，1人次扣1分。
	5.4 从业人员培训教育 （30分）	1. 企业应对从业人员进行安全培训教育，并经考核合格后方可上岗。从业人员每年应接受再培训，再培训时间不得少于国家或地方政府规定学时。	1. 对从业人员进行安全培训教育，并经考核合格后方可上岗； 2. 对从业人员进行安全生产法律、法规、标准、规章制度和操作规程、安全生产管理方法等培训； 3. 从业人员每年应接受再培训，再培训时间不得少于规定学时。	查文件： 培训教育记录、档案。 现场检查： 从业人员上岗证。		1. 从业人员安全培训教育、再培训未达到规定要求的学时，1人次扣2分； 2. 未持上岗证上岗，1人次扣2分。

续表

A级要素	B级要素	标准化要求	企业达标标准	评审方法	评审标准	
					否决项	扣分项
5 培训教育（100分）	5.4 从业人员培训教育（30分）	2. 企业应按有关规定，对新从业人员进行厂级、车间（工段）级、班组级安全培训教育，经考核合格后，方可上岗。新从业人员安全培训教育时间不得少于国家或地方政府规定学时。	1. 新从业人员进行厂级、车间（工段）级、班组级安全培训教育，经考核合格后，方可上岗；2. 三级安全培训教育的内容、学时应符合《生产经营单位安全培训规定》（安全生产监督管理总局令第3号）的规定。	查文件：从业人员安全培训教育档案、考核合格证明。现场考核：抽查新上岗的从业人员接受三级培训教育情况。	**未接受三级安全培训教育或考核不合格上岗，1人次扣30分（B级要素否决项）。**	1. 缺一级培训，1人次扣5分；2. 三级安全培训教育内容不符合规定，一项扣2分；3. 三级安全培训教育学时不符合规定，1人次扣2分。
		3. 企业特种作业人员应按有关规定参加安全培训教育，取得特种作业操作证，方可上岗作业，并定期复审。	1. 特种作业人员及特种设备作业人员应按有关规定参加安全培训教育，取得特种作业操作证，方可上岗作业；2. 特种作业操作证定期复审；3. 建立特种作业人员及特种设备作业人员管理台账。	查文件：1. 特种作业人员及特种设备作业人员管理台账；2. 特种作业操作证；3. 特种作业人员和特种设备作业人员培训教育计划。现场检查：抽查现场特种作业人员、特种设备作业人员。		1. 无管理台账，扣2分；2. 操作资格证未按期复审，1人次扣2分；3. 无操作证或失效，在现场从事特种作业，1人次扣10分。
		4. 企业从事危险化学品运输的驾驶员、船员、押运人员，必须经所在地设区的市级人民政府交通部门考核合格（船员经海事管理机构考核合格），取得从业资格证，方可上岗作业。	1. 从事危险化学品运输的驾驶人员、船员、装卸管理人员、押运人员，应当经交通运输主管部门考核合格，取得从业资格证，方可上岗作业；2. 建立危险化学品运输的驾驶人员、船员、押运人员管理台账。	查文件：1. 从业资格证；2. 管理台账。现场检查：抽查危险化学品运输有关人员资格证。		1. 未建立台账，扣2分；2. 资格证不在有效期内，1人次扣2分；3. 无资格证或失效从事相关作业，1人次扣10分。

续表

A级要素	B级要素	标准化要求	企业达标标准	评审方法	评审标准	
					否决项	扣分项
5 培训教育（100分）	5.4 从业人员培训教育（30分）	5. 企业应在新工艺、新技术、新装置、新产品投产或投用前，对有关人员进行专门培训，经考核合格后，方可上岗。	在新工艺、新技术、新装置、新产品投产或投用前，对有关人员（操作人员和管理人员）进行专门培训，经考核合格后，方可上岗。	查文件：培训记录、培训内容、考核内容。询问：现场抽查上岗人员培训情况。		1. 未对有关人员进行专门培训，1人次扣2分；2. 有关人员未经考核合格上岗，1人次扣2分。
	5.5 其他人员培训教育（10分）	1. 企业从业人员转岗、脱离岗位一年以上（含一年）者，应进行车间（工段）、班组级安全培训教育，经考核合格后，方可上岗。	从业人员转岗、脱离岗位一年以上（含一年）者，应进行车间（工段）、班组级安全培训教育，经考核合格后，方可上岗。	查文件：从业人员安全培训教育档案。		未进行车间（工段）、班组级安全培训教育，1人次扣2分；缺一级培训，1人次扣2分。
		2. 企业应对外来参观、学习等人员进行有关安全生产规定及安全生产注意事项的培训教育。	对外来参观、学习等人员进行有关安全规定及安全注意事项的培训教育。	查文件：外来参观、学习等人员培训记录。		不符合标准要求，1人次扣2分。
		3. 企业应对承包商的作业人员进行入厂安全培训教育，经考核合格发放入厂证，保存安全培训教育记录。进入作业现场前，作业现场所在基层单位应对施工单位的作业人员进行进入现场前安全培训教育，保存安全培训教育记录。	1. 对承包商的所有人员进行入厂安全培训教育，经考核合格发放入厂证；2. 进入作业现场前，作业现场所在基层单位对施工单位进行进入现场前安全培训教育；3. 保存安全培训教育记录。	查文件：1. 厂级承包商安全培训教育记录；2. 基层单位承包商安全培训教育记录。询问：外来施工单位接受企业培训教育情况。现场检查：抽查外来施工单位入厂证。		1. 未对承包商的所有人员进行相关安全培训教育，1人次扣2分；培训教育内容不符合有关要求，扣2分；2. 承包商的人员无入厂证，1人次扣2分；3. 未建立承包商的人员安全培训教育记录，1人次扣1分。
	5.6 日常安全教育（10分）	1. 企业管理部门、班组应按照月度安全活动计划开展安全活动和基本功训练。	1. 管理部门、班组应明确基本功训练项目、内容和要求；2. 按照月度安全活动计划开展安全活动和基本功训练。	查文件：1. 安全活动计划；2. 管理部门和班组安全活动、基本功训练记录。		1. 基本功训练项目、内容和要求不明确，一项扣1分；2. 未按计划开展安全活动，缺1次扣1分。

A级要素	B级要素	标准化要求	企业达标标准	评审方法	评审标准	
					否决项	扣分项
5 培训教育（100分）	5.6 日常安全教育（10分）	2. 班组安全活动每月不少于2次，每次活动时间不少于1学时。班组安全活动应有负责人、有计划、有内容、有记录。企业负责人应每月至少参加1次班组安全活动，基层单位负责人及其管理人员应每月至少参加2次班组安全活动。	1. 班组安全活动每月不少于2次，每次活动时间不少于1学时； 2. 班组安全活动有负责人、有内容、有记录； 3. 企业负责人每季度至少参加1次班组安全活动，基层单位负责人及其管理人员每月至少参加2次班组安全活动，并在班组安全活动记录上签字。	查文件：查班组安全活动记录。		1. 班组安全活动频次、时间或内容不符合计划或规定要求，一项扣1分； 2. 企业负责人、基层单位负责人及管理人员未按规定参加安全活动并签字，1人次扣1分。
		3. 管理部门安全活动每月不少于1次，每次活动时间不少于2学时。	管理部门安全活动每月不少于1次，每次活动时间不少于2学时。	查文件：部门安全活动记录。		未按计划或规定进行安全活动，1次扣1分。
		4. 企业安全生产管理部门或专职安全生产管理人员应每月至少1次对安全活动记录进行检查，并签字。	安全生产管理部门或专职安全生产管理人员每月至少检查1次安全活动记录，并签字。	查文件：安全活动记录。		未按规定对安全活动记录进行检查并签字，缺1次扣1分。
		5. 企业安全生产管理部门或专职安全生产管理人员应结合安全生产实际，制定管理部门、班组月度安全活动计划，规定活动形式、内容和要求。	1. 安全生产管理部门或专职安全生产管理人员制定管理部门、班组月度安全活动计划； 2. 规定活动形式、内容和要求。	查文件：月度安全活动计划。		1. 未制定月度安全活动计划，1次扣2分； 2. 未规定安全活动形式、内容、要求等，一项扣1分。

A级要素	B级要素	标准化要求	企业达标标准	评审方法	评审标准	
					否决项	扣分项
		1. 企业应确保建设项目安全设施与建设项目的主体工程同时设计、同时施工、同时投入生产和使用。	确保建设项目安全设施与建设项目的主体工程同时设计、同时施工、同时投入生产和使用。	查文件：生产设施建设项目设计资料、施工记录、试生产方案、竣工验收文件等。现场检查：查看安全设施投入使用情况。	未按《危险化学品建设项目安全许可实施办法》（国家安全生产监督管理总局令第8号）要求进行设计审查、安全条件论证和竣工验收的，扣100分（A级要素否决项）。	
6 生产设施及工艺安全（100分）	6.1 生产设施建设（10分）	2. 企业应按照建设项目安全许可有关规定，对建设项目的设立阶段、设计阶段、试生产阶段和竣工验收阶段规范管理。	1. 按照有关法律、法规和国家安全生产监督管理总局有关危险化学品建设项目安全条件审查的规章、规范性文件规定，对建设项目的设立阶段、设计阶段、试生产阶段和竣工验收阶段规范管理；2. 建设项目建成试生产前，企业要组织设计、施工、监理和建设单位的工程技术人员进行"三查四定"；试车和投料过程要严格按照设备管道试压、吹扫、气密、单机试车、仪表调校、联动试车、化工投料试生产的程序进行；3. 编制试生产前安全检查报告。	查文件：1. 新建、改建、扩建项目可行性研究报告、初步设计（"安全设施设计专篇""消防专篇""职业卫生专篇"）及批复等资料；2. 安全设施设计审查资料；3. 建设项目设立安全评价报告；4. 建设项目试生产方案及备案资料（施工完成情况、试生产前安全检查报告、试生产或使用过程中可能出现的安全问题及对策、采取的安全措施、事故应急救援预案等）；5. 建设项目安全设施竣工验收资料（安全设施检验检测报告、安全生产监督管理部门出具的"安全设施竣工验收意见书"和"建设项目竣工验收安全评价报告"等）。		建设项目各阶段资料不符合要求，或审批手续不全，一项扣3分。

续表

A级要素	B级要素	标准化要求	企业达标标准	评审方法	评审标准	
					否决项	扣分项
6 生产设施及工艺安全（100分）	6.1 生产设施建设（10分）	3. 企业应对建设项目的施工过程实施有效安全监督，保证施工过程处于有序管理状态。	1. 建设项目必须由具备相应资质的单位负责设计、施工、监理； 2. 对建设项目的施工过程实施有效安全监督，保证施工过程处于有序管理状态。	**查文件：** 1. 设计、施工、监理单位的相关资质； 2. 施工现场安全检查记录。 **现场检查：** 施工现场安全管理情况。	使用无资质或资质不符合规定的设计、施工、监理单位，扣100分（A级要素否决项）。	1. 未进行现场安全检查，扣2分； 2. 现场存在不符合要求的问题，一项扣2分。
		4. 企业建设项目建设过程中的变更应严格执行变更管理规定，履行变更程序，对变更全过程进行风险管理。	1. 建设项目建设过程中的变更应严格执行变更管理规定，履行变更程序，对变更全过程进行风险管理； 2. 符合安全生产监督管理总局有关危险化学品建设项目安全条件审查的规章规定的变更发生后，应重新进行安全审查。	**查文件：** 1. 变更资料，包括变更后向负责安全审查的安全生产监督管理部门报告的文件； 2. 变更风险分析记录； 3. 安全评价报告和审查报告等。		1. 未按变更管理程序实施变更管理的，一项扣3分； 2. 变更过程未进行风险评价，一项扣3分； 3. 未按安全生产监督管理总局有关危险化学品建设项目安全条件审查的规章规定需重新进行安全评价和项目设立安全审查的变更，未履行相关手续，一项扣5分。

A级要素	B级要素	标准化要求	企业达标标准	评审方法	评审标准	
					否决项	扣分项
6 生产设施及工艺安全（100分）	6.1 生产设施建设（10分）	5. 企业应采用先进的、安全性能可靠的新技术、新工艺、新设备和新材料。	1. 采用先进的、安全性能可靠的新技术、新工艺、新设备和新材料； 2. 新开发的危险化学品生产工艺，必须在小试、中试、工业化试验的基础上逐步放大到工业化生产； 3. 国内首次采用的化工工艺，要通过省级有关部门组织专家组进行安全论证。	查文件： 1. 工艺设计文件； 2. 新工艺小试、中试、工业化试验的报告。 现场检查： 采用的设备、材料。	1. 采用国家明令淘汰的工艺、技术、设备、材料，扣100分（A级要素否决项）； 2. 国内首次采用的化工工艺未经论证的，扣100分（A级要素否决项）； 3. 新开发的危险化学品生产工艺，未经小试、中试、工业化试验直接进行工业化生产，扣10分（B级要素否决项）。	
	6.2 安全设施（20分）	1. 企业应严格执行安全设施管理制度，建立安全设施台账。	建立安全设施台账。	查文件： 安全设施管理台账。		未建立安全设施台账，扣5分；台账内容不符合要求，一项扣1分。

A级要素	B级要素	标准化要求	企业达标标准	评审方法	评审标准	
					否决项	扣分项
6 生产设施及工艺安全（100分）	6.2 安全设施（20分）	2. 企业应确保安全设施配备符合国家有关规定和标准，做到： （1）宜按照 SH 3063—1999 在易燃、易爆、有毒区域设置固定式可燃气体和/或有毒气体的检测报警设施，报警信号应发送至工艺装置、储运设施等控制室或操作室； （2）按照 GB 50351 在可燃液体罐区设置防火堤，在酸、碱罐区设置围堤并进行防腐处理； （3）宜按照 SH 3097—2000 在输送易燃物料的设备、管道安装防静电设施； （4）按照 GB 50057 在厂区安装防雷设施；	按照国家有关规定和标准设置安全设施，做到： （1）按照 GB 50493 在易燃、易爆、有毒区域设置固定式可燃气体和/或有毒有害气体泄漏的检测报警设施，报警信号应发送至工艺装置、储运设施等控制室或操作室； （2）按照 GB 50351 在可燃液体罐区设置防火堤，在酸、碱罐区设置围堤并进行防腐处理； （3）宜按照 SH 3097—2000 在输送易燃物料的设备、管道上安装防静电设施； （4）按照 GB 50057 在厂区安装防雷设施； （5）按照 GB 50016、GB 50140 配置消防设施与器材； （6）按照 GB 50058 设置电力装置； （7）按照 GB 11651 配备个体防护设施； （8）厂房、库房建筑应符合 GB 50016、GB 50160 的有关要求； （9）在工艺装置上可能引起火灾、爆炸的部位设置超温、超压等检测仪表、声和/或光报警和安全联锁装置等设施； （10）新建大型和危险程度高的化工装置，在设计阶段要进行仪表系统安全完整性等级评估，选用安全可靠的仪表、联锁控制系统； （11）专家诊断按标准、规范应设置的其他安全设施。	查文件： 安全设施管理台账。 现场检查： 各种安全设施的配备情况。	1. 未在危险工艺装置上可能引起火灾、爆炸的部位设置超温、超压等检测仪表、声和/或光报警和安全联锁装置等设施，扣 20 分（B级要素否决）； 2. 没有按标准设置有毒有害、可燃气体泄漏报警仪的，扣 20 分（B级要素否决）； 3. 经专家诊断没有按标准、规范设置其他安全设施的，扣 20 分（B级要素否决）。	1. 应当配备的安全设施缺失，一项扣 2 分； 2. 安全设施的配备、安装不符合国家有关规定，一项扣 2 分； 3. 新建大型和危险程度高的化工装置，在设计阶段未进行仪表系统安全完整性等级评估的，扣 2 分。

A级要素	B级要素	标准化要求	企业达标标准	评审方法	评审标准	
					否决项	扣分项
6 生产设施及工艺安全（100分）	6.2 安全设施（20分）	（5）按照 GB 50016、GB 50140 配置消防设施与器材； （6）按照 GB 50058 设置电力装置； （7）按照 GB 11651 配备个体防护设施； （8）厂房、库房建筑应符合 GB 50016、GB 50160； （9）在工艺装置上可能引起火灾、爆炸的部位设置超温、超压等检测仪表、声和/或光报警和安全联锁装置等设施。	二级企业化工生产装置设置自动化控制系统，涉及危险化工工艺和重点监管危险化学品的化工生产装置根据风险状况设置了安全联锁或紧急停车系统等。	查文件： 安全设施管理台账。 现场检查： 各种安全设施的设置及运行情况。	二级企业化工生产装置未设置自动化控制系统，或涉及危险化工工艺和重点监管危险化学品的化工生产装置未根据风险状况设置安全联锁或紧急停车系统等，扣100分（A级要素否决项）。	
			一级企业涉及危险化工工艺的化工生产装置设置了安全仪表系统，并建立安全仪表系统功能安全管理体系。	查文件： 安全设施管理台账。 现场检查： 安全仪表系统设置情况及安全仪表系统功能安全管理体系运行情况。	一级企业涉及危险化工工艺的化工装置未设置安全仪表系统，或未建立安全仪表系统功能安全管理体系，扣100分（A级要素否决项）。	

续表

A级要素	B级要素	标准化要求	企业达标标准	评审方法	评审标准	
					否决项	扣分项
6 生产设施及工艺安全 (100分)	6.2 安全设施 (20分)	3. 企业的各种安全设施应有专人负责管理，定期检查和维护保养。	1. 专人负责管理各种安全设施； 2. 建立安全设施管理档案； 3. 定期检查和维护保养安全设施，并建立记录。	查文件： 1. 安全设施管理制度； 2. 安全设施维护保养检查记录。 现场检查： 安全设施的完整性。		1. 无专人负责管理安全设施，或无安全设施管理档案，一项扣2分； 2. 未建立安全设施维护保养检查记录或未进行定期检查和维护保养，一项扣2分； 3. 现场安全设施不符合完整性要求，1处扣2分。
		4. 安全设施应编入设备检维修计划，定期检维修。安全设施不得随意拆除、挪用或弃置不用，因检维修拆除的，检维修完毕后应立即复原。	1. 安全设施应编入设备检维修计划，定期检维修； 2. 安全设施不得随意拆除、挪用或弃置不用，因检维修拆除的，检维修完毕后应立即复原。	查文件： 1. 设备检维修计划； 2. 安全设施检维修记录； 3. 安全设施拆除、停用资料。 现场检查： 安全设施是否存在随意拆除、挪用或弃置不用的情况。		1. 未将安全设施编入设备检维修计划，一项扣2分； 2. 安全设施未按计划检维修的，一处扣2分； 3. 随意拆除、停用、挪用或弃置不用安全设施，一处扣5分； 4. 因检维修拆除，检维修完毕未立即复原，一处扣2分。
		5. 企业应对监视和测量设备进行规范管理，建立监视和测量设备台账，定期进行校准和维护，并保存校准和维护活动的记录。	1. 对监视和测量设备进行规范管理； 2. 建立监视和测量设备台账； 3. 定期进行校准和维护； 4. 保存校准和维护活动的记录； 5. 对风险较高的系统或装置，要加强在线检测或功能测试，保证设备、设施的完整性。	查文件： 1. 监视和测量设备管理制度； 2. 监视和测量设备台账； 3. 监视和测量设备检验报告； 4. 校验和维护记录。 现场检查： 监视和测量设备的完整性及校验合格标志。		1. 未建立监视和测量设备台账，扣5分；台账内容不符合要求，一项扣1分； 2. 监视和测量设备维护记录内容不符合要求，一项扣1分； 3. 未定期校验或校验不合格仍在使用，1台次扣5分； 4. 现场监视和测量设备不完好或无检验合格标志，1台扣2分； 5. 对风险较高的系统或装置，未设置在线检测或未进行功能测试，1台次扣2分。

续表

A级要素	B级要素	标准化要求	企业达标标准	评审方法	评审标准	
					否决项	扣分项
6 生产设施及工艺安全 (100分)	6.3 特种设备 (10分)	1. 企业应按照《特种设备安全法》《特种设备安全监察条例》管理规定,对特种设备进行规范管理。	按照《特种设备安全法》《特种设备安全监察条例》的规定,对特种设备进行规范管理。	查文件: 1. 特种设备管理制度; 2. 特种设备台账和定期检验报告。		1. 管理制度内容不符合要求,一项扣1分; 2. 未定期检验,1台扣1分。
		2. 企业应建立特种设备台账和档案。	建立特种设备台账和档案,包括特种设备技术资料、特种设备登记注册表、特种设备及安全附件定期检测检验记录、特种设备运行记录和故障记录、特种设备日常维修保养记录、特种设备事故应急救援预案及演练记录。	查文件: 特种设备台账和档案。		未建立台账或档案,扣5分;台账和档案内容不符合要求,一项扣1分。
		3. 特种设备投入使用前或者投入使用后30日内,企业应当向直辖市或者设区的市特种设备监督管理部门登记注册。	特种设备投入使用前或者投入使用后30日内,应当向直辖市或者设区的市特种设备监督管理部门登记,登记标志置于设备显著位置。	查文件: 特种设备台账和档案。 现场检查: 登记标志。		1. 未办理登记,1台扣2分; 2. 无标志,1台扣1分。
		4. 企业应对在用特种设备进行经常性日常维护保养,至少每月进行1次检查,并保存记录。	对在用特种设备进行经常性日常维护保养,至少每月进行1次检查,并保存记录。	查文件: 特种设备维护保养记录。 现场检查: 特种设备日常维护保养状态。		1. 未按规定进行检查和维护保养,扣2分; 2. 未建立日常维护保养、检查记录,或记录内容不符合要求,一项扣1分; 3. 特种设备存在缺陷,1台次扣1分。

续表

A级要素	B级要素	标准化要求	企业达标标准	评审方法	评审标准	
					否决项	扣分项
6 生产设施及工艺安全（100分）	6.3 特种设备（10分）	5. 企业应对在用特种设备及安全附件、安全保护装置、测量调控装置及有关附属仪器仪表进行定期校验、检修，并保存记录。	对在用特种设备及安全附件、安全保护装置、测量调控装置及有关附属仪器仪表进行定期校验、检修，并保存记录。	查文件：校验报告、检修记录。		1. 未定期校验或无校验报告，1台次扣4分；ﾠ2. 未定期检修或未保存记录，1台次扣1分。
		6. 企业应在特种设备检验合格有效期届满前一个月向特种设备检验检测机构提出定期检验要求。未经定期检验或者检验不合格的特种设备，不得继续使用。企业应将安全检验合格标志置于或者附着于特种设备的显著位置。	1. 特种设备检验合格有效期届满前一个月向特种设备检验检测机构提出定期检验要求；ﾠ2. 未经定期检验或者检验不合格的特种设备，不得继续使用；ﾠ3. 将安全检验合格标志置于或者附着于特种设备的显著位置。	查文件：ﾠ1. 特种设备档案；ﾠ2. 定期检验申请资料。ﾠ现场检查：特种设备检验合格标志。		1. 存在未检验或检验不合格或无检验报告的在用特种设备，1台次扣4分；ﾠ2. 未按规定提出检验要求的，1台次扣1分；ﾠ3. 特种设备上无检验合格标志，1台次扣1分。
		7. 企业特种设备存在严重事故隐患，无改造、维修价值，或者超过安全技术规范规定使用年限，应及时予以报废，并向原登记的特种设备监督管理部门办理注销。	1. 特种设备存在严重事故隐患，无改造、维修价值，或者超过安全技术规范规定使用年限，应及时予以报废；ﾠ2. 向原登记的特种设备监督管理部门办理注销。	查文件：ﾠ1. 特种设备档案和事故隐患台账；ﾠ2. 报废的特种设备注销手续。ﾠ现场检查：特种设备是否有报废但仍在使用的现象。	1. 未及时报废，1台次扣10分（B级要素否决项）；ﾠ2. 已报废的特种设备，仍在现场使用，1台次扣10分（B级要素否决项）。	未办理注销手续，1台次扣1分。

A级要素	B级要素	标准化要求	企业达标标准	评审方法	评审标准	
					否决项	扣分项
6 生产设施及工艺安全（100分）	6.4 工艺安全（25分）	1. 企业操作人员应掌握工艺安全信息，主要包括： （1）化学品危险性信息： 1）物理特性； 2）化学特性，包括反应活性、腐蚀性、热和化学稳定性等； 3）毒性； 4）职业接触限值。 （2）工艺信息： 1）流程图； 2）化学反应过程； 3）最大储存量； 4）工艺参数（如压力、温度、流量）安全上下限值。 （3）设备信息： 1）设备材料； 2）设备和管道图纸； 3）电气类别； 4）调节阀系统； 5）安全设施（如报警器、联锁等）。	操作人员应掌握工艺安全信息，主要包括： （1）化学品危险性信息： 1）物理特性； 2）化学特性，包括反应活性、腐蚀性、热和化学稳定性等； 3）毒性； 4）职业接触限值。 （2）工艺信息： 1）流程图； 2）化学反应过程； 3）最大储存量； 4）工艺参数（如压力、温度、流量）安全上下限值。 （3）设备信息： 1）设备材料； 2）设备和管道图纸； 3）电气类别； 4）调节阀系统； 5）安全设施（如报警器、联锁等）。	查文件： 员工培训记录。 询问： 员工对岗位工艺安全信息掌握程度。		操作人员对岗位工艺安全信息掌握程度，1人不掌握扣3分。
		2. 企业应保证下列设备设施运行安全可靠、完整： （1）压力容器和压力管道，包括管件和阀门； （2）泄压和排空系统； （3）紧急停车系统； （4）监控、报警系统； （5）联锁系统； （6）各类动设备，包括备用设备等。	1. 保证下列设备设施运行安全可靠、完整： （1）压力容器和压力管道，包括管件和阀门； （2）泄压和排空系统； （3）紧急停车系统； （4）监控、报警系统； （5）联锁系统； （6）各类动设备，包括备用设备等。 2. 工艺技术自动控制水平低的重点危险化学品企业要制定技术改造计划，完成自动化控制技术改造。	查文件： 1. 压力容器和压力管道及安全附件检验报告； 2. 安全阀检验报告；爆破片、防爆膜合格证及更换记录； 3. 紧急停车系统分布图及维护记录； 4. 监控、报警系统、联锁系统维护、调试记录； 5. 各类动设备，包括备用设备维护保养记录等； 6. 工艺控制流程图及自动化控制资料。 现场检查： 标准规定的各类设备设施的完整性。	1. 压力容器及附件未检验或检验不合格，一项扣25分（B级要素否决项）； 2. 危险工艺未按规定实现自动化控制的，扣100分（A级要素否决项）。	1. 压力管道未检验或检验不合格，一项扣1分； 2. 安全阀未检验或检验不合格；爆破片、防爆膜不合格或未定期更换，或未做更换记录，一项扣2分； 3. 紧急停车系统失效或未进行日常维护，一项扣2分； 4. 监控、报警系统、联锁系统未经调试或失效，一项扣2分； 5. 安全阀、排空系统、火炬设置不符合要求，一处扣2分； 6. 机泵等动设备运行不正常，振动超标、有泄漏；备用设备未进行定期盘车或无记录，一项扣2分。

续表

A级要素	B级要素	标准化要求	企业达标标准	评审方法	评审标准	
					否决项	扣分项
6 生产设施及工艺安全（100分）	6.4 工艺安全（25分）		1. 要从工艺、设备、仪表、控制、应急响应等方面开展系统的工艺过程风险分析； 2. 对工艺过程进行风险分析，包括： （1）工艺过程中的危险性； （2）工作场所潜在事故发生因素； （3）控制失效的影响； （4）人为因素等。	查文件： 1. 风险评价记录； 2. 岗位操作规程。 询问： 操作人员对工艺过程中的风险的认知程度。		1. 未对工艺过程进行风险分析，一个单元扣3分； 2. 岗位操作规程内容中未针对工艺操作中的风险制定安全措施及应急处置措施，一项扣1分； 3. 操作人员不清楚岗位风险及控制措施，1人次扣1分。
		3. 企业应对工艺过程进行风险分析： （1）工艺过程中的危险性； （2）工作场所潜在事故发生因素； （3）控制失效的影响； （4）人为因素等。	一级企业涉及危险化工工艺和重点监管危险化学品的化工生产装置进行危险与可操作性分析（HAZOP），并定期应用先进的工艺（过程）安全分析技术开展工艺（过程）安全分析。	查文件： 1. 涉及危险化工工艺和重点监管危险化学品的化工生产装置进行危险与可操作性分析（HAZOP）记录、报告。 2. 定期应用先进的工艺（过程）安全分析技术开展工艺（过程）安全分析的记录、报告。	一级企业涉及危险化工工艺和重点监管危险化学品的化工生产装置未进行危险与可操作性分析（HAZOP），或未定期应用先进的工艺（过程）安全分析技术开展工艺（过程）安全分析，扣100分（A级要素否决项）。	

续表

A级要素	B级要素	标准化要求	企业达标标准	评审方法	评审标准	
					否决项	扣分项
6 生产设施及工艺安全（100分）	6.4 工艺安全（25分）	4. 企业生产装置开车前应组织检查，进行安全条件确认。安全条件应满足下列要求： （1）现场工艺和设备符合设计规范； （2）系统气密测试、设施空运转调试合格； （3）操作规程和应急预案已制订； （4）编制并落实了装置开车方案； （5）操作人员培训合格； （6）各种危险已消除或控制。	生产装置开车前应组织检查，进行安全条件确认。安全条件应满足下列要求： （1）现场工艺和设备符合设计规范； （2）系统气密测试、设施空运转调试合格； （3）操作规程和应急预案已制定； （4）编制并落实了装置开车方案； （5）操作人员培训合格； （6）各种危险已消除或控制。	查文件： 1. 生产装置开车前安全条件确认检查表； 2. 系统气密、置换及动设备空试记录； 3. 装置开车方案； 4. 操作规程和应急预案； 5. 操作人员培训记录； 6. 开车前隐患排查与整改记录。		1. 未制定安全条件确认表，或内容不符合要求，一项扣1分； 2. 未进行系统气密测试、置换及动设备空试或无记录，一项扣3分； 3. 没有编制装置开车方案，扣3分； 4. 没有编制操作规程和应急预案，一项扣2分； 5. 操作人员未经培训合格，1人次扣1分； 6. 开车前未进行隐患整改，扣3分。
		5. 企业生产装置停车应满足下列要求： （1）编制停车方案； （2）操作人员能够按停车方案和操作规程进行操作。	生产装置停车应满足下列要求： （1）编制停车方案； （2）操作人员能够按停车方案和操作规程进行操作。	查文件： 1. 停车方案； 2. 停车操作记录。 询问： 有关人员是否清楚停车要求。		1. 未编制停车方案，扣3分；停车方案内容，一项不符合扣1分； 2. 未执行操作规程和停车方案停车，1次扣3分； 3. 有关人员不清楚停车要求，1人次扣1分。
		6. 企业生产装置紧急情况处理应遵守下列要求： （1）发现或发生紧急情况，应按照不伤害人员为原则，妥善处理，同时向有关方面报告； （2）工艺及机电设备等发生异常情况时，采取适当的措施，并通知有关岗位协调处理，必要时，按程序紧急停车。	生产装置紧急情况处理应遵守下列要求： （1）发现或发生紧急情况，应按照不伤害人员为原则，妥善处理，同时向有关方面报告； （2）工艺及机电设备等发生异常情况时，应及时采取适当的措施，并通知有关岗位协调处理，必要时，按程序紧急停车。	查文件： 1. 操作规程； 2. 操作记录。 询问： 操作人员在紧急情况下处理措施和程序。		1. 操作规程中未制定发生紧急及异常情况时的处理措施，一项扣2分； 2. 紧急情况未按规定处理，1次扣3分； 3. 操作人员不清楚紧急及异常情况处理措施和上报程序，1人扣1分。

A级要素	B级要素	标准化要求	企业达标标准	评审方法	评审标准	
					否决项	扣分项
6 生产设施及工艺安全（100分）	6.4 工艺安全（25分）	7. 企业生产装置泄压系统或排空系统排放的危险化学品应引至安全地点并得到妥善处理。	生产装置泄压系统或排空系统排放的危险化学品应引至安全地点并得到妥善处理。	现场检查：1. 生产装置泄压排放系统排放的危险物质处理；2. 排空系统及火炬管理情况。		1. 排放管安装位置不符合规范或危险物质处理不符合要求，一处扣2分；2. 火炬系统运行不正常，扣3分。
		8. 企业操作人员应严格执行操作规程，对工艺参数运行出现的偏离情况及时分析，保证工艺参数控制不超出安全限值，偏差及时得到纠正。	操作人员应对工艺参数运行出现的偏离情况及时分析，保证工艺参数控制不超出安全限值，偏差及时得到纠正。	查文件：工艺操作记录及交接班记录。询问：操作人员如何处理工艺参数的偏离。		1. 工艺参数偏离未分析原因，一次扣1分；2. 超出安全限值未及时进行纠正，扣3分；3. 操作人员不清楚工艺参数偏离处理方法，1人次扣1分。
	6.5 关键装置及重点部位（15分）	1. 企业应加强对关键装置、重点部位安全管理，实行企业领导干部联系点管理机制。	1. 确定关键装置、重点部位；2. 实行企业领导干部联系点管理机制。	查文件：1. 关键装置、重点部位管理制度；2. 关键装置、重点部位台账。	未确定关键装置、重点部位，扣15分（B级要素否决项）。	1. 未明确关键装置和重点部位的联系人以及联系人的职责及考核要求的，一项扣1分；2. 确定的关键装置、重点部位，少一处扣2分；3. 未建立联系点机制，扣2分。
		2. 联系人对所负责的关键装置、重点部位负有安全监督与指导责任，包括：（1）指导安全联系点实现安全生产；（2）监督安全生产方针、政策、法规、制度的执行和落实；（3）定期检查安全生产中存在的问题；（4）督促隐患项目治理；（5）监督事故处理原则的落实；（6）解决影响安全生产的突出问题等。	联系人对所负责的关键装置、重点部位负有安全监督与指导责任，包括：（1）指导安全联系点实现安全生产；（2）监督安全生产方针、政策、法规、制度的执行和落实；（3）定期检查安全生产中存在的问题；（4）督促隐患项目治理；（5）监督事故处理原则的落实；（6）解决影响安全生产的突出问题等。	查文件：监督指导有关记录。询问：联系人对所负责的关键装置、重点部位进行的安全监督指导情况。		联系人对所负责的关键装置、重点部位未履行安全监督指导职责，1次扣1分。

A级要素	B级要素	标准化要求	企业达标标准	评审方法	评审标准	
					否决项	扣分项
6 生产设施及工艺安全（100分）	6.5 关键装置及重点部位（15分）	3. 联系人应每月至少到联系点进行一次安全活动，活动形式包括参加基层班组安全活动、安全检查、督促治理事故隐患、安全工作指示等。	联系人应每月至少到联系点进行一次安全活动。	查文件：联系点活动记录。		企业领导干部未按规定到联系点活动或未记录，1次扣1分。
		4. 企业应建立关键装置、重点部位档案，建立企业、管理部门、基层单位及班组监控机制，明确各级组织、各专业的职责，定期进行监督检查，并形成记录。	1. 建立关键装置、重点部位档案；2. 建立企业、管理部门、基层单位及班组监控机制，明确各级组织、各专业的职责；3. 定期进行监督检查，并形成记录。	查文件：1. 关键装置、重点部位管理制度；2. 关键装置、重点部位档案；3. 关键装置、重点部位的监督检查记录。		1. 未建立档案，扣3分；档案内容一项不符合扣1分；2. 未建立企业、管理部门、基层单位及班组监控机制，扣3分；3. 未明确各级组织、各专业职责，扣2分；4. 未定期进行监督检查，扣2分；5. 未建立监督检查记录或记录不全，一项不符合扣1分。
		5. 企业应制定关键装置、重点部位应急预案，至少每半年进行一次演练，确保关键装置、重点部位的操作、检修、仪表、电气等人员能够识别和及时处理各种事件及事故。	1. 制定关键装置、重点部位应急预案；2. 至少每半年进行一次演练，确保关键装置、重点部位的操作、检修、仪表、电气等人员能够识别和及时处理各种事件及事故。	查文件：1. 关键装置、重点部位应急预案；2. 应急预案演练记录。询问：1. 抽查岗位操作人员及机电仪人员对预案的掌握程度；2. 各种事件及事故处理措施。		1. 关键装置、重点部位应急预案不全，每缺一项扣2分；2. 未进行演练或无演练记录或未对预案评审，一项扣2分；3. 有关人员对预案及各种事件、事故处理措施不熟练，1人次扣1分。

续表

A级要素	B级要素	标准化要求	企业达标标准	评审方法	评审标准	
					否决项	扣分项
6 生产设施及工艺安全（100分）	6.5 关键装置及重点部位（15分）	6. 企业关键装置、重点部位为重大危险源时，还应按2.5条执行。	关键装置、重点部位为重大危险源时，还应按3.5条执行。	按照3.5条评审		按照3.5条评审
	6.6 检维修（10分）	1. 企业应严格执行检维修管理制度，实行日常检维修和定期检维修管理。	严格执行检维修管理制度，实行日常检维修和定期检维修管理。	查文件：1. 设备检维修管理制度；2. 检维修记录。现场检查：现场检查或抽查设备状况。		1. 未明确检维修时机、频次和审批程序，一项不扣1分；2. 未实行日常检维修和定期检维修管理，扣2分。
		2. 企业应制订年度综合检维修计划，落实"五定"，即定检修方案、定检修人员、定安全措施、定检修质量、定检修进度原则。	1. 制订年度综合检维修计划；2. 落实"五定"，即定检修方案、定检修人员、定安全措施、定检修质量、定检修进度原则。	查文件：年度综合检维修计划。		1. 未制订年度综合检维修计划，扣4分；2. 年度综合检维修计划未做到"五定"管理，一项扣1分。
		3. 企业在进行检维修作业时，应执行下列程序：（1）检维修前：1）进行危险、有害因素识别；2）编制检维修方案；3）办理工艺、设备设施交付检维修手续；4）对检维修人员进行安全培训教育；5）检维修前对安全控制措施进行确认；6）为检维修作业人员配备适当的劳动保护用品；7）办理各种作业许可证。（2）对检维修现场进行安全检查。（3）检维修后办理检维修交付生产手续。	在进行检维修作业时，应执行下列程序：（1）检维修前：1）进行危险、有害因素识别；2）编制检维修方案；3）办理工艺、设备设施交付检维修手续；4）对检维修人员进行安全培训教育；5）检维修前对安全控制措施进行确认；6）为检维修作业人员配备适当的劳动保护用品；7）办理各种作业许可证。（2）对检维修现场进行安全检查。（3）检维修后办理检维修交付生产手续。	查文件：1. 检维修风险分析记录；2. 检维修方案；3. 工艺、设备设施交付检维修手续；4. 检维修人员安全培训教育记录；5. 相应作业许可证及安全控制措施；6. 检维修作业现场进行安全检查的记录；7. 检维修交付生产手续等。现场检查：1. 检维修作业人员配备劳动保护用品情况；2. 检维修作业现场的安全管理。	1. 未制定检维修方案，扣10分（B级要素否决项）；2. 未办理检维修前工艺、设备设施交付检维修或检维修后检维修交付生产手续，扣10分（B级要素否决项）。	1. 未对检维修进行风险分析，一项不符合扣1分；2. 未对检维修人员进行安全培训教育，1人次扣1分；3. 检维修相应作业票证未办理或办理不符合要求，或检维修前未对安全控制措施进行确认，一项不符合扣5分；4. 检维修作业人员未按规定配备或使用劳动保护用品，1人次扣1分；5. 安全生产管理人员未对检维修现场进行安全检查，扣2分；6. 检维修现场一项不符合扣1分。

A级要素	B级要素	标准化要求	企业达标标准	评审方法	评审标准	
					否决项	扣分项
6 生产设施及工艺安全（100分）	6.7 拆除和报废（10分）	1. 企业应严格执行生产设施拆除和报废管理制度。拆除作业前，拆除作业负责人应与需拆除设施的主管部门和使用单位共同到现场进行对接，作业人员进行危险、有害因素识别，制订拆除计划或方案，办理拆除设施交接手续。	1. 拆除作业前，拆除作业负责人应与需拆除设施的主管部门和使用单位共同到现场进行作业前交底；2. 作业人员进行危险、有害因素识别；3. 制订拆除计划或方案；4. 办理拆除设施交接手续。	查文件：1. 生产设施拆除和报废管理制度；2. 设施拆除和报废审批手续；3. 拆除作业风险分析记录；4. 拆除计划或拆除方案；5. 设施拆除交接手续。现场查看：查看拆除作业现场安全管理。		1. 拆除作业前，相关单位未共同到现场进行作业前交底，1次扣5分；2. 设施拆除和报废无审批手续，1次扣1分；3. 未对拆除作业进行风险分析并制定风险控制措施，1次扣1分；4. 未制订拆除计划或方案，1次扣2分；5. 未办理设施拆除交接手续，1次扣1分；6. 拆除作业现场，一项不符合扣1分。
		2. 企业凡需拆除的容器、设备和管道，应先清洗干净，分析、验收合格后方可进行拆除作业。	1. 凡需拆除的容器、设备和管道，应先清洗干净，分析、验收合格后方可进行拆除作业；2. 拆除、清洗等现场作业应严格遵守作业许可等有关规定。	查文件：分析、验收合格证明。现场检查：拆除、清洗作业现场安全管理。		1. 未进行分析、验收或分析不合格进行拆除作业，一项扣1分；2. 拆除作业现场，一项不符合扣1分。
		3. 企业欲报废的容器、设备和管道内仍存有危险化学品的，应清洗干净，分析、验收合格后，方可报废处置。	1. 欲报废的容器、设备和管道，应清洗干净，分析、验收合格后，方可报废处置；2. 报废、清洗等现场作业应严格遵守作业许可等有关规定。	查文件：分析、验收合格证明。现场检查：拆除、报废、清洗作业现场安全管理。		未经分析、验收合格或验收不合格进行报废处置，1台扣5分。

续表

A级要素	B级要素	标准化要求	企业达标标准	评审方法	评审标准	
					否决项	扣分项
7 作业安全 (100分)	7.1 作业许可 (20分)	企业应对下列危险性作业活动实施作业许可管理，严格履行审批手续，各种作业许可证中应有危险、有害因素识别和安全生产措施内容： (1) 动火作业； (2) 进入受限空间作业； (3) 破土作业； (4) 临时用电作业； (5) 高处作业； (6) 断路作业； (7) 吊装作业； (8) 设备检修作业； (9) 抽堵盲板作业； (10) 其他危险性作业。	1. 对动火作业、进入受限空间作业、破土作业、临时用电作业、高处作业、断路作业、吊装作业、设备检修作业和抽堵盲板作业等危险性作业实施作业许可管理，严格履行审批手续。 2. 作业许可证中有危险、有害因素识别和安全生产措施内容。	查文件： 1. 危险性作业安全管理制度或操作规程； 2. 作业许可证。	未实施危险性作业许可管理，扣100分（A级要素否决项）。	1. 作业许可审批手续不符合要求，1次扣2分； 2. 作业许可证中危险有害因素与安全措施等内容不符合要求，1次扣2分。
	7.2 警示标志 (15分)	1. 企业应按照GB 16179规定，在易燃、易爆、有毒有害等危险场所的醒目位置设置符合GB 2894规定的安全标志。	装置、仓库、罐区、装卸区、危险化学品输送管道等危险场所的醒目位置设置符合GB 2894规定的安全标志。	查文件： 安全标志一览表，载明每个安全标志使用的场所。 现场检查： 装置现场、仓库、罐区、装卸区等危险场所安全标志设置情况。		1. 未建立安全标志一览表，或者没有载明安全标志使用场所，一项扣1分； 2. 未设置安全标志或安全标志使用不符合要求，一处扣1分。
		2. 企业应在重大危险源现场设置明显的安全警示标志。	重大危险源现场，设置明显的安全警示标志和告知牌。	现场检查： 重大危险源现场安全警示标志和告知牌。		警示标志和告知牌，一处不符合扣1分。
		3. 企业应按有关规定，在厂内道路设置限速、限高、禁行等标志。	按有关规定在厂内道路设置限速、限高、禁行标志。	现场检查： 厂区道路限速、限高、禁行标志。		道路限高、限速、禁行等标志不符合要求，一处扣1分。

续表

A级要素	B级要素	标准化要求	企业达标标准	评审方法	评审标准	
					否决项	扣分项
7 作业安全（100分）	7.2 警示标志（15分）	4. 企业应在检维修、施工、吊装等作业现场设置警戒区域和安全标志，在检修现场的坑、井、洼、沟、陡坡等场所设置围栏和警示灯。	1. 检维修、施工、吊装等作业现场设置相应的警戒区域和警示标志；2. 检修现场的坑、井、洼、沟、陡坡等场所设置围栏和警示灯。	现场检查：检维修、施工、吊装等作业现场管理情况。		一项不符合扣1分。
		5. 企业应在可能产生严重职业危害作业岗位的醒目位置，按照GBZ158设置职业危害警示标识，同时设置告知牌，告知产生职业危害的种类、后果、预防及应急救治措施、作业场所职业危害因素检测结果等。	1. 在装置现场、仓库、罐区、装卸区等区域可能产生严重职业危害的岗位醒目位置设置警示标志；2. 在产生职业危害的岗位醒目位置设置告知牌，告知职业危害因素检测结果、时间和周期及标准规定值。	查文件：1. 警示标志和告知牌管理台账；2. 职业危害因素检测记录。现场检查：职业危害岗位警示标志和告知牌。		1. 未设置警示标志和告知牌，或设置不符合要求，一处扣2分。2. 未在现场告知职业危害因素检测结果、时间和周期或标准规定值，一处扣1分。
		6. 企业应按有关规定，在生产区域设置风向标。	按有关规定，在生产区域设置风向标。	现场检查：风向标设置的位置是否合理。		未设置风向标，扣3分；设置不符合要求，一处扣1分。
	7.3 作业环节（40分）	1. 企业应在危险性作业活动作业前进行危险、有害因素识别，制定控制措施。在作业现场配备相应的安全防护用品（具）及消防设施与器材，规范现场人员作业行为。	危险作业现场配备相应安全防护用品（具）及消防设施与器材。	现场检查：相应安全防护用品（具）及消防设施与器材配备情况。		作业现场安全防护用品（具）及消防设施与器材配备不符合要求，一处扣1分。
		2. 企业作业活动的负责人应严格按照规定要求科学指挥；作业人员应严格执行操作规程，不违章作业，不违反劳动纪律。	1. 作业活动负责人应严格按照规定要求科学组织作业活动，不得违章指挥；2. 作业人员应严格执行操作规程和作业许可要求，不违章作业，不违反劳动纪律。	现场检查：违章指挥、违章作业和违反劳动纪律（"三违"）现象。		存在"三违"现象，1人次扣5分。

A级要素	B级要素	标准化要求	企业达标标准	评审方法	评审标准	
					否决项	扣分项
7 作业安全（100分）	7.3 作业环节（40分）	3.企业作业人员在进行6.1中规定的作业活动时，应持相应的作业许可证作业。	进行危险性作业时，作业人员应持经过审批许可的相应作业许可证。	现场检查：作业人员持作业许可证作业情况。	未持相应作业许可证进行危险性作业，扣40分（B级要素否决项）。	
		4.企业作业活动监护人员应具备基本救护技能和作业现场的应急处理能力，持相应作业许可证进行监护作业，作业过程中不得离开监护岗位。	1.作业活动监护人员应具备基本救护技能和作业现场的应急处理能力；2.作业活动监护人员持相应作业许可证进行现场监护，不得离开监护岗位。	查文件：作业许可证。询问：监护人员救护技能和应急处理能力。现场检查：监护人员是否持相应许可证监护。		1.作业许可证未明确监护人员，扣2分；2.监护人员不具备相应的救护技能及应急处理能力，1人扣1分；3.监护人员未持有相应作业许可证监护，1人次扣1分；4.监护人员擅离监护岗位，1人次扣2分。
		5.企业应保持作业环境整洁。	保持作业环境整洁，消除安全隐患。	现场检查：作业环境。		作业环境或工器具、材料等摆放不符合要求，一处扣1分。
		6.企业同一作业区域内有两个以上承包商进行生产经营活动，可能危及对方生产安全时，应组织并监督承包商之间签订安全生产协议，明确各自的安全生产管理职责和应当采取的安全措施，并指定专职安全生产管理人员进行安全检查与协调。	1.同一作业区域内有两个以上承包商进行生产经营活动，可能危及对方生产安全时，应组织承包商之间签订安全生产协议，明确各自的安全生产管理职责和应当采取的安全措施；2.指定专职安全生产管理人员进行安全检查和协调并记录。	查文件：1.承包商之间的安全生产协议；2.检查记录。现场检查：承包商作业现场管理。		1.未签订安全生产协议书的，一项扣2分；安全生产协议书内容不符合要求，一项扣1分；2.未进行现场安全检查和协调的，1次扣1分。

A级要素	B级要素	标准化要求	企业达标标准	评审方法	评审标准	
					否决项	扣分项
7 作业安全（100分）	7.3 作业环节（40分）	7. 企业应办理机动车辆进入生产装置区、罐区现场相关手续，机动车辆应佩带标准阻火器、按指定线路行驶。	机动车辆进入生产装置区、罐区现场应按规定办理相关手续，佩带符合标准要求的阻火器，按指定路线、规定速度行驶。	查文件：1. 有关机动车辆进入生产装置区、罐区现场的管理规定；2. 机动车辆进入生产装置区、罐区手续。现场检查：机动车辆进入生产装置区、罐区的安全管理。		1. 机动车辆未办理手续进入生产装置区、罐区，1台扣2分；2. 未佩带阻火器，或未按指定路线、规定速度行驶的，一项扣1分。
			二级企业动火作业、进入受限空间作业及吊装作业管理制度、作业票证及作业现场评审不失分。	查文件：动火作业、进入受限空间作业及吊装作业管理制度、作业许可证。现场检查：检查动火作业、进入受限空间作业及吊装作业现场。	若失分，扣100分（A级要素否决项）。	
	7.4 承包商（25分）	企业应严格执行承包商管理制度，对承包商资格预审、选择、开工前准备、作业过程监督、表现评价、续用等过程进行管理，建立合格承包商名录和档案。企业应与选用的承包商签订安全协议书。	1. 建立合格承包商名录、档案（包括承包商资质资料、表现评价、合同等资料）；2. 对承包商进行资格预审；3. 选择、使用合格的承包商；4. 与选用的承包商签订安全协议；5. 对作业过程进行监督检查。	查文件：1. 承包商管理制度；2. 承包商管理档案、监督检查记录；3. 安全协议书。现场检查：作业现场管理。		1. 未建立合格承包商档案，一项扣2分；2. 未与承包商签订安全协议，扣3分；3. 未对承包商进行规范管理，一项不符合扣1分；4. 未进行现场安全检查，一次扣1分。
			要向承包商进行作业现场安全交底，对承包商的安全作业规程、施工方案和应急预案进行审查。	查文件：现场安全交底、施工方案和应急预案等资料。现场检查：现场抽查承包商施工人员的安全教育情况。		作业现场未进行安全交底，施工方案和应急预案未进行审查，一项不符合扣2分。

A级要素	B级要素	标准化要求	企业达标标准	评审方法	评审标准	
					否决项	扣分项
8 职业健康 （100 分）	8.1 职业危害项目申报 （25分）	企业如存在法定职业病目录所列的职业危害因素，应按照国家有关规定，及时、如实向当地安全生产监督管理部门申报，接受其监督。	1. 识别职业危害因素； 2. 及时、如实向当地安全生产监督管理部门申报法定职业病目录所列的职业危害因素，接受其监督。	查文件： 1. 职业病危害因素识别记录； 2. 职业病危害因素申报表及批复资料。 现场检查： 现场存在的职业危害因素与申报内容符合情况。	1. 未识别职业危害因素，扣25分（B级要素否决项）； 2. 未申报职业危害因素，扣25分（B级要素否决项）。	1. 申报职业病危害因素，每漏一种，扣2分； 2. 申报内容，一项不符合扣1分。
	8.2 作业场所职业危害管理 （50 分）	1. 企业应制订职业危害防治计划和实施方案，建立、健全职业卫生档案和从业人员健康监护档案。	1. 制订职业危害防治计划和实施方案； 2. 建立、健全职业卫生档案，包括职业危害防护设施台账、职业危害监测结果、健康监护报告等； 3. 建立从业人员健康监护档案。	查文件： 1. 职业危害防治计划和实施方案； 2. 职业卫生档案； 3. 从业人员健康监护档案。		1. 未制订职业危害防治计划和实施方案，一项扣5分；内容一项不符合，扣2分； 2. 未建立职业卫生档案，扣5分；档案内容不符合要求，一项扣1分； 3. 未建立从业人员健康监护档案扣10分；每缺一人扣1分。
		2. 企业作业场所应符合GBZ 1、GBZ 2。	企业作业场所职业危害因素应符合GBZ 1、GBZ 2.1、GBZ 2.2规定。	查文件： 职业卫生档案。 现场检查： 作业现场职业危害管理情况。		作业场所职业危害因素不符合规定，一处扣5分。

续表

A级要素	B级要素	标准化要求	企业达标标准	评审方法	评审标准	
					否决项	扣分项
8 职业健康（100分）	8.2 作业场所职业危害管理（50分）	3.企业应确保使用有毒物品作业场所与生活区分开，作业场所不得住人，应将有害作业与无害作业分开，高毒作业场所与其他作业场所隔离。	1.使用有毒物品作业场所与生活区分开，作业场所不得住人；2.将有害作业与无害作业分开；3.将高毒作业场所与其他作业场所隔离。	现场检查：1.作业场所区域划分情况；2.作业场所有无住人；3.高毒作业场所与其他作业场所的隔离是否符合要求。	作业场所设生活设施并住人，扣50分（B级要素否决项）。	1.使用和产生有毒物品的作业场所与生活区的距离不符合卫生防护距离标准规定的，一处扣5分；2.有害作业未与无害作业分开，一处扣5分；3.未将高毒作业场所与其他作业场所隔离，一处扣10分。
		4.企业应在可能发生急性职业损伤的有毒有害作业场所按规定设置报警设施、冲洗设施、防护急救器具专柜，设置应急撤离通道和必要的泄险区，定期检查，并记录。	在可能发生急性职业损伤的有毒有害作业场所按规定设置报警设施、冲洗设施、防护急救器具专柜，设置应急撤离通道和必要的泄险区，定期检查并记录。	查文件：检查记录。现场检查：报警设施、冲洗设施、防护急救器具专柜、应急撤离通道、泄险区的设置及完整性。		1.现场未按规定设置有关设施，一项扣2分；2.应急撤离通道和泄险区，一处不符合扣2分；3.现场有关设施完整性，一项不符合扣2分；4.未定期进行检查、记录，一项扣1分。
		5.企业应严格执行生产作业场所职业危害因素检测管理制度，定期对作业场所进行检测，在检测点设置告知牌，告知检测结果，并将结果存入职业卫生档案。	1.定期对作业场所职业危害因素进行检测；2.在检测点设置告知牌，告知检测结果；3.将检测结果存入职业卫生档案；4.工作场所职业危害因素的检测结果不符合标准规定，要进行整改。	查文件：1.职业危害监测制度；2.职业危害监测报告及职业卫生档案、整改计划。询问：抽查从业人员对检测结果了解情况。现场检查：检测点设置及告知牌。		1.检测点设置不符合要求，一处扣2分；2.检测点未设置职业危害因素告知牌，一处扣1分；告知内容不符合要求，一项扣1分；3.未定期检测，缺一次扣2分，缺一点扣2分；4.从业人员不清楚岗位职业危害情况，1人次扣1分；5.未将检测结果存入职业卫生档案扣2分；6.作业场所职业危害因素检测结果不符合标准规定，未进行整改，一处扣2分。

A级要素	B级要素	标准化要求	企业达标标准	评审方法	评审标准	
					否决项	扣分项
8 职业健康（100分）	8.2 作业场所职业危害管理（50分）	6. 企业不得安排上岗前未经职业健康检查的从业人员从事接触职业病危害的作业；不得安排有职业禁忌的从业人员从事禁忌作业。	1. 不得安排上岗前未经职业健康检查的从业人员从事接触职业病危害的作业； 2. 按规定对从事接触职业病危害作业的人员进行在岗期间、离岗时职业健康检查； 3. 不得安排有职业禁忌的人员从事禁忌作业。	查文件： 健康查体报告。 询问： 抽查从事接触职业危害及禁忌作业的有关人员健康检查情况及是否有职业禁忌人员。		1. 未对从事接触职业病危害作业的人员进行上岗前、在岗期间及离岗时职业健康检查，1人次扣2分； 2. 安排有职业禁忌人员从事禁忌作业，1人次扣5分。
			二级企业已建立完善的作业场所职业危害控制管理制度与检测制度并有效实施，作业场所职业危害得到有效控制。	查文件： 作业场所职业危害控制管理制度与检测制度、台账。 现场检查： 作业场所职业危害管理情况。	未建立完善的作业场所职业危害控制管理制度与检测制度，或未有效实施，或作业场所职业危害未得到有效控制，扣100分（A级要素否决项）。	
	8.3 劳动防护用品（25分）	1. 企业应根据接触危害的种类、强度，为从业人员提供符合国家标准或行业标准的个体防护用品和器具，并监督、教育从业人员正确佩戴、使用。	1. 为从业人员提供符合国家标准或行业标准的个体防护用品和器具； 2. 监督、教育从业人员正确佩戴、使用个体防护用品和器具。	查文件： 个体防护用品台账。 现场检查： 1. 从业人员配备和使用的个体防护用品是否符合规定； 2. 从业人员是否能够正确佩戴、使用个体防护用品和器具。		1. 未按规定为从业人员配备个体防护用品和器具，一项不符合扣2分； 2. 从业人员在生产现场未佩戴、使用个体防护用品，1人次扣2分；佩戴、使用个体防护用品或器具不符合规定要求，1人次扣1分。

A级要素	B级要素	标准化要求	企业达标标准	评审方法	评审标准	
					否决项	扣分项
8 职业健康（100分）	8.3 劳动防护用品（25分）	2. 企业各种防护器具都应定点存放在安全、方便的地方，并有专人负责保管，定期校验和维护，每次校验后应记录、铅封。	1. 各种防护器具都应设置专柜，并定点存放在安全、方便的地方；2. 专人负责保管防护器具专柜；3. 定期校验和维护防护器具；4. 防护器具校验后的记录、铅封。	现场检查：1. 防护器具配备是否正确、齐全；2. 防护器具专柜存放地点是否安全、方便；3. 防护器具定期校验、维护，并记录和铅封。		1. 未设置防护器具专柜或不符合要求，一处扣2分；2. 防护器具专柜存放地点不符合要求，一处扣2分；3. 无专人管理防护器具专柜，一处扣1分；4. 防护器具未定期校验和维护，一项扣1分；校验和维护记录、铅封不符合要求，一项扣1分。
		3. 企业应建立职业卫生防护设施及个体防护用品管理台账，加强对劳动防护用品使用情况的检查监督，凡不按规定使用劳动防护用品者不得上岗作业。	1. 建立职业卫生防护设施及个体防护用品管理台账；2. 加强对劳动防护用品使用情况的检查监督，凡不按规定使用劳动防护用品者不得上岗作业。	查文件：1. 职业卫生防护设施台账；2. 个体防护用品台账。现场检查：作业人员是否按规定使用个体防护用品。		1. 未建立职业卫生防护设施管理台账，扣5分；2. 未建立个体防护用品管理台账，扣5分；3. 台账内容不符合要求，一项扣1；4. 未按规定使用个体防护用品上岗作业，1人次扣2分。
9 危险化学品管理（100分）	9.1 危险化学品档案（10分）	企业应对所有危险化学品，包括产品、原料和中间产品进行普查，建立危险化学品档案。	1. 对所有危险化学品进行普查；2. 建立危险化学品档案，内容包括：名称及存放、生产、使用地点；数量、危险性分类、危规号、包装类别、登记号、危险化学品安全技术说明书和安全标签（以下简称"一书一签"）等。	查文件：1. 化学品普查表；2. 危险化学品档案。现场检查：危险化学品储存情况。	未进行危险化学品普查，扣10分（B级要素否决项）。	1. 每漏查1种扣1分；2. 未建立危险化学品档案扣5分；档案内容，一项不符合扣1分。

续表

A级要素	B级要素	标准化要求	企业达标标准	评审方法	评审标准	
					否决项	扣分项
9 危险化学品管理（100分）	9.2 化学品分类（10分）	企业应按照国家有关规定对其产品、所有中间产品进行分类，并将分类结果汇入危险化学品档案。	1. 对产品、所有中间产品进行危险性鉴别与分类，并将分类结果汇入危险化学品档案；2. 化验室使用化学试剂应分类并建立清单。	查文件：1. 化学品普查表；2. 化学品鉴别分类报告；3. 化验室化学试剂分类清单。		1. 未按照国家规定进行分类，扣5分；每漏1种扣2分；2. 化验室无化学试剂分类清单，扣2分。
	9.3 化学品安全技术说明书和安全标签（10分）	1. 生产企业的产品属危险化学品时，应按 GB 16483 和 GB 15258 编制产品安全技术说明书和安全标签，并提供给用户。	1. 生产企业要给本企业生产的危险化学品编制符合国家标准要求的"一书一签"；2. 生产企业生产的危险化学品发现新的危险特性时，要及时更新"一书一签"，并公告；3. 主动向本企业生产的危险化学品购买者或用户提供"一书一签"。	查文件："一书一签"。现场检查：化学品包装上是否有中文化学品安全标签。	生产的危险化学品未编制"一书一签"，扣10分（B级要素否决项）。	1. 缺少一种产品"一书一签"，扣2分；2. 编写的"一书一签"不符合标准要求，一项扣1分；未按规定及时更新扣2分；3. 未向购买者或用户提供"一书一签"，扣2分。
		2. 采购危险化学品时，应索取安全技术说明书和安全标签，不得采购无安全技术说明书和安全标签的危险化学品。	采购危险化学品时，应主动向销售单位索取"一书一签"。	查文件：1. 采购的危险化学品名录；2. 采购的危险化学品中文"一书一签"。		采购的危险化学品无"一书一签"，1种物质扣2分。
	9.4 化学事故应急咨询服务电话（10分）	生产企业应设立24小时应急咨询服务固定电话，有专业人员值班并负责相关应急咨询。没有条件设立应急咨询服务电话的，应委托危险化学品专业应急机构作为应急咨询服务代理。	生产企业设立应急咨询服务固定电话或委托危险化学品专业应急机构，为用户提供24小时应急咨询服务。	查文件："一书一签"上是否有应急咨询服务电话。询问：应急咨询服务电话设立情况及应急咨询服务情况。现场检查：现场测试应急咨询服务电话及咨询服务情况。	未设立应急电话，也未委托应急机构代理，扣10分（B级要素否决项）。	1. 设立的应急电话不能满足要求，一项扣1分；2. 安全标签上的应急咨询电话与设立的化学事故应急咨询电话不一致的，扣1分；3. 已委托应急代理，但职责不清或代理机构未尽职责的，一项不符合扣2分。

A级要素	B级要素	标准化要求	企业达标标准	评审方法	评审标准	
					否决项	扣分项
	9.5 危险化学品登记（20分）	企业应按照有关规定对危险化学品进行登记。	按照有关规定对危险化学品进行登记。	查文件：危险化学品登记证及资料。	没有进行危险化学品登记或登记证载明的日期超过有效期扣20分（B级要素否决项）。	未按照规定范围登记，每漏1种扣2分；发现新的危险特性未及时变更登记内容扣1分。
9 危险化学品管理（100分）	9.6 危害告知（15分）	企业应以适当、有效的方式对从业人员及相关方进行宣传，使其了解生产过程中危险化学品的危险特性、活性危害、禁配物等，以及采取的预防及应急处理措施。	对从业人员及相关方进行宣传、培训，使其了解本企业、本岗位涉及危险化学品的危险特性、活性危害、禁配物等，以及采取的预防及应急处理措施。	查文件：劳动合同及宣传、培训教育记录。现场检查：公告栏、告知牌等。		劳动合同、宣传、培训、公告栏、现场告知牌等，一项不符合扣1分。
	9.7 储存和运输（25分）	1. 企业应严格执行危险化学品储存、出入库安全管理制度。危险化学品应储存在专用仓库、专用场地或者专用储存室（以下统称专用仓库）内，并按照相关技术标准规定的储存方法、储存数量和安全距离，实行隔离、隔开、分离储存，禁止将危险化学品与禁忌物品混合储存；危险化学品专用仓库应当符合相关技术标准对安全、消防的要求，设置明显标志，并由专人管理；危险化学品出入库应当进行核查登记，并定期检查。	1. 危险化学品应储存在专用仓库内，并按照相关技术标准规定的储存方法、储存数量和安全距离，实行隔离、隔开、分离储存，禁止将危险化学品与禁忌物品混合储存；2. 危险化学品专用仓库符合安全、消防要求，设置明显安全标志、通信和报警装置，并由专人管理；3. 危险化学品出入库应当进行核查登记，并定期检查；4. 选用合适的液位测量仪表，实现储罐物料液位动态监控；5. 危险化学品输送管道应定期巡线。	查文件：1. 危险化学品安全管理制度；2. 危险化学品出入库记录；3. 检查记录；4. 巡线记录。现场检查：1. 危险化学品专用仓库安全设施和安全管理情况；2. 液位动态监控系统；3. 危险化学品输送管道安全设施。		1. 危险化学品储存不符合规定要求，一处扣2分；2. 未建立危险化学品出入库记录，扣2分；3. 无动态液位监控系统扣2分；4. 未建立危险化学品输送管道巡线记录，扣2分；5. 危险化学品专用仓库安全、消防设施配置不符合要求，一处扣2分；6. 未定期进行安全检查，扣2分；7. 未设置通信和报警装置，或不符合要求，一处扣2分。

续表

A级要素	B级要素	标准化要求	企业达标标准	评审方法	评审标准	
					否决项	扣分项
9 危险化学品管理(100分)	9.7 储存和运输(25分)	2. 企业的剧毒化学品必须在专用仓库单独存放,实行双人收发、双人保管制度。企业应将储存剧毒化学品的数量、地点以及管理人员的情况,报当地公安部门和安全生产监督管理部门备案。	1. 剧毒化学品及储存数量构成重大危险源的其他危险化学品必须在专用仓库单独存放,实行双人收发、双人保管制度; 2. 将储存剧毒化学品的数量、地点以及管理人员的情况,报当地公安部门和安全生产监督管理部门备案。	查文件: 1. 剧毒化学品安全管理制度; 2. 剧毒化学品收发台账; 3. 剧毒化学品备案资料。 询问: 有关人员对剧毒化学品管理的要求。 现场检查: 剧毒化学品仓库安全管理情况。	剧毒化学品未实行双人收发、双人保管,扣25分(B级要素否决项)。	1. 剧毒化学品存放不符合要求,一处扣2分; 2. 未按要求备案,扣2分; 3. 有关人员不清楚剧毒化学品管理的要求,1人次扣1分; 4. 剧毒化学品仓库安全管理,一项不符合扣2分。
		3. 企业应严格执行危险化学品运输、装卸安全管理制度,规范运输、装卸人员行为。	1. 严格执行危险化学品运输、装卸安全管理制度,进行安全检查,对运输、装卸人员行为进行规范管理; 2. 危险化学品运输专用车辆安装具有行驶记录功能的卫星定位装置; 3. 企业要对危险化学品运输车辆GPS的安装、使用情况进行检查并记录; 4. 采用金属万向管道充装系统充装液氯、液氨、液化石油气、液化天然气等液化危险化学品;	查文件: 1. 危险化学品运输、装卸安全管理制度; 2. 装车前后安全检查记录。 询问: 有关人员对危险化学品运输、装卸的安全管理要求。 现场检查: 1. 危险化学品运输专用车辆是否配备卫星定位装置; 2. 充装设施。		1. 装车前后未进行安全检查,无记录,扣2分;检查内容不符合要求,一项扣1分; 2. 有关人员不清楚危险化学品运输、装卸安全管理要求,1人扣1分; 3. 使用无卫星定位装置危险化学品运输车辆,扣2分; 4. 充装设施不符合要求,一项不符合扣1分。
			5. 生产储存危险化学品企业转产、停产、停业或解散时,应当采取有效措施,及时妥善处置危险化学品装置、储存设施以及库存的危险化学品,不得丢弃;处置方案报县级政府有关部门备案。	查文件: 危险化学品装置、储存设施以及库存的危险化学品处置文件;备案文件。 现场检查: 废弃设施。		1. 危险化学品装置、储存设施以及库存的危险化学品未按规定处置扣3分; 2. 未备案扣1分。

A级要素	B级要素	标准化要求	企业达标标准	评审方法	评审标准	
					否决项	扣分项
10 事故与应急 (100分)	10.1 应急指挥与救援系统 (10分)	1. 企业应建立应急指挥系统,实行分级管理,即厂级、车间级管理。	建立厂级和车间级应急指挥系统。	**查文件:** 应急救援预案。 **询问:** 有关人员是否了解应急指挥系统。		1. 未建立应急指挥系统,扣5分; 2. 未实行厂级、车间级分级管理,扣2分; 3. 有关人员不清楚应急指挥系统,1人次扣1分。
		2. 企业应建立应急救援队伍。	建立应急救援队伍。	**查文件:** 应急救援预案。 **询问:** 有关人员是否了解应急救援队伍组成。		1. 未建立应急救援队伍,扣2分; 2. 有关人员不清楚应急救援队伍组成,1人次扣2分。
		3. 企业应明确各级应急指挥系统和救援队的职责。	明确各级指挥系统和救援队伍职责。	**查文件:** 应急救援预案。 **询问:** 应急救援指挥人员和救援人员是否了解各自的职责。		1. 未明确各级应急指挥系统和救援队伍职责,一项不符合扣2分; 2. 有关人员不了解其应急职责,1人次扣1分。
	10.2 应急救援设施 (15分)	1. 企业应按国家有关规定,配备足够的应急救援器材,并保持完好。	1. 针对可能发生的事故类型,按照规定配备足够的应急救援器材、消防设施及器材; 2. 建立应急救援器材、消防设施及器材台账; 3. 应急救援器材、消防设施及器材保持完好,方便易取; 4. 疏散通道、安全出口、消防通道符合规定,保持畅通。	**查文件:** 1. 应急救援预案; 2. 应急救援器材台账; 3. 消防设施、器材台账; 4. 应急救援器材、消防设施及器材检查维护记录。 **现场检查:** 1. 应急救援器材、消防设施及器材数量及完整性; 2. 疏散通道、安全出口、消防通道符合性。		1. 未配备足够的应急救援器材,消防设施及器材一项不符合扣1分; 2. 未建立应急救援器材台账,扣1分; 3. 未建立消防设施、器材台账,扣1分; 4. 救援器材、消防设施及器材未定期检查维护,一项不符合扣1分; 5. 应急救援器材、消防设施及器材完整性不符合要求,一项扣2分; 6. 疏散通道、安全出口、消防通道不符合要求,一处扣2分。

续表

A级要素	B级要素	标准化要求	企业达标标准	评审方法	评审标准	
					否决项	扣分项
10 **事故** **与** **应急** **(100分)**	**10.2** **应急救援** **设施 (15分)**	2. 企业应建立应急通信网络，保证应急通信网络的畅通。	1. 设置固定报警电话； 2. 明确应急救援指挥和救援人员电话； 3. 明确外部救援单位联络电话； 4. 报警电话24小时畅通。	**查文件：** 应急救援预案。 **询问：** 作业人员是否清楚内部、外部报警电话。 **现场查验：** 1. 企业是否设置了报警电话； 2. 报警电话是否置于各岗位显著位置； 3. 报警电话是否畅通。		1. 未建立应急通信网络，扣2分；企业未设置固定报警电话，扣2分； 2. 作业人员不了解内外部报警电话，1人次扣2分； 3. 报警电话不能保证畅通，扣1分。
		3. 企业应为有毒有害岗位配备救援器材柜，放置必要的防护救护器材，进行经常性的维护保养并记录，保证其处于完好状态。	1. 有毒有害岗位配备救援器材专柜，放置必要的防护救护器材； 2. 防护救护器材应处于完好状态； 3. 建立防护救护器材管理台账和维护保养记录。	**查文件：** 1. 防护救护器材管理台账； 2. 防护救护器材检查维护记录。 **询问：** 作业人员是否熟悉防护救护器材的使用。 **现场检查：** 1. 有毒有害岗位是否设置了救援器材专柜； 2. 防护救护器材是否完好。		1. 未在有毒有害岗位配备救援器材柜，放置必要的防护救护器材，一项扣1分； 2. 未建立防护救护器材台账，扣1分； 3. 未定期检查维护防护救护器材，一次扣1分； 4. 作业人员不熟悉防护救护器材使用，1人次扣1分。
	10.3 **应急救援** **预案与演练（25分）**	1. 企业宜按照AQ/T 9002，根据风险评价的结果，针对潜在事件和突发事故，制定相应的事故应急救援预案。	1. 事故应急救援预案编制符合标准要求； 2. 根据风险评价结果，编制专项和现场处置预案。	**查文件：** 应急救援预案。	未编制事故应急救援预案，扣25分（B级要素否决项）。	1. 应急救援预案不全，缺少一个扣2分； 2. 应急救援预案内容不符合标准要求，一项扣1分。

续表

A级要素	B级要素	标准化要求	企业达标标准	评审方法	评审标准	
					否决项	扣分项
10 事故与应急 (100分)	10.3 应急救援预案与演练 (25分)	2. 企业应组织从业人员进行应急救援预案的培训,定期演练,评价演练效果,评价应急救援预案的充分性和有效性,并形成记录。	1. 组织应急救援预案培训; 2. 综合应急救援预案每年至少组织一次演练,现场处置方案每半年至少组织一次演练; 3. 演练后及时进行演练效果评价,并对应急预案评审。	查文件: 1. 应急救援预案培训记录; 2. 应急救援预案演练记录; 3. 应急救援预案演练评价报告。 询问: 有关人员是否熟悉应急救援预案内容及参加演练情况。		1. 未对从业人员进行应急救援预案培训,1人次扣1分; 2. 未定期进行应急救援预案演练,扣2分; 3. 未对预案演练进行效果评价,扣1分; 4. 演练后未对预案评审,扣2分。
		3. 企业应定期评审应急救援预案,尤其在潜在事件和突发事故发生后。	1. 定期评审应急救援预案,至少每三年评审修订一次; 2. 潜在事件和突发事故发生后,及时评审修订预案。	查文件: 1. 应急救援预案评审修订规定; 2. 应急救援预案评审记录。		1. 未明确预案评审修订的时机和频次,扣2分; 2. 未定期或及时评审修订应急救援预案,扣2分。
		4. 企业应将应急救援预案报当地安全生产监督管理部门和有关部门备案,并通报当地应急协作单位,建立应急联动机制。	1. 将应急救援预案报所在地设区的市级人民政府安全生产监督管理部门备案; 2. 通报当地应急协作单位。	查文件: 1. 应急救援预案备案回执; 2. 应急协作单位收到预案的回执。		1. 未及时备案,扣2分; 2. 未通报当地应急协作单位,扣2分。
	10.4 抢险与救护 (20分)	1. 企业发生生产安全事故后,应迅速启动应急救援预案,企业负责人直接指挥,积极组织抢救,妥善处理,以防止事故的蔓延扩大,减少人员伤亡和财产损失。安全、技术、设备、动力、生产、消防、保卫等部门应协助做好现场抢救和警戒工作,保护事故现场。	1. 发生生产安全事故后,迅速启动应急救援预案; 2. 企业负责人直接指挥抢救,妥善处理,减少人员伤亡和财产损失; 3. 相关部门协助现场抢救和警戒工作,保护事故现场。	查文件: 1. 应急预案; 2. 事故台账和调查报告; 3. 事故或事件后,对预案评审的报告。 询问: 企业负责人、各职能部门负责人是否了解事故时各自的职责。		1. 未明确企业有关人员职责,一项扣1分; 2. 相关人员不了解应急职责,1人次扣1分。

续表

A级要素	B级要素	标准化要求	企业达标标准	评审方法	评审标准	
					否决项	扣分项
10 事故与应急(100分)	10.4 抢险与救护（20分）	2. 企业发生有害物大量外泄事故或火灾爆炸事故应设警戒线。	发生有害物大量泄漏事故或火灾爆炸事故时，及时设置警戒线。	查文件：事故调查报告。询问：相关人员是否了解有发生害物大量外泄事故或火灾爆炸事故时应采取的措施。		相关人员不了解应设警戒线的措施，1人次扣1分。
		3. 企业抢救人员应佩戴好相应的防护器具，对伤亡人员及时进行抢救处理。	1. 抢救人员应熟练使用相关防护器具；2. 抢救人员应掌握必要的急救知识，并经过急救技能培训。	查文件：事故调查报告。询问：事故抢救人员是否了解事故现场防护器具的配备、使用规定及抢救知识。		1. 抢救人员不会使用防护器具，1人扣2分；2. 抢救人员不了解抢救知识，1人次扣2分。
	10.5 事故报告（15分）	1. 企业应明确事故报告程序。发生生产安全事故后，事故现场有关人员除立即采取应急措施外，应按规定和程序报告本单位负责人及有关部门。情况紧急时，事故现场有关人员可以直接向事故发生地县级以上人民政府安全生产监督管理部门和负有安全生产监督管理职责的有关部门报告。	1. 明确事故报告程序和事故报告的责任部门、责任人；2. 发生事故，现场人员立即采取应急措施；3. 发生事故后按程序报告；4. 情况紧急时，事故现场人员可以直接向有关部门报告。	查文件：1. 事故管理制度；2. 事故调查报告。询问：1. 从业人员是否了解事故报告程序；2. 从业人员是否了解应急措施。		1. 未明确事故报告程序、责任部门、责任人，一项不符合扣3分；2. 从业人员不了解事故报告程序或事故现场应采取的措施，1人次扣2分。
		2. 企业负责人接到事故报告后，应当于1小时内向事故发生地县级以上人民政府安全生产监督管理部门和负有安全生产监督管理职责的有关部门报告。	企业负责人接到事故报告后，应当于1小时内向有关部门报告。	查文件：事故台账和调查报告。询问：企业负责人是否了解事故报告职责和时限。	存在事故瞒报、谎报、拖延不报现象的，扣100分（A级要素否决项）。	企业负责人不了解事故报告的职责和时限，扣5分。

续表

A级要素	B级要素	标准化要求	企业达标标准	评审方法	评审标准	
					否决项	扣分项
10 事故与应急 (100分)	10.5 事故报告 (15分)	3. 企业在事故报告后出现新情况时，应按有关规定及时补报。	事故报告后出现新情况时及时补报。	查文件：事故台账和调查报告。询问：企业负责人是否了解事故报告补报的要求和内容。		1. 企业负责人不了解有关事故补报要求，扣5分；2. 事故报告后出现新情况时，未按规定及时补报，扣5分。
	10.6 事故调查 (15分)	1. 企业发生生产安全事故后，应积极配合各级人民政府组织的事故调查，负责人和有关人员在事故调查期间不得擅离职守，应当随时接受事故调查组的询问，如实提供有关情况。	1. 发生事故，积极配合政府组织的事故调查；2. 负责人和有关人员在事故调查期间不得擅离职守，应当随时接受事故调查组的调查，如实提供有关情况。	查文件：事故调查报告。询问：有关人员如何配合事故调查。		1. 发生事故时，未积极配合政府组织的事故调查，扣2分；2. 事故调查期间，负责人和有关人员擅离职守，1人次扣4分；3. 有关人员不清楚如何配合，1人次扣2分。
		2. 未造成人员伤亡的一般事故，县级人民政府委托企业负责组织调查的，企业应按规定成立调查组组织调查，按时提交事故调查报告。	1. 按规定成立事故调查组，必要时请外部专家参加事故调查组；2. 认真组织一般事故调查，按时提交事故调查报告。	查文件：1. 事故管理规定；2. 事故调查报告。询问：相关人员是否了解事故调查组要求、职责、一般事故调查程序。		1. 未按规定成立事故调查组，一项扣2分；2. 未按"四不放过"原则进行事故调查、处理，一项扣2分；3. 未及时提交事故调查报告，扣2分；4. 相关人员不清楚调查要求，1人次扣1分。
		3. 企业应落实事故整改和预防措施，防止事故再次发生。整改和预防措施应包括：（1）工程技术措施；（2）培训教育措施；（3）管理措施。	1. 制定并落实事故整改和预防措施；2. 事故整改和预防措施要具体，有针对性和可操作性；3. 检查事故整改情况和预防措施落实情况。	查文件：事故调查报告。现场检查：有关事故整改和预防措施的落实情况。		1. 未制定或未落实事故整改和预防措施，一项扣2分；2. 事故整改、预防措施不具体，缺乏针对性和可操作性，一项扣1分。

A级要素	B级要素	标准化要求	企业达标标准	评审方法	评审标准	
					否决项	扣分项
10 事故与应急（100分）	10.6 事故调查（15分）	4. 企业应建立事故档案和事故管理台账。	1. 建立事故管理台账，包括未遂事故； 2. 建立事故档案。	查文件： 1. 事故管理台账； 2. 事故档案； 询问： 了解企业发生的事故与台账、档案是否相符。		1. 未建立事故管理台账，扣5分；内容不符合要求，一项扣1分； 2. 未建立事故管理档案，扣5分；内容不符合要求，扣1分； 3. 发生的事故与台账、档案不相符，一项扣2分。
			对涉险事故、未遂事故等安全事件（如事故征兆、非计划停工、异常工况、泄漏等），按照重大、较大、一般等级别，进行分级管理，制定整改措施。	查文件： 1. 事故管理制度； 2. 事故管理台账； 3. 已发生事件的调查处理报告。		1. 没有建立事件台账（扣分在台账及制度部分）。 2. 对事件没有进行调查，一项扣5分。
			二级企业已把承包商事故纳入本企业事故管理。	查文件： 1. 事故管理台账； 2. 已发生事件的调查处理报告。	未将承包商事故纳入本企业事故管理，扣100分（A级要素否决项）。	
11 检查与自评（100分）	11.1 安全检查（25分）	1. 企业应严格执行安全检查管理制度，定期或不定期进行安全检查，保证安全标准化有效实施。	明确各种安全检查的内容、频次和要求，开展安全检查。	查文件： 安全检查管理制度。		未明确各种安全检查的内容、频次和要求，缺少一项扣1分。

续表

A级要素	B级要素	标准化要求	企业达标标准	评审方法	评审标准	
					否决项	扣分项
11 检查与自评（100分）	11.1 安全检查（25分）	2. 企业安全检查应有明确的目的、要求、内容和计划。各种安全检查均应编制安全检查表，安全检查表应包括检查项目、检查内容、检查标准或依据、检查结果等内容。	1. 制订安全检查计划，明确各种检查的目的、要求、内容和负责人； 2. 编制综合、专项、节假日、季节和日常安全检查表； 3. 各种安全检查表内容全面。	查文件： 1. 安全检查计划； 2. 各种安全检查表； 3. 安全检查表应用培训记录。		1. 未制订安全检查计划，扣2分； 2. 安全检查表不全，缺少一种扣2分； 3. 安全检查表内容不符合，一项扣1分； 4. 未开展安全检查表应用培训，扣2分。
		3. 企业各种安全检查表应作为企业有效文件，并在实际应用中不断完善。	1. 明确各种安全检查表的编制单位、审核人、批准人； 2. 每年评审修订各种安全检查表。	查文件： 1. 各种安全检查表； 2. 检查表评审修订记录。		1. 安全检查表缺少编制单位、审核人、批准人，一项不符合扣1分； 2. 安全检查表未定期评审修订，扣2分。
	11.2 安全检查形式与内容（25分）	1. 企业应根据安全检查计划，开展综合性检查、专业性检查、季节性检查、日常检查和节假日检查；各种安全检查均应按相应的安全检查表逐项检查，建立安全检查台账，并与责任制挂钩。	1. 根据安全检查计划，按相应检查表开展各种安全检查； 2. 建立安全检查台账； 3. 检查结果与责任制挂钩。	查文件： 1. 安全检查台账； 2. 检查考核记录。		1. 未按规定开展安全检查，扣2分； 2. 未建立安全检查台账，扣2分；内容一项不符合扣1分； 3. 检查结果未与责任制挂钩，一项不符合扣1分。

续表

A级要素	B级要素	标准化要求	企业达标标准	评审方法	评审标准	
					否决项	扣分项
11 检查与自评（100分）	11.2 安全检查形式与内容（25分）	2. 企业安全检查形式和内容应满足： （1）综合性检查应由相应级别的负责人负责组织，以落实岗位安全责任制为重点，各专业共同参与的全面安全检查。厂级综合性安全检查每季度不少于1次，车间级综合性安全检查每月不少于1次。 （2）专业检查分别由各专业部门的负责人组织本系统人员进行，主要是对锅炉、压力容器、危险物品、电气装置、机械设备、构建筑物、安全装置、防火防爆、防尘防毒、监测仪器等进行专业检查。专业检查每半年不少于1次。 （3）季节性检查由各业务部门的负责人组织本系统相关人员进行，是根据当地各季节特点对防火防爆、防雨防汛、防雷电、防暑降温、防风及防冻保暖工作等进行预防性季节检查。 （4）日常检查分岗位操作人员巡回检查和管理人员日常检查。岗位操作人员应认真履行岗位安全生产责任制，进行交接班检查和班中巡回检查，各级管理人员应在各自的业务范围内进行日常检查。 （5）节假日检查主要是对节假日前安全、保卫、消防、生产物资准备、备用设备、应急预案等方面进行的检查。	企业安全检查形式和内容应满足： （1）综合性检查应由相应级别的负责人负责组织，以落实岗位安全责任制为重点，各专业共同参与的全面安全检查。厂级综合性安全检查每季度不少于1次，车间级综合性安全检查每月不少于1次。 （2）专业检查分别由各专业部门的负责人组织本系统人员进行，主要是对特种设备、危险物品、电气装置、机械设备、构建筑物、安全装置、防火防爆、防尘防毒、监测仪器等进行专业检查。专业检查每半年不少于1次。 （3）季节性检查由各业务部门的负责人组织本系统相关人员进行，是根据当地各季节特点对防火防爆、防雨防汛、防雷电、防暑降温、防风及防冻保暖工作等进行预防性季节检查。 （4）日常检查分岗位操作人员巡回检查和管理人员日常检查。岗位操作人员应认真履行岗位安全生产责任制，进行交接班检查和班中巡回检查，各级管理人员应在各自的业务范围内进行日常检查。 （5）节假日检查主要是对节假日前安全、保卫、消防、生产物资准备、备用设备、应急预案等方面进行的检查。	查文件： 各种安全检查记录。		各种安全检查不符合标准要求，一项扣2分。

A级要素	B级要素	标准化要求	企业达标标准	评审方法	评审标准	
					否决项	扣分项
11 检查与自评（100分）	11.3 整改（20分）	1. 企业应对安全检查所查出的问题进行原因分析，制定整改措施，落实整改时间、责任人，并对整改情况进行验证，保存相应记录。	1. 对检查出的问题进行原因分析，及时进行整改；2. 对整改情况进行验证；3. 保存检查、整改和验证等相关记录。	查文件：1. 安全检查台账；2. 检查问题整改记录。		1. 未对安全检查所查出的问题进行原因分析，一项扣1分；2. 未对安全检查所查出的问题进行整改，一项扣2分；3. 未对整改情况进行验证，一项扣2分；4. 未保存相应记录，一项扣2分。
		2. 企业各种检查的主管部门应对各级组织和人员检查出的问题和整改情况定期进行检查。	各种检查的主管部门对各级组织检查出的问题和整改情况定期检查。	查文件：检查记录。		未对检查出的问题和整改情况定期检查，扣4分。
	11.4 自评（30分）	企业应每年至少1次对安全标准化运行进行自评，提出进一步完善安全标准化的计划和措施。	1. 明确自评时间；2. 制订自评计划；3. 编制自评检查表；4. 建立自评组织；5. 每年至少1次进行安全标准化自评；6. 编制自评报告；7. 提出进一步完善的计划和措施；8. 对自评有关资料存档管理。	查文件：1. 安全标准化自评管理制度；2. 开展自评的相关文件资料；3. 进一步完善的安全标准化工作的计划和措施。	未进行自评，扣100分（A级要素否决项）。	1. 自评文件不全，一项不符合扣1分；2. 未制定并落实进一步完善计划和措施，扣2分；3. 不符合项未整改，或整改不符合要求，一项扣2分。
12 本地区的要求			1. 地方人民政府及有关部门提出的安全生产具体要求；2. 地方安全生产监督管理部门组织专家对工艺安全等安全生产条件及企业安全管理的改进意见。	查文件：有关制度及台账、记录。现场检查：落实情况及整改效果。	未满足要求，扣100分（A级要素否决项）	

第五章　危险化学品企业安全生产标准化实施指南

第一节　氯碱生产企业安全标准化实施指南
（AQ/T 3016—2008）

1　范围

本标准规定了氯碱生产企业（以下简称企业）开展安全标准化的过程和要求。

本标准适用于中华人民共和国境内采用隔膜法或离子交换膜法电解氯化钠或氯化钾水溶液工艺技术，生产氯气、氢气、氢氧化钠或氢氧化钾等产品的企业。

采用其他工艺技术路线生产氯气的生产企业可参照执行。

2　规范性引用文件

下列文件中的条款，通过本标准的引用而成为本标准的条款。凡是注日期的引用文件，其随后所有的修改（不包括勘误的内容）或修订版均不适用于本标准，然而，鼓励根据本标准达成协议的各方研究是否可使用这些文件的最新版本。凡是不注日期的引用文件，其最新版本适用于本标准。AQ 3013—2008 中引用的标准适用于本标准。

GB 2894　安全标志

GB 4962　氢气使用安全技术规程

GB 11651　劳动防护用品选用规则

GB 11984　氯气安全规程

GB 13690　常用危险化学品的分类及标志

GB 15258　化学品安全标签编写规定

GB 16179　安全标志使用导则

GB 16483　化学品安全技术说明书编写规定

GB 18218　重大危险源辨识

GB 50016　建筑设计防火规范

GB 50057　建筑物防雷设计规范

GB 50058　爆炸和火灾危险环境电力装置设计规范

GB 50140　建筑灭火器配置设计规范

GB 50160　石油化工企业设计防火规范

GB 50351　储罐区防火堤设计规范

GBZ 1　工业企业设计卫生标准

GBZ 2　工作场所有害因素职业接触限值

GBZ 158　工作场所职业病危害警示标识

AQ/T 9002　生产经营单位安全生产事故应急预案编制导则

SH 3063—1999　石油化工企业可燃气体和有毒气体检测报警设计规范

SH 3097—2000　石油化工静电接地设计规范

AQ 3013—2008　危险化学品从业单位安全标准化通用规范

HGT 20675—1990　化工企业静电接地设计规程

注册安全工程师管理规定　国家安全生产监督管理总局令第 11 号

气瓶安全监察规定　国家质量监督检验检疫总局令第 46 号

3　术语和定义

AQ 3013—2008 确立的术语和定义适用于本标准。

4　要求

4.1　企业应按照 AQ 3013—2008 第 4 章的规定，开展安全标准化工作。

4.2　本标准适用范围外的其他生产经营活动，应按照 AQ 3013—2008 规定执行。

5　管理要素

5.1　负责人与职责

5.1.1　负责人

5.1.1.1　企业主要负责人应按照 AQ 3013—2008 第 5.1.1 条款规定，做好本职工作。其安全承诺内容包括：

(1) 遵守法律、法规、标准和规程的承诺；

(2) 坚持预防为主，开展风险管理，定期排查隐患，抓好隐患治理的承诺；

(3) 提供必要资源的承诺；

(4) 贯彻安全生产方针，实现安全生产目标的承诺；

（5）持续改进安全绩效的承诺；

（6）对从业人员、相关方的承诺。

主要负责人的安全承诺应通过适当的方式、渠道向从业人员及相关方宣传或告知。

5.1.1.2　企业主要负责人每季度应至少组织并主持 1 次安全生产委员会（以下简称安委会）会议，总结本季度安全工作，研究、决策下一季度安全生产的重大问题，并制订相应的实施方案。保存会议记录。

5.1.2　方针目标

企业应按照 AQ 3013—2008 第 5.1.2 条款规定，组织制定文件化的安全生产方针和目标，签订各级组织安全目标责任书。安全生产目标的制定应具体、合理、可测量、可实现，宜结合下列内容：

（1）零死亡；

（2）千人负伤率；

（3）事故起数降低率；

（4）隐患治理完成率；

（5）有毒有害场所检测合格率等。

5.1.3　机构设置

5.1.3.1　企业应建立安委会，设置安全生产管理部门，按不低于企业总人数 5‰配备专职安全生产管理人员，企业总人数 300 人以下至少配备 2 名专职安全管理人员。建立从安委会到基层班组的安全生产管理网络。

5.1.3.2　企业应按《注册安全工程师管理规定》第 6 条规定，配备注册安全工程师。

5.1.4　职责

企业应按照 AQ 3013—2008 第 5.1.4 条款规定执行。

5.1.5　安全生产投入及工伤保险

企业应按照 AQ 3013—2008 第 5.1.5 条款规定执行。

5.2　风险管理

5.2.1　范围与评价方法

5.2.1.1　企业应按照 AQ 3013—2008 第 5.2.1.1 条款规定执行。参加风险评价人员应具备下列条件：

（1）具备氯碱化工专业知识和生产经验；

（2）熟悉风险评价方法；

（3）包括生产、技术、设备（含电气、仪表）、安全、工程、职业卫生等部门的人员。

5.2.1.2　企业应按照 AQ 3013—2008 第 5.2.1.2、第 5.2.1.3、第 5.2.1.4 条款规定

执行。

5.2.2 风险评价

企业应按照 AQ 3013—2008 第 5.2.2 条款规定进行风险评价，重点对以下生产工艺过程、场所、设备设施等进行评价：

(1) 电解生产工艺，包括电解、氯氢处理、氯气压缩液化、盐酸合成等系统；

(2) 生产装置开、停车过程；

(3) 电解槽拆、装过程；

(4) 接触氯气的设备设施；

(5) 三氯化氮产生、积聚、排放过程；

(6) 液氯充装系统；

(7) 氢气充装系统；

(8) 液氯储存区；

(9) 事故氯处理系统；

(10) 停水、停电、停蒸汽；

(11) 停仪表风气源；

(12) 工艺参数偏差等。

5.2.3 风险控制

5.2.3.1 企业应按照 AQ 3013—2008 第 5.2.3 条款规定，对风险进行控制。

5.2.3.2 企业应形成重大风险清单，制定重大风险相应控制措施，对控制措施的实施效果进行监督、检查和评价，保存相应记录。

5.2.4 隐患治理

企业应按照 AQ 3013—2008 第 5.2.4 条款规定执行。

5.2.5 重大危险源

5.2.5.1 企业应确定生产场所或储存区内液氯（氯气）、氢气、氯化氢、氨（作为制冷剂）等危险物质数量是否达到 GB 18218 中重大危险源规定值，建立重大危险源管理档案。重大危险源管理档案内容包括：

(1) 物质名称和数量、性质；

(2) 地理位置；

(3) 管理制度；

(4) 应急救援预案和演练方案；

(5) 评估报告；

(6) 检测报告；

（7）监控检查记录；

（8）重大危险源报表等。

5.2.5.2　企业应按照 AQ 3013—2008 第 5.2.5 条款规定，对重大危险源进行管理。

5.2.6　风险信息更新

企业应按照 AQ 3013—2008 第 5.2.6 条款规定执行。

5.3　法律法规与管理制度

5.3.1　法律法规

企业应按照 AQ 3013—2008 第 5.3.1 条款规定执行。

5.3.2　符合性评价

企业应按照 AQ 3013—2008 第 5.3.2 条款规定，进行符合性评价，提交符合性评价报告。符合性评价报告内容应包括：

（1）获取的安全生产法律、法规、标准及其他要求的适宜性、充分性；

（2）获取的安全生产法律、法规、标准及其他要求在企业的执行情况，是否存在违法现象和违规行为；

（3）对不符合安全生产法律、法规、标准及其他要求行为提出的整改要求等。

5.3.3　安全生产规章制度

5.3.3.1　企业应按照 AQ 3013—2008 第 5.3.3.1 条款规定，制定相关的安全生产规章制度，并结合实际情况宜制定下列内容的管理制度：

（1）防止三氯化氮产生、积聚、定期检测和控制管理；

（2）液氯钢瓶（罐车）充装管理；

（3）氢气钢瓶（罐车）充装管理；

（4）液氯安全管理；

（5）防强酸、强碱灼伤管理；

（6）氯中含氢监测管理等。

5.3.3.2　企业应按照 AQ 3013—2008 第 5.3.3.2 条款规定，发放安全生产规章制度文件。

5.3.4　操作规程

5.3.4.1　企业应根据生产工艺、技术、设备特点，原材料、辅助材料和氯气、氢气、氢氧化钠或氢氧化钾等产品的危险性，组织有关技术人员和有经验的员工，对所有的操作活动过程进行风险分析，制定相应的控制和预防措施，作为编制操作规程的依据，并根据生产操作岗位的设立情况，编制所有生产操作岗位的操作规程。可按照下列岗位编制操作规程：

（1）盐水精制，包括化学品助剂配置、一次盐水精制，离子膜工艺还包括二次盐水精制岗位；

    （2）电解岗位；

    （3）氯气处理岗位；

    （4）氢气处理岗位；

    （5）氯气压缩、液化岗位；

    （6）液氯充装岗位；

    （7）氢气压缩充装岗位；

    （8）碱浓缩或固碱岗位；

    （9）合成盐酸岗位；

    （10）废气处理岗位或次氯酸钠岗位；

    （11）液氯罐区；

    （12）酸碱罐区；

    （13）整流岗位；

    （14）公用工程岗位；

    （15）隔膜工艺隔膜吸附岗位；

    （16）离子膜工艺淡盐水脱氯岗位；

    （17）中央控制室岗位等。

5.3.4.2　操作规程应包括下列内容：

    （1）开车操作程序；

    （2）停车操作程序；

    （3）正常运行操作程序；

    （4）紧急停车操作程序；

    （5）接触化学品的危险性；

    （6）各种操作参数、指标；

    （7）操作过程安全注意事项；

    （8）异常情况安全处置措施；

    （9）配置的安全设施，包括事故应急处置设施、个体安全防护设施；

    （10）自救药品等。

5.3.4.3　企业应按照 AQ 3013—2008 第 5.3.4.2 条款规定执行。

5.3.5　修订

企业应按照 AQ 3013—2008 第 5.3.5 条款规定执行。

5.4 培训教育

5.4.1 培训教育管理

企业应按照 AQ 3013—2008 第 5.4.1 条款规定，做好培训教育管理工作。

5.4.2 管理人员培训教育

企业应按照 AQ 3013—2008 第 5.4.2 条款规定执行。

5.4.3 从业人员培训教育

企业应按照 AQ 3013—2008 第 5.4.3 条款规定执行。

5.4.4 新从业人员培训教育

企业应按照 AQ 3013—2008 第 5.4.4 条款规定执行。

5.4.5 其他人员培训教育

企业应按照 AQ 3013—2008 第 5.4.5 条款规定执行。

5.4.6 日常安全教育

企业应按照 AQ 3013—2008 第 5.4.6 条款规定执行。

5.5 生产设施及工艺安全

5.5.1 生产设施建设

5.5.1.1 企业应按照 AQ 3013—2008 第 5.5.1 条款规定执行。

5.5.1.2 企业新建氢氧化钠或氢氧化钾生产装置生产能力规模应符合国家相关产业政策。

5.5.1.3 企业应选择有相应资质的设计单位、施工单位进行设计和施工。

5.5.1.4 企业建设项目应选择先进的、成熟的工艺技术，安全性能可靠的设备设施，采用 DCS 集散控制系统和 ESD 紧急停车系统。

5.5.1.5 企业应编制建设项目试生产（使用）方案，并按规定向安全生产监督管理部门备案。

5.5.2 安全设施

5.5.2.1 企业应按照 AQ 3013—2008 第 5.5.2.1、第 5.5.2.2 条款规定，建立安全设施台账，配置安全设施：

(1) 氯气系统应符合 GB 11984，做到：

1) 设置防止氯气泄漏的事故氯气吸收装置（以下简称吸收装置），吸收装置保证随时处理装置开停车、正常状态和非正常状态下排放的氯气；吸收装置至少具备处理 30 分钟生产装置满负荷运行产出的氯气能力。

2) 氯气系统安全水封设施的排空口应引至吸收装置。

3) 离子膜生产工艺氯气系统设置异常情况下向吸收装置排放氯气设施。

4）有可能出现氯气泄漏的生产装置区域位置，安装与吸收装置连接设施。吸入端采用非金属塑料弹性软管，并可移动，非金属塑料弹性软管的长度、直径大小与数量应根据可能泄漏的氯气量和泄漏点位置确定，保证生产装置区域泄漏的氯气及时被导入吸收装置。

5）液氯储罐罐区、液氯重瓶仓库宜采用封闭式建筑物。建筑物内根据实际情况合理安装与吸收装置连接设施。吸入端采用非金属塑料弹性软管，并可移动，非金属塑料弹性软管的长度、直径大小和数量应根据可能泄漏的氯气量和泄漏点位置确定，保证相应的区域内泄漏的氯气及时被导入吸收装置。

6）氯气系统安装的安全阀放空管线应引至吸收装置。

7）液氯钢瓶充装区域应设置液氯钢瓶泄漏紧急处理设施。

8）液氯钢瓶充装计量器具应设置超装报警和液氯自动切断装置。

9）汽车罐车充装：应设置防超装和报警设施、充装管线自动切断装置；配备电子衡器，对完成充装的罐车进行充装量的计量和复检；配备超装汽车罐车卸车的设施。

10）液氯储罐、计量槽、汽化器等压力容器应设置安全阀、压力表、液位计、温度计，并将压力、液位、温度报警信号传至控制室或操作室。

11）液氯储罐氯气输入、输出管线上分别设置双切断阀。

12）液氯储罐罐区围堰应满足 GB 50351。

13）至少保留一台最大容积的空液氯储罐作为事故备用罐。

14）电解厂房、液氯储罐区、氯气干燥、氯气液化、液氯气化、液氯充装、氯气压缩机或鼓风机房等可能泄漏氯气的单元应设置固定式有毒气体检测报警仪，应满足 SH 3063—1999。

15）配备六角螺帽、专用扳手、活动扳手、手锤、克丝钳、竹签、木塞、铅塞、铁丝、铁箍、橡胶垫、瓶阀处理器、密封用带等氯气堵漏器材，应满足 GB 11984。

16）至少配备两套重型防化服，放置在适宜的位置。

17）至少配备两套轻型防化服，放置在适宜的位置。

18）配备一定数量用于从事氯气紧急作业的正压式空气呼吸器，放置在适宜的位置。

（2）氢气系统：

1）电解厂房、合成盐酸操作室、氢气压缩机或鼓风机房等可能泄漏氢气的区域应设置固定式可燃气体检测报警仪，应满足 SH 3063—1999。

2）氢气贮罐的放空阀、安全阀和管道系统均设置放空管，放空管高度及要求应符合 GB 4962。

3）氢气生产的厂房建筑应符合 GB 50016。

4）有可能泄漏氢气的建筑物入口处应设置人体静电释放装置。

5）从事氢气操作人员应配置个人防静电防护用品。

6）氢气系统设备、管线等设施设置消除静电设施，应符合 HGT 20675—1990 或 SH 3097—2000。

7）氢气系统防雷设施应符合 GB 50057。

8）氢气系统应设置自动放空安全水封及蒸汽或氮气稀释灭火设施。

（3）安全报警联锁：

1）应设置整流装置与氯压机或纳氏泵动力电源报警联锁装置。

2）应设置整流装置与氢压机或鼓风机动力电源报警联锁装置。

3）应设置整流装置与氯气总管压力报警联锁装置。

4）应设置整流装置与氢气总管压力报警联锁装置。

5）应设置相应的与吸收装置的联锁装置。

（4）其他：

1）电解厂房内的行车应配置防爆电气设施和限位器。

2）在氯气、氢氧化钠或氢氧化钾、硫酸或盐酸的生产、储存区域，应设置冲洗和洗眼设施，冲洗和洗眼设施服务半径符合要求。

3）氯化氢合成炉的氯气、氢气进口管线设置紧急切断设施。

4）厂区应设置风向标。

5）生产、储存区域应设置安全警示标志。

6）氢氧化钠和氢氧化钾、硫酸和盐酸等溶液储罐应安装液位计。

7）酸、碱储罐区独立建立，酸、碱储罐区设置围堰应符合 GB 50351。

8）建筑物的耐火等级和防火距离应符合 GB 50016。

9）防雷电设施应符合 GB 50057。

10）消防设施与器材应符合 GB 50140 和 GB 50016。

11）爆炸性气体环境配置的防爆电气设施应符合 GB 50058。

12）设置互为备用、自动切换的双回路电源。

13）供电故障时的应急供电设施，如不间断电源、应急发电机等，满足应急时的供电需求。

14）变配电室、电气开关室防止小动物进入设施。

15）吊装液氯钢瓶的起重机械配置双制动系统。

5.5.2.2　企业应按照 AQ 3013—2008 第 5.5.2.3、第 5.5.2.4、第 5.5.2.5 条款规定执行。

5.5.3　特种设备

5.5.3.1　企业应按照 AQ 3013—2008 第 5.5.3 条款规定执行。

5.5.3.2　企业应对检验确认报废的氯气钢瓶内的氯气进行妥善处理，按照规定由相应资质的气瓶检验机构进行破坏性处理，保存记录。

5.5.4　工艺安全

5.5.4.1　企业从业人员应掌握氯气、氢气、氢氧化钠或氢氧化钾、硫酸、盐酸、氯化钡等化学品的物性数据、活性数据、热和化学稳定性数据、腐蚀性数据、毒性信息、职业接触限值、急救和消防措施等，并做到：

（1）禁止干燥氯气接触钛材料的设备设施；

（2）禁止氯气接触油和油脂物质；

（3）禁止用烃类或酒精清洗氯气管道；

（4）禁止使用橡胶垫作为氯气设备和管道处的连接垫料；

（5）禁止使用与氯气发生化学反应的润滑剂；

（6）禁止采用铝、锌、锡、铜、铅、镁、钽等材料的设备设施接触氢氧化钠或氢氧化钾溶液。

5.5.4.2　安全工艺参数应满足下列指标：

（1）进入电解槽盐水无机铵含量≤1 mg/L，总铵含量≤4 mg/L；

（2）氯气总管中含氢≤0.004（体积分数）；

（3）氯气液化尾气中含氢≤0.04（体积分数）；

（4）液氯产品纯度≥0.996（质量分数），含水≤0.000 4（质量分数），三氯化氮含量≤0.000 04（质量分数）；

（5）液氯的充装压力≤1.1 MPa；

（6）液氯钢瓶充装系数为 1.25 kg/L，液氯罐车充装系数为 1.20 kg/L；

（7）液氯储槽、计量槽、汽化器中液氯充装量不得超过容积量的 80%。

5.5.4.3　企业生产装置开车前要对监测报警系统、联锁设施、盲板抽堵、防护、通风、消防、照明等各类安全设施进行全面检查，并填写生产开车条件确认单。装置开车方案、操作规程和应急预案已落实。应做到：

（1）检修、施工项目完工，验收合格；

（2）盲板抽堵得到确认；

（3）机泵单机试运合格；

（4）设备、管道试压试漏完毕；

（5）仪表调节器、调节阀、联锁系统调校试验合格；

（6）公用工程条件符合开车要求；

（7）安全防护、消防器材齐全、完好；

（8）分析仪器准备就绪；

（9）系统置换合格，其中氢气管道用氮气或其惰性气体置换，含氧量小于0.03（体积分数）；

（10）电气供电系统准备就绪；

（11）通信器材、照明设施准备就绪；

（12）氯气吸收装置处于正常运行状态。

5.5.4.4　企业生产装置停车前应进行条件确认，满足停车条件后方可停车，做到：

（1）停车条件得到确认；

（2）事故氯气处理单元具备接收氯气条件；

（3）氢气放空，系统通氮气置换；

（4）消防器材、防护器材准备齐全；

（5）通信器材准备就绪。

装置停车后，操作人员应对需检修的设备、管线进行清洗、置换，防止清洗、置换过程中物料互串；处理合格后办理生产交付检修手续。冬季装置停车后，要采取有效防冻保温措施。

5.5.4.5　企业应对生产装置正常运行过程严格控制，做到：

（1）操作人员严格执行操作规程。

（2）操作人员进入生产现场应穿戴好相应的劳动保护用品。

（3）禁止在厂房内排放氢气。

（4）定期进行三氯化氮的分析检测和排放。保证排放的排污物中三氯化氮含量符合规定要求，否则增加排污次数和排污量。三氯化氮排放时应带液氯慢慢排放，排放管不得有排放液氯积聚，并避免排放液氯在排放管内气化，若有堵塞现象，及时联系有关人员处理，不允许用金属工具等金属物敲击管线、阀门、设备。

（5）严禁将液氯钢瓶、储罐作为气化器使用。

（6）严禁将液氯气化器内的液氯蒸干，但连续进料、液氯完全气化的气化器不在此列；液氯气化时，严禁使用蒸汽、明火直接加热，可采用45℃以下的温水加热；气化器内的液氯应定期更换。

（7）应保证所有投入使用的安全阀的根部切断阀处在全开位置，严禁随意将安全阀根部切断阀关闭；安全阀带压工作时，严禁进行任何修理和紧固；严禁操作人员擅自开拆铅封或调整安全阀的整定螺钉。

（8）工艺参数运行指标应控制在安全上下限值范围内。对生产过程中出现的工艺参数偏离情况及时分析原因，使运行偏差及时得到有效纠正。

（9）应保证氢气生产系统正压操作。

5.5.4.6　企业液氯钢瓶和汽车罐车的充装过程应严格执行气瓶安全监察规定，并做到：

（1）钢瓶充装：

1）液氯充装前，每班应对计量器具检查校零；

2）液氯充装前，应有专人对钢瓶进行全面检查，分析钢瓶内剩余氯气的含量，确认有无缺陷和异常情况，符合要求后方可充装；

3）充装后的液氯重瓶应复验充装量，两次称重误差不得超过充装量的1%，严禁超装，复磅时应换人换衡器；

4）充装前的检查记录、充装操作记录、充装后复验和检查记录应完整保存；

5）液氯空瓶和充装后的重瓶应分开放置，设置明显标志，禁止混放；

6）严禁将气化器中的液氯充装到液氯钢瓶内；

7）充装后的钢瓶入库前应有产品合格证，合格证注明瓶号、容量、重量、充装日期等内容；

8）液氯重瓶存放期应不超过3个月；

9）液氯钢瓶起重机械使用前应进行检查。

（2）汽车罐车充装：

1）充装前应有专人对汽车罐车进行全面检查，确认安全附件是否齐全，查验剧毒化学品购买凭证或剧毒化学品准购证、剧毒化学品公路运输通行证，驾驶员和押运员的资格证书，防止汽车罐车充装过程中发生移动的有效措施，检查合格后方可充装。充装记录应完整保存。

2）充装后应防止液氯充装管道处于满液封闭状态。

3）充装用软管应每半年进行1次水压试验并有试验结果记录和试验人员签字。

5.5.4.7　企业应严格执行氯化氢合成炉安全操作规程，氯化氢合成炉点火前应对合成炉内气体取样分析，分析合格后方可点火；当氯化氢合成炉内火焰熄灭时，应立刻切断进炉的氯气和氢气，并同时向氯化氢合成炉内充入氮气。

5.5.4.8　企业应禁止在电解厂房及其他有氯气、氢气存在的建筑物内设置操作室、办公室或休息室。

5.5.4.9　企业接触硫酸、盐酸的设备或管道动火作业前，应进行可燃气体分析，可燃气体浓度≤0.004（体积分数）时，办理相应动火手续，方可动火作业。

5.5.4.10　企业氢气系统的设备、管道拆卸，应采用防爆工具，严禁使用钢制工具敲打设备、管道。

5.5.4.11　企业使用固体氯化钡时，使用后的固体氯化钡包装袋应有专人负责清点、回收，并妥善处理。

5.5.4.12　企业安全联锁系统变动相关项目时，应由生产、技术、安全、设备、仪表等专业部门共同会签，经主管负责人审批后方可实施，严禁擅自变动。联锁系统项目变动包括：

（1）联锁摘除；

（2）联锁程序的变更；

（3）联锁设定值的改变。

5.5.5　关键装置及重点部位

企业应按照 AQ 3013—2008 第 5.5.5 条款规定，对关键装置及重点部位实行管理，可将下列装置及区域作为关键装置及重点部位：

（1）电解装置；

（2）氯气、氢气处理装置；

（3）氯气压缩、液化、充装装置；

（4）氢气压缩、充装装置；

（5）液氯储存罐区；

（6）液氯重瓶仓库等；

（7）氢气储存罐区；

（8）氢气重瓶仓库等。

5.5.6　检维修

企业应按照 AQ 3013—2008 第 5.5.6 条款规定执行。

5.5.7　拆除和报废

企业应按照 AQ 3013—2008 第 5.5.7 条款规定执行。

5.6　作业安全

5.6.1　作业许可

5.6.1.1　企业应按照 AQ 3013—2008 第 5.6.1 条款规定执行。

5.6.1.2　企业各种作业许可证存根应至少保存 1 年。

5.6.2　警示标志

5.6.2.1　企业应按照 AQ 3013—2008 第 5.6.2 条款规定，设置安全标志、职业危害警示标识。

5.6.2.2　企业应经常检查安全标志、职业危害警示标识，确保无破损、变形、褪色等，保存检查记录。

5.6.3 作业环节

5.6.3.1 企业应按照 AQ 3013—2008 第 5.6.3 条款规定执行。

5.6.3.2 企业应向持有危险化学品安全生产许可证或使用许可证、经营许可证的企业销售氯气、氢氧化钠或氢氧化钾、氢气、盐酸、次氯酸钠等产品。

5.6.4 承包商与供应商

企业应按照 AQ 3013—2008 第 5.6.4 条款规定执行。

5.6.5 变更

企业应按照 AQ 3013—2008 第 5.6.5 条款规定执行。

5.7 产品安全与危害告知

5.7.1 危险化学品档案

企业应按照 AQ 3013—2008 第 5.7.1 条款规定，对氯气、氢气、硫酸、盐酸、氢氧化钠、氢氧化钾、次氯酸钠、氯化钡等危险化学品建立档案。

5.7.2 化学品分类

企业应按照 AQ 3013—2008 第 5.7.2 条款规定执行。

5.7.3 化学品安全技术说明书和安全标签

企业应按照 AQ 3013—2008 第 5.7.3 条款规定，编制氯气、氢气、氢氧化钠或氢氧化钾、盐酸、次氯酸钠等产品安全技术说明书和安全标签，并向供应商索取购买的危险化学品安全技术说明书和安全标签。

5.7.4 化学事故应急咨询服务电话

企业应按照 AQ 3013—2008 第 5.7.4 条款规定执行。

5.7.5 危险化学品登记

企业应按照有关规定对危险化学品进行登记。

5.7.6 危害告知

企业应对从业人员及相关方告知下列危险化学品的危险特性、活性危害、禁配物质，预防及应急处理措施：

(1) 氯气；

(2) 氢气；

(3) 硫酸；

(4) 盐酸或氯化氢；

(5) 氢氧化钠或氢氧化钾；

(6) 次氯酸钠；

(7) 氯化钡等。

5.8 职业危害

5.8.1 职业危害申报

企业应按照 AQ 3013—2008 第 5.8.1 条款规定，及时、如实申报作业场所职业危害因素。职业危害因素主要包括：

(1) 氯气；

(2) 氢氧化钠或氢氧化钾；

(3) 硫酸；

(4) 盐酸或氯化氢；

(5) 隔膜工艺使用的石棉；

(6) 亚硫酸钠；

(7) 离子膜工艺使用的 α—纤维素；

(8) 氯化钡；

(9) 次氯酸钠；

(10) 噪声等。

5.8.2 作业场所职业危害管理

5.8.2.1 企业应按照 AQ 3013—2008 第 5.8.2 条款规定执行。

5.8.2.2 企业作业场所职业危害因素的各项指标应符合 GBZ 1 和 GBZ 2，作业场所空气中下列物质最高容许浓度不得超过下列指标：

(1) 氯气 $1 \, mg/m^3$；

(2) 氯化氢及盐酸 $7.5 \, mg/m^3$；

(3) 氢氧化钠（或氢氧化钾）$2 \, mg/m^3$。

5.8.2.3 企业作业场所职业危害因素检测结果超出职业接触限值的，应制定整改措施，限期整改。

5.8.2.4 企业应对从事接职业病危害作业的从业人员，组织上岗前、在岗期间和离岗时的职业健康检查，并为从业人员建立职业健康监护档案。

5.8.2.5 企业应对接触氯气、氢氧化钠或氢氧化钾、硫酸、盐酸或氯化氢、石棉的从业人员每年进行 1 次职业健康检查；其他从业人员职业健康检查应根据所接触的职业危害因素类别，按有关管理规定确定检查项目和检查周期；从业人员职业健康检查结果存入从业人员健康监护档案。

5.8.3 劳动防护用品

企业应按照 AQ 3013—2008 第 5.8.3 条款规定，配置和管理劳动防护用品。做到：

(1) 接触氯气、氯化氢操作岗位的每个操作人员应配备型号合适的滤毒罐式防毒面具，并满足每 10 个操作人员备用 3 套滤毒罐式防毒面具；

（2）接触酸碱操作岗位的操作人员应配备防酸碱工作服、手套、工作鞋及防护镜或防护面罩，其中电解、修电解槽操作岗位的操作人员还应配备绝缘鞋及绝缘手套；

（3）接触石棉、氯化钡和氢氧化钠或氢氧化钾等固体的操作人员应每人配备防尘口罩；

（4）电焊工、变配电工、维修电工，应分别配备绝缘鞋、绝缘手套。

5.9 事故与应急

5.9.1 事故报告

企业应按照 AQ 3013—2008 第 5.9.1 条款规定执行。

5.9.2 抢险与救护

企业应按照 AQ 3013—2008 第 5.9.2 条款规定执行。

5.9.3 事故调查和处理

企业应按照 AQ 3013—2008 第 5.9.3 条款规定执行。

5.9.4 应急指挥与救援系统

企业应按照 AQ 3013—2008 第 5.9.4 条款规定执行。

5.9.5 应急救援器材

5.9.5.1 企业应为保证应急救援工作及时有效，配备足够数量的应急救援器材，并保持完好，包括：

（1）抢险抢修器材；

（2）个体防护用品；

（3）通信联络器材；

（4）照明、交通运输工具等。

5.9.5.2 企业应对应急救援器材维护、保管、检查，并做好记录。

5.9.5.3 企业应建立应急通信网络并保证应急通信网络的畅通；报警方法、联络号码和信号使用规定要置于明显位置，保证相关人员熟悉掌握。

5.9.6 应急救援预案与演练

5.9.6.1 企业应按照 AQ 3013—2008 第 5.9.6.1 条款规定，编制综合应急救援预案，针对可能发生的具体事故类别，制定相应的专项应急预案和现场处置方案。应重点考虑：

（1）氯气泄漏及人员中毒；

（2）液氯系统三氯化氮超标；

（3）氢气泄漏着火、爆炸；

（4）氯中含氢超标爆炸；

（5）酸泄漏或人员灼伤；

（6）碱泄漏或人员灼伤；

（7）电解停进料盐水；

（8）停蒸汽；

（9）停水；

（10）停电；

（11）停仪表风等。

5.9.6.2 企业应按照 AQ 3013—2008 第 5.9.6.2、第 5.9.6.3 条款规定，对应急救援预案定期演练、评审，应做到：

（1）每年至少组织 1 次厂级应急救援预案演练；

（2）每半年至少进行 1 次车间级应急救援预案演练。

5.9.6.3 企业应按照 AQ 3013—2008 第 5.9.6.4 条款规定，对应急救援预案备案和通报。

5.10 检查与自评

5.10.1 安全检查

企业应按照 AQ 3013—2008 第 5.10.1 条款规定，做好安全检查管理，编制各种类型安全检查表。可编制下列安全检查表：

（1）综合性安全检查表：

1）厂级综合性安全检查表；

2）车间级综合性安全检查表。

（2）专业性安全检查表：

1）工艺管理安全检查表；

2）设备管理安全检查表；

3）变配电系统管理安全检查表；

4）仪表管理安全检查表；

5）储存罐区、仓库管理安全检查表；

6）消防管理安全检查表；

7）职业卫生管理安全检查表；

8）现场检维修作业管理安全检查表；

9）安全设施管理安全检查表等。

（3）季节性安全检查表（根据各地情况自定）。

（4）日常安全检查表：

1）岗位操作人员日常安全检查表；

2）工艺、设备、安全、电气、仪表等专业技术人员的日常安全检查表。

（5）节假日安全检查表。

5.10.2 安全检查形式与内容

企业应按照 AQ 3013—2008 第 5.10.2 条款规定执行。

5.10.3 整改

5.10.3.1 企业应按照 AQ 3013—2008 第 5.10.3 条款规定执行。

5.10.3.2 企业对检查发现暂时不能整改的问题，应纳入隐患治理，执行第 5.2.4 条款。

5.10.4 自评

企业应按照 AQ 3013—2008 第 5.10.4 条款规定执行。

第二节　合成氨生产企业安全标准化实施指南
（AQ/T 3017—2008）

1　适用范围

本标准规定了合成氨生产企业（以下简称企业）开展安全标准化的技术要求。

本标准适用于中华人民共和国境内采用合成工艺生产氨、甲醇及其衍生产品的企业。

2　规范性引用文件

下列文件中的条款，通过本标准的引用而成为本标准的条款。凡是注日期的引用文件，其随后所有的修改单（不包括勘误的内容）或修订版均不适用于本标准，然而，鼓励根据本标准达成协议的各方研究是否可使用这些文件的最新版本。凡是不注日期的引用文件，其最新版本适用于本标准。

GB 2894　安全标志

GB 6222　工业企业煤气安全规程

GB 11651　劳动防护用品选用规则

GB 13690　常用危险化学品的分类及标志

GB 15258　化学品安全标签编写规定

GB 16179　安全标志使用导则

GB 16483　化学品安全技术说明书编写规定

GB 18218　重大危险源辨识

GB 50016　建筑设计防火规范

GB 50057　建筑物防雷设计规范

GB 50058　爆炸和火灾危险环境电力装置设计规范

GB 50140　建筑灭火器配置设计规范

GB 50160　石油化工企业设计防火规范

GB 50351　储罐区防火堤设计规范

GBZ 1　工业企业设计卫生标准

GBZ 2　工作场所有害因素职业接触限值

GBZ 158　工作场所职业病危害警示标识

AQ/T 9002　生产经营单位安全生产事故应急预案编制导则

SH 3063—1999　石油化工企业可燃气体和有毒气体检测报警设计规范

SH 3097—2000　石油化工静电接地设计规范

AQ 3013—2008　危险化学品从业单位安全标准化通用规范

3　术语和定义

AQ 3013—2008 确立的术语和定义适用于本标准。

4　要求

企业应按照 AQ 3013—2008 第 4 章的规定，开展安全标准化工作。

5　管理要素

5.1　负责人与职责

5.1.1　负责人

5.1.1.1　企业主要负责人应按照 AQ 3013—2008 第 5.1.1 条规定，做好本职工作。企业主要负责人安全承诺内容应至少包括：

（1）遵守法律、法规、标准和规程的承诺；

（2）坚持预防为主，抓好隐患治理的承诺；

（3）提供必要资源的承诺；

（4）贯彻安全生产方针，实现安全生产目标的承诺；

（5）持续改进安全绩效的承诺；

（6）对相关方的承诺。

主要负责人的安全承诺应通过适当的方式、渠道向从业人员及相关方宣传和告知。

5.1.1.2 企业主要负责人应每季度至少组织召开1次安全生产委员会（以下简称安委会）会议，总结本阶段安全工作情况，研究、制定存在问题的解决方案，布置下一阶段安全生产工作。安委会会议每年应不少于4次。应做到：

（1）会议有议题；

（2）会议记录真实完整；

（3）形成会议纪要。

5.1.2 方针目标

企业应按照 AQ 3013—2008 第5.1.2条规定执行。安全生产目标的制定可结合但不局限于下列内容：

（1）千人负伤率；

（2）零死亡；

（3）隐患治理完成率；

（4）职业危害场所检测合格率等。

5.1.3 机构设置

5.1.3.1 企业应按照 AQ 3013—2008 第5.1.3条规定执行。

5.1.3.2 企业应建立安委会，设置安全生产管理部门，按企业总人数5‰配备专职安全生产管理人员；企业总人数300人以下至少配备2名专职安全管理人员。建立从安委会到基层班组的安全生产管理网络，明确安全责任人。

5.1.3.3 企业应按规定配备注册安全工程师：

（1）从业人员300人以上的企业应按不少于安全生产管理人员15%的比例配备注册安全工程师；

（2）安全生产管理人员7人以下的企业至少配备1名注册安全工程师。

5.1.4 职责

5.1.4.1 企业应按照 AQ 3013—2008 第5.1.4条规定执行。

5.1.4.2 企业应全面落实在计划、布置、检查、总结和评比生产的同时，计划、布置、检查、总结和评比安全工作。

5.1.4.3 企业相关安全职责的制定应与机构、岗位的设置变动保持一致。

5.1.5 安全生产投入及工伤保险

企业应按照 AQ 3013—2008 第5.1.5条规定执行。

5.2 风险管理

5.2.1 范围与评价方法

企业应按照 AQ 3013—2008 第5.2.1条规定执行。

5.2.2　风险评价

企业应按照 AQ 3013—2008 第 5.2.2 条规定，定期和及时对作业活动和设备设施进行危险、有害因素识别和风险评价，并重点对以下几个方面进行评价：

（1）易发生有毒有害物料泄漏，如氨、甲醇、氢气、甲烷、一氧化碳、硫化氢等工艺装置、场所和作业活动；

（2）易发生冲击、撞击和坠落的工艺装置、场所和作业活动；

（3）易发生中毒、窒息、灼伤和触电的工艺装置、场所和作业活动；

（4）易发生火灾和爆炸的工艺装置、场所和作业活动；

（5）其他化学、物理性危害因素；

（6）停料、水、电、汽、仪表风；

（7）设备设施的腐蚀、缺陷等。

5.2.3　风险控制

5.2.3.1　企业应按照 AQ 3013—2008 第 5.2.3 条规定执行。

5.2.3.2　企业应记录重大风险，形成重大风险及控制措施清单，并对控制效果进行监督、评价。

5.2.4　隐患治理

5.2.4.1　企业应按照 AQ 3013—2008 第 5.2.4 条规定执行。

5.2.4.2　企业应建立隐患治理台账，台账内容包括：

（1）隐患名称；

（2）发现日期；

（3）隐患存在部位；

（4）原因分析；

（5）治理措施；

（6）资金来源；

（7）计划与实际费用；

（8）计划与实际完成日期；

（9）治理负责人；

（10）治理验收人；

（11）验收日期等内容。

5.2.5　重大危险源

5.2.5.1　企业应按照 AQ 3013—2008 第 5.2.5 条规定，对重大危险源实施规范管理。

5.2.5.2　企业应确定氨、甲醇、氢气、煤气、天然气、石脑油等危险物质在单元内

（生产场所或储存区）数量是否达到规定的临界量。

5.2.5.3　企业建立的重大危险源管理档案，内容至少包括：

（1）物质名称和数量、性质；

（2）地理位置；

（3）管理制度；

（4）管理人员；

（5）评估报告；

（6）检测报告等。

5.2.5.4　企业应对从业人员和相关方进行培训和传达，以信息卡、宣传单、集中培训、公告栏等形式告知在紧急情况下采取的应急措施，保存培训记录。

5.2.6　风险信息更新

企业应按照 AQ 3013—2008 第 5.2.6 条规定执行。

5.3　法律、法规与管理制度

5.3.1　法律、法规

企业应按照 AQ 3013—2008 第 5.3.1 条规定执行。对已废止的安全生产法律、法规、标准和其他要求应及时收回作废，保证使用的为最新有效版本。

5.3.2　符合性评价

企业应每年至少 1 次对适用的安全生产法律、法规、标准及其他要求的执行情况进行符合性评价，并提交符合性评价报告。符合性评价报告内容至少包括：

（1）获取的安全生产法律、法规、标准及其他要求的适宜性、充分性；

（2）是否存在违法现象和违规行为；

（3）对不符合安全生产法律、法规、标准及其他要求的现象和行为，提出的整改要求、整改效果等。

5.3.3　安全生产规章制度

5.3.3.1　企业应按照 AQ 3013—2008 第 5.3.3.1 条规定，制定相关安全生产规章制度，并结合企业实际运行情况，还需制定下列内容安全生产规章制度：

（1）用氧设备及管道脱脂管理；

（2）防硫化氢、一氧化碳、氨、氮气管理；

（3）液氨、氨水充装安全管理；

（4）空分装置安全运行管理等。

5.3.3.2　企业应将相应的安全生产规章制度发放到管理部门和基层单位。

5.3.4　操作规程

5.3.4.1　企业应根据生产工艺、技术、设备特点，原材料、辅助材料和产品的危险性及生产操作岗位的设立情况，编制不局限于下列岗位的操作规程：

（1）造气工序；

（2）脱硫、变换工序；

（3）压缩、脱碳工序；

（4）铜洗或醇烷化工序；

（5）合成、冷冻工序；

（6）尿素工序；

（7）甲醇精制工序；

（8）液氨充装、储存；

（9）酸、碱储存；

（10）公用工程；

（11）变配电；

（12）电气、仪表等。

5.3.4.2　操作规程应至少包括下列内容：

（1）正常操作程序及安全注意事项；

（2）异常处理；

（3）各种操作参数、指标的控制；

（4）事故应急处置措施；

（5）接触化学品的危险性；

（6）个体安全防护措施；

（7）防静电安全措施等。

5.3.4.3　企业应在新工艺、新技术、新装置、新产品投产前，组织编制新的操作规程。

5.3.5　修订

企业应按照 AQ 3013—2008 第 5.3.5 条规定执行。

5.4　培训教育

5.4.1　培训教育管理

企业应按照 AQ 3013—2008 第 5.4.1 条规定执行。

5.4.2　管理人员培训教育

企业应按照 AQ 3013—2008 第 5.4.2 条规定执行。

5.4.3　从业人员培训教育

企业应按照 AQ 3013—2008 第 5.4.3 条规定执行。

5.4.4 新从业人员培训教育

企业应按照 AQ 3013—2008 第 5.4.4 条规定执行。

5.4.5 其他人员培训教育

企业应按照 AQ 3013—2008 第 5.4.5 条规定执行。

5.4.6 日常安全教育

企业应按照 AQ 3013—2008 第 5.4.6 条规定执行。

5.5 生产设施及工艺安全

5.5.1 生产设施建设

企业应按照 AQ 3013—2008 第 5.5.1 条规定执行。

5.5.2 安全设施

5.5.2.1 企业应按照 AQ 3013—2008 第 5.5.2.1、第 5.5.2.2 条规定，配置符合国家、行业标准的安全设备设施。安全设备设施还应至少包括：

（1）造气系统

1）煤气化

①应设置原料煤皮带运输机紧急停车设施；

②应设置下行煤气阀和吹风阀安全联锁设施；

③煤气下行管、灰斗和炉底空气管道应安装爆破片，爆破片必须装防护罩；

④吹风阀应采取双阀或增装蝶阀；

⑤应设置煤气炉一次风管线自动放空设施，造气岗位主要液压阀要安装阀位指示。

2）重油气化

①应设置重油气化在线氧含量分析报警仪，自动放空联锁设施；

②应设置喷嘴冷却水出口超温报警及事故水箱设施；

③应设置氧气管止逆阀和加氮气保护设施；

④应设置入炉重油流量低限报警联锁停车设施；

⑤应设置气化炉超压报警设施；

⑥应设置煤气中氧含量超标报警设施；

⑦应设置煤气出急冷室温度超标报警设施；

⑧应设置油罐液位、温度指示仪、高限报警、静电接地设施；油罐区应设置防火堤等设施；

⑨气化系统联锁装置中，重油入炉阀、氧气入炉阀、煤气出口总阀应选用气开式调节阀；蒸汽入炉阀、氮保护进口阀、重油回路阀、氧气放空阀、煤气放空阀应选用气闭式调节阀。

3）天然气转化

①应设置二氧化碳吸收塔液位低限报警及联锁脱碳、合成停车设施；

②应设置天然气总管安全阀及压力高低限报警设施；

③应设置高压蒸汽包液位低限报警及流量低限、液位低限同时存在时联锁合成氨停车设施；

④应设置一段转化炉炉膛负压高限报警及联锁合成氨停车装置，现场设置联锁声光报警设施；设置环形蒸汽灭火管线；

⑤应设置一段转化炉引风机油泵润滑油压低限报警及联锁合成氨停车设施；

⑥应设置二段转化炉空气流量低限联锁转化紧急停车设施。

4）气柜

①应设置气柜低限位与罗茨风机报警联锁；

②应在造气、脱硫、压缩设置对气柜的远传监控设施；气柜应设有容积指示仪、高低限位报警器；

③应设置气柜煤气管道进出口氧含量超标报警联锁设施；气柜应装有手动、自动放空装置，放空管或顶部排放管应有阻火器、消除静电设施，应设独立的避雷设施；

④应设置消防设施和环形消防通道；

⑤应设置气柜进出口安全水封，水封要有排水设施。

（2）脱硫、净化系统

1）应设置防止空气压缩机倒转的止逆装置；

2）应设置脱硫塔压力、液位声光报警和自动排放联锁设施；

3）应设置静电除焦器防止产生负压、氧气自动分析仪与静电除焦柜断电联锁设施；

4）高压铜液泵出口管道应安装止逆阀；

5）应独立设置高压吸收和低压再生放空设施；

6）应设置铜液再生系统超压报警设施、安全阀或防爆片；

7）应设置脱碳塔、铜塔液位高、低限报警设施。

（3）醇烷化系统

1）应设置净醇洗涤塔、甲醇分离器、甲醇吸收塔液位高低限报警；

2）应设置净醇洗涤塔放液压力、甲醇中间槽压力、放醇管压力高限报警；

3）应设置甲醇罐区可燃气体报警仪、泡沫消防和喷淋降温设施。

（4）合成、压缩系统

1）应设置氢氮压缩机一段入口压力低限声光报警；

2）应设置氨冷却器或闪蒸槽、液氨槽液位高低报警及联锁冰机停车设施；

3）应设置冰机液氨储槽区遮阳棚和应急喷淋设施；

4）应设置液氨蒸发器、液氨储槽应压力高限报警设施；

5）应设置压缩机润滑油系统油压低限报警、联锁装置；

6）应设置合成系统的氨分离器高低限液位报警装置；

7）合成系统的氨冷器、气氨总管、循环机出口、液氨储槽等部位，必须安装安全阀并定期校验，安全阀出口导气管出口严禁放入室内，应引至回收系统。

（5）尿素系统

1）尿素总控操作室应设置二氧化碳压缩机、液氨泵、甲铵泵紧急停车设施；

2）应设置二氧化碳压缩机、液氨泵、甲铵泵低油压报警；

3）应设置合成塔出口压力调节阀自锁装置；

4）应设置尿素合成塔超压声光报警器，设置与液氨泵、甲铵泵、二氧化碳压缩机联锁设施；

5）中压系统惰洗器前应设置压力高限报警、惰洗器后应设置应急放空设施；

6）应设置氨冷凝器气相出口温度低限报警；

7）应设置尿素合成塔入口二氧化碳气体中氧含量自动调节设施。

（6）其他

1）应设置空分压缩机终端出口压力、膨胀机超速、冷却水中断等报警联锁装置；

2）生产区域应设置风向标；

3）易燃易爆场所设备液位计的现场照明须采用防爆型，并禁止安装在液位计正前；

4）应设置合成氨全系统人工紧急停车设施；

5）应设置造气、转化、合成系统人工紧急停车设施；

6）应设置仪表风压力低限报警联锁合成氨停车设施；

7）余热锅炉汽包应设置现场和远传液位设施、低限报警联锁装置、安全阀；

8）凡有隔热衬里的设备（加热炉除外），其外壁应设置测温设施；

9）各种传动设备的外露运转部位应安装防护设施，运转设备附有的联锁报警装置应全部投入使用。

10）应在可能产生易燃易爆气体或粉尘的作业场所入口处，设置人体静电释放设施；

11）应在可能泄漏氨、氢气、天然气、合成气、一氧化碳、二氧化硫、硫化氢等有毒有害、易燃易爆气体作业场所设置检测报警仪；

12）企业应在高压设备和管线上设置相应的安全泄压设施；

13）存在放射性危害的液位计处应设置符合要求的保护设施和措施；

14）应采用独立的双回路电源供电，且双回路电源应有自动切换设施；

15) 厂区应按照 GB 50057 及 GB 50160 规定设置防雷和防静电设施；

16) 有煤气设施的企业，还应执行 GB 6222 规定。

5.5.2.2　企业的安全设施检查、维护保养工作应做到：

(1) 严格执行安全设施管理规定，建立安全设施台账。各种安全设施应有专人负责管理，定期检查和维护保养。

(2) 严格执行监视和测量设备管理规定，按国家或行业有关法规和标准，对监视和测量设备定期进行校验和维护，建立监视和测量设备台账，监测检验报告应存入档案。

(3) 选用功能先进、产品成熟可靠、符合国家标准规范、有生产经营许可的安全器材。采用新技术、新工艺、新设备和新材料时，应进行充分的安全论证，其功能和质量应满足安全要求，实现本质安全。

5.5.2.3　企业应按照 AQ 3013—2008 第 5.5.2.3、第 5.5.2.4、第 5.5.2.5 条规定执行。

5.5.3　特种设备

企业应按照 AQ 3013—2008 第 5.5.3 条规定执行。

5.5.4　工艺安全

5.5.4.1　企业岗位操作人员应严格执行操作规程，规范操作行为。

5.5.4.2　企业有关人员应掌握天然气、半水煤气、石脑油、氨、氢气、一氧化碳、二氧化碳、二氧化硫、硫化氢、氮气、氢氧化钠、硫酸、盐酸等化学品的物理性数据、活性数据、热和化学稳定性数据、腐蚀性数据、毒性信息、职业接触限值、急救和消防措施等工艺安全信息内容。

5.5.4.3　企业应对装置正常运行过程中的各项工艺参数进行严格控制，安全工艺参数至少满足：

(1) 气柜出入口管线氧含量<0.005（体积分数）；

(2) 气化炉氧油比 0.85～0.90；

(3) 回收吹风气燃烧炉上段温度≥750℃；

(4) 高压甲醇塔、烷化塔、提温换热器、氨合成塔塔壁温度≤120℃；

(5) 尿素合成塔出口物料含镍量≤0.2×10^{-3}‰；

(6) 入尿素塔二氧化碳气体中氧含量：0.004～0.006（体积分数）；

(7) 液氨储槽充装量禁止超过储槽容积的 85%，粗甲醇储槽最大充装量不得超过 90%。

5.5.4.4　企业对生产装置开车过程应严格控制，保证装置开车过程安全。装置开车前要对监测报警系统、联锁设施、盲板抽堵、防护、通风、消防、照明等各类安全设施进行全面检查，并填写生产系统开车条件确认单。做到：

(1) 所有需拆卸的盲板均已按照要求拆卸完毕，并得到确认；

(2) 所有机泵试运行合格；

(3) 监测报警系统试验合格；

(4) 系统试压、气密、吹扫、清洗、置换合格，管道中含氧量小于 0.005（体积分数）；

(5) 系统仪表调节器、调节阀、联锁系统调校试验合格；

(6) 安全防护器具、消防器材配备就绪；

(7) 分析仪器准备就绪；

(8) 电气供电系统准备就绪；

(9) 通信器材、照明设施准备就绪；

(10) 公用工程条件符合开车的安全要求。

5.5.4.5　装置停车及紧急情况处理应按照 AQ 3013—2008 第 5.5.4.5 和第 5.5.4.6 条规定执行。

5.5.4.6　企业液氨充装、储存过程安全管理应符合下列要求：

(1) 汽车罐车充装

1) 应使用鹤管进行液氨充装。

2) 有防止汽车罐车充装过程中车辆发生滑动的有效措施；灌装人员负责将车辆的钥匙拔下，并保管至灌装结束，操作人员、司机、押运员不得离开现场。

3) 罐车静电接地报警装置完好。

4) 装卸现场、罐车附近严禁烟火，不得使用易产生火花的工具和物品，严禁将罐车作为储罐、气化器使用。

5) 严禁用蒸汽或其他方法加热储罐和罐车罐体。

6) 充装、储存液氨的场所，应配备必要的抢修器材、防护器具和消防器材。

7) 充装前应检查驾驶证、罐体检验证、汽车罐车使用证、押运员证、准运证是否齐全有效；充装车辆应配置灭火器、阻火器、气液相管封帽。

8) 罐车在充装前应保证正压，须保持 0.05 MPa 以上的余压，防止罐车内进入空气。

9) 充装压力不超过 1.6 MPa。

10) 罐车充装时，每次都要填写充装记录，内容包括：使用单位、充装日期、允许充装量、实际充装量、复称记录，并有充装者、复验者、押运员的签名。

11) 液氨充装现场应设置喷淋装置，安装在线计量装置，充装管前第一道阀处应设置为紧急切断阀。

(2) 钢瓶充装

1) 充装前，必须对钢瓶逐只进行严格的检查，检查合格后方可充装。

2）使用钢瓶充装时，钢瓶瓶帽、防震圈应齐全，同时应设置电子衡器与充装阀报警联锁装置。

3）应逐瓶称重，充装后必须认真复秤和填写充装复秤记录。严禁过量充装（充装量不得超过 0.53 kg/L），充装过量的钢瓶不准出厂。严禁用容积计量。

4）称重衡器应保持准确，衡器的最大称量值应为称量的 1.5～3 倍。衡器校验期不得超过 3 个月。

5）充装现场应设置遮阳设施，防止阳光直接照射钢瓶。

（3）液氨储存

1）罐区电气设备符合防火防爆要求；

2）应设置液氨储罐远传监控、超限报警装置；

3）超过 100 m³ 的液氨储罐应设双安全阀，安全阀排气应引至回收系统或火炬排放燃烧系统；

4）液氨储罐进出口管线应设置双切断阀，其中一只出口切断阀为紧急切断阀；

5）液氨储罐区应设置防火堤、备用事故氨罐、氨气回收、应急喷淋及清净下水回收等设施。

5.5.4.7　企业安全联锁系统变更时，应由生产、技术、安全、设备、仪表等专业部门共同会签，经主管负责人审批后方可实施，严禁擅自变动。联锁系统变更包括：

（1）联锁摘除；

（2）联锁程序的变更；

（3）联锁设定值的改变。

5.5.4.8　企业应按照 AQ 3013—2008 第 5.5.4.7、第 5.5.4.8 条规定执行。

5.5.5　关键装置及重点部位

企业应按照 AQ 3013—2008 第 5.5.5 条规定，对关键装置、重点部位实行管理。关键装置及重点部位至少包括，但不局限于：

（1）原料气压缩机、氮氢压缩机、氨压缩机、空气压缩机；

（2）氨合成塔；

（3）尿素合成塔；

（4）脱硫塔、脱碳塔、变换炉、醇化塔、烷化塔；

（5）铜洗塔；

（6）空分装置；

（7）氢回收装置；

（8）高压蒸汽锅炉；

（9）高压甲铵泵；

（10）高压液氨泵；

（11）一段分解分离器；

（12）氨冷器；

（13）液氨缓冲槽；

（14）高压配电控制室；

（15）一、二段转化炉、气化炉、废热锅炉；

（16）液氨储罐、气柜、酸碱罐区等。

5.5.6 检维修

企业应按照 AQ 3013—2008 第5.5.6 条款规定执行。

5.5.7 拆除和报废

企业应按照 AQ 3013—2008 第5.5.7 条规定执行。

5.6 作业安全

5.6.1 作业许可

5.6.1.1 企业应按照 AQ 3013—2008 第5.6.1 条规定执行。未办理相关作业许可证，不得进行作业活动。

5.6.1.2 企业的各种作业许可证应至少保存1年。

5.6.2 警示标志

5.6.2.1 企业应按照 AQ 3013—2008 第5.6.2 条规定执行。

5.6.2.2 企业应在管道上设置介质流向标志。

5.6.2.3 企业应至少在氨、甲醇、一氧化碳、二氧化碳、二氧化硫、硫化氢、煤尘、硫黄粉尘、高温、冷冻、噪声、辐射等职业危害因素存在区域设置安全标志、职业危害警示标识。

5.6.2.4 企业安全标志、职业危害警示标识每半年至少检查1次，确保无破损、无变形、无褪色等，不符合要求时要及时修整或更换，保存检查记录。

5.6.3 作业环节

企业应按照 AQ 3013—2008 第5.6.3 条规定执行。

5.6.4 承包商与供应商

企业应按照 AQ 3013—2008 第5.6.4 条规定执行。

5.6.5 变更

企业应按照 AQ 3013—2008 第5.6.5 条规定执行。

5.7　产品安全与危害告知

5.7.1　危险化学品档案

企业应按照 AQ 3013—2008 第 5.7.1 条规定，对所有接触和产生的如氨、盐酸、硫酸、液氧、液氮、氮气、甲醇、天然气、氢气、一氧化碳、二氧化碳、二氧化硫、硫化氢、石脑油、硫黄等化学品进行普查，建立危险化学品档案。

5.7.2　化学品分类

企业应按照 AQ 3013—2008 第 5.7.2 条规定，对产品、中间产品进行分类，并将分类结果汇入危险化学品档案。

5.7.3　化学品安全技术说明书和安全标签

企业应按照 AQ 3013—2008 第 5.7.3 条规定执行，编制氨、硫黄、液氧、液氮、甲醇等产品的化学品安全技术说明书和安全标签，向供应商索取购买危险化学品的安全技术说明书和安全标签。

5.7.4　化学事故应急咨询服务电话

企业应按照 AQ 3013—2008 第 5.7.4 条规定执行。

5.7.5　危险化学品登记

企业应按照 AQ 3013—2008 第 5.7.5 条规定执行。

5.7.6　危害告知

企业应以适当、有效的方式对从业人员及相关方至少告知氨、氢气、甲醇、一氧化碳、二氧化硫、硫化氢、硫黄、盐酸、硫酸、烧碱等危险化学品的危险特性、活性危害、禁配物、预防及应急处理措施。

5.8　职业危害

5.8.1　职业危害申报

5.8.1.1　企业应按照 AQ 3013—2008 第 5.8.1 条规定，进行职业危害申报。

5.8.1.2　企业的职业危害因素至少包括：氨、甲醇、一氧化碳、二氧化硫、硫化氢、煤尘、高温、冷冻、噪声、辐射等。

5.8.2　作业场所职业危害管理

5.8.2.1　企业应按照 AQ 3013—2008 第 5.8.2 条规定执行。

5.8.2.2　企业作业场所职业危害因素的各项指标应符合 GBZ 1 和 GBZ 2 规定，并应对职业危害因素检测结果超出国家职业卫生标准规定限值的作业场所，制定整改措施，限期整改。

5.8.2.3　企业应对从事接职业病危害作业的从业人员，组织上岗前、在岗期间和离岗时的职业健康检查，并为从业人员建立职业健康监护档案。

5.8.2.4　企业应每年组织 1 次接触氨、一氧化碳、甲醇、硫化氢、高温、噪声、辐射等的从业人员进行职业健康检查，每 2 年组织 1 次接触二氧化硫、煤尘的从业人员进行职业健康检查。其他从业人员职业健康检查应根据所接触的职业危害因素类别，按有关规定检查项目和检查周期进行检查。职业健康检查结果应存入健康监护档案。

5.8.3　劳动防护用品

企业应按照 AQ 3013—2008 第 5.8.3 条规定，对劳动防护用品进行配置和管理。还应至少做到：

（1）接触酸、碱的作业人员应配备防酸碱工作服、手套、工作鞋及护目镜或防护面罩。

（2）接触一氧化碳、硫化氢、二氧化硫等有毒有害气体的作业人员应配备过滤式防毒面具；岗位至少配备两套长管式防毒面具。

（3）接触氨的操作岗位应至少配备两套正压式空气呼吸器、长管式防毒面具、全封闭防化服等防护器具；接触氨的作业人员均应配备型号适合的过滤式防毒面具。

（4）接触煤尘等固体粉尘的作业人员应配备防尘口罩。

（5）接触噪声的作业人员应配备耳塞或耳罩。

（6）高温作业场所作业人员应配备防热服、防高温手套、隔热鞋。

5.9　事故与应急

5.9.1　事故报告

企业应按照 AQ 3013—2008 第 5.9.1 条规定执行。

5.9.2　抢险与救护

企业应按照 AQ 3013—2008 第 5.9.2 条规定执行。

5.9.3　事故调查和处理

企业应按照 AQ 3013—2008 第 5.9.3 条规定执行。

5.9.4　应急指挥系统

企业应按照 AQ 3013—2008 第 5.9.4 条规定执行。

5.9.5　应急救援器材

5.9.5.1　企业应为保证应急救援工作及时有效，配备足够的应急救援器材，并保持完好：

（1）抢险抢修器材；

（2）个体防护用品；

（3）通信联络器材；

（4）照明、交通运输工具等。

5.9.5.2　企业应对应急救援器材专人维护、保管、检查，并做好记录，确保应急救援器材始终处于完好状态。

5.9.5.3　企业应建立应急通信网络并保证应急通信网络的畅通；报警方法、联络号码和信号使用规定要置于明显位置，保证相关人员熟悉掌握。

5.9.6　应急救援预案与演练

5.9.6.1　企业应按照 AQ 3013—2008 第 5.9.6.1 条规定，编制综合应急救援预案，并按"一事一案"的原则编制专项应急救援预案。应重点考虑：

（1）氨、甲醇、氢气、硫化氢、硫黄、一氧化碳、天然气、石脑油、重油等泄漏、火灾、爆炸；

（2）酸、碱等泄漏；

（3）氨、甲醇、硫化氢、二氧化硫、一氧化碳、氮气泄漏及人员中毒；

（4）停料、水、电、汽、仪表风等。

5.9.6.2　企业应按照 AQ 3013—2008 第 5.9.6.2、第 5.9.6.3 条规定，对应急救援预案定期演练、评审，做到：

（1）每年至少组织 1 次厂级应急救援预案演练；

（2）每半年至少进行 1 次车间级应急救援预案演练。

5.9.6.3　企业应按照 AQ 3013—2008 第 5.9.6.4 条规定执行。

5.10　检查与自评

5.10.1　安全检查

企业应按照 AQ 3013—2008 第 5.10.1 条规定，做好安全检查工作，并编制包含下列检查内容的安全检查表：

（1）综合性安全检查：

1）公司级（厂级）综合性安全检查；

2）车间级综合性安全检查。

（2）专业安全检查：

1）工艺安全检查；

2）设备安全检查；

3）变配电系统安全检查；

4）仪表安全检查；

5）罐区、仓库安全检查；

6）消防安全检查；

7）职业卫生安全检查；

8）现场检维修作业安全检查；

9) 安全设施安全检查。

(3) 季节性安全检查:

1) 春季安全检查;

2) 夏季安全检查;

3) 秋季安全检查;

4) 冬季安全检查。

(4) 日常安全检查:

1) 岗位操作人员日常安全检查;

2) 工艺、设备、安全、电气、仪表等专业技术人员日常安全检查。

(5) 节假日安全检查。

5.10.2　安全检查形式与内容

企业应按照 AQ 3013—2008 第5.10.2条规定,组织各种形式的安全检查,保证检查的频次和效果,并保存检查记录。

5.10.3　整改

5.10.3.1　企业应按照 AQ 3013—2008 第5.10.3条规定,对查出的问题进行整改和管理。

5.10.3.2　企业对检查发现暂时不能整改的问题,应纳入隐患治理计划,按照5.2.4条进行管理。

5.10.4　自评

企业应按照 AQ 3013—2008 第5.10.4条规定执行。自评内容至少包括:

(1) 安全生产方针、目标的实现情况;

(2) 法律、法规与管理制度的遵守情况;

(3) 重大风险管理及其措施的落实情况;

(4) 事故、事件的管理情况;

(5) 安全标准化运行的符合性、适宜性、有效性等。

第三节　硫酸生产企业安全生产标准化实施指南
(AQ 3037—2010)

1　范围

本标准规定了硫酸生产企业(以下简称企业)开展安全生产标准化的过程和要求。

本标准适用于中华人民共和国境内采用以硫铁矿（砂）、硫黄、冶炼烟气、石膏、有色金属矿为原料，生产硫酸、二氧化硫等产品的企业，该生产工艺包括原料气的制取、净化、转化、干吸、余热利用等工艺单元。

采用其他原料生产硫酸、二氧化硫的企业可参照执行。

2　规范性引用文件

下列文件对于本文件的应用是必不可少的。凡是注日期的引用文件，仅注日期的版本适用于本文件。凡是不注日期的引用文件，其最新版本（包括所有的修改单）适用于本文件。

GB 18218　危险化学品重大危险源辨识

GB 50016　建筑设计防火规范

GB 50057　建筑物防雷设计规范

GB 50058　爆炸和火灾危险环境电力装置设计规范

GB 50140　建筑灭火器配置设计规范

GB 50351　储罐区防火堤设计规范

AQ 3013—2008　危险化学品从业单位安全标准化通用规范

AQ 3022　厂区动火作业安全规程

AQ 3026　厂区设备检修作业安全规程

危险化学品建设项目安全许可实施办法　国家安全生产监督管理总局令第 8 号

气瓶安全监察规定　质量监督检验检疫总局令第 46 号

3　术语和定义

AQ 3013—2008 确立的术语和定义适用于本标准。

4　一般要求

企业应按照 AQ 3013—2008 第 4 章的规定，开展安全生产标准化工作。

5　核心要求

5.1　方针目标

企业应按照 AQ 3013—2008 第 5.1.2 条款的规定，组织制定文件化的安全生产方针和目标，签订各级组织安全目标责任书。安全生产目标的制定应具体、合理、可测量、可实现，宜结合下列内容：

（1）零死亡；

（2）千人负伤率；

（3）事故起数降低率；

（4）隐患治理完成率；

（5）有毒有害场所检测合格率；

（6）其他。

5.2 组织机构和职责

5.2.1 组织机构

5.2.1.1 企业应建立安全生产领导小组，设置安全生产管理部门，配备专职安全生产管理人员。有工会组织的企业，安全生产领导小组成员应有工会代表。

5.2.1.2 企业应根据生产经营规模实际情况，设置相应的管理部门。

5.2.1.3 企业应建立从安全生产领导小组到基层班组的安全生产管理网络，明确安全责任人。

5.2.1.4 企业应按《注册安全工程师管理规定》第六条规定执行。

5.2.1.5 企业应按照 GB 17266 的规定，配备生产管理人员、技术人员、操作人员、质量化验员等。

5.2.2 职责

5.2.2.1 企业应制定安全生产委员会（以下简称安委会）或领导小组和管理部门的安全职责。

5.2.2.2 企业应制定主要负责人、各级管理人员和从业人员的安全职责。

5.2.2.3 企业应建立安全责任考核机制，对各级管理部门、管理人员及从业人员安全职责的履行情况和安全生产责任制的实现情况进行定期考核，予以奖惩。

5.2.3 负责人

5.2.3.1 企业主要负责人应按照 AQ 3013—2008 第 5.1.1 条款的规定，做好本职工作。其安全承诺内容包括：

（1）遵守法律、法规、标准和规程；

（2）开展风险管理，坚持预防为主，定期排查隐患，抓好隐患治理；

（3）提供必要资源；

（4）贯彻安全生产方针，实现安全生产目标；

（5）持续改进安全绩效；

（6）对从业人员、相关方的承诺；

（7）其他。

主要负责人的安全承诺应通过适当的方式、渠道向从业人员及相关方宣传或告知。

5.2.3.2　企业主要负责人每季度应至少组织并主持 1 次安委会会议，总结本季度安全工作，研究、决策下一季度安全生产的重大问题，并制定相应实施方案。保存会议记录。

5.3　安全生产投入与工伤保险

5.3.1　安全生产投入

5.3.1.1　企业应依据国家、当地政府的有关安全生产费用提取规定，自行提取安全生产费用，专项用于安全生产。

5.3.1.2　企业应按照规定的安全生产费用使用范围，合理使用安全生产费用，建立安全生产费用台账。

5.3.2　工伤保险

企业应依法参加工伤社会保险，为从业人员缴纳工伤保险费。

5.4　法律、法规与安全管理制度

5.4.1　法律、法规、标准规范

5.4.1.1　企业应建立识别和获取适用的安全生产法律、法规、标准及其他要求管理制度，明确责任部门，确定获取渠道、方式和时机，及时识别和获取，定期更新。

5.4.1.2　企业应将适用的安全生产法律、法规、标准及其他要求及时对从业人员进行宣传和培训，提高从业人员的守法意识，规范安全生产行为。

5.4.1.3　企业应将适用的安全生产法律、法规、标准及其他要求及时传达给相关方。

5.4.1.4　企业应将法律、法规相关要求及时转化为本单位的规章制度。

5.4.2　规章制度

5.4.2.1　企业应按照 AQ 3013—2008 第 5.3.3.1 条款的规定，制订相关的安全生产规章制度。

5.4.2.2　企业应将安全生产规章制度发放到有关的工作岗位。

5.4.3　操作规程

5.4.3.1　企业应根据生产工艺、技术、设备特点，原材料、辅助材料及硫酸、二氧化硫等产品的危险性，组织有关技术人员和有经验的员工，对所有的操作活动进行风险分析，制定相应的控制和预防措施，作为编制操作规程的依据，并根据生产操作岗位的设立情况，可按照但不限于下列岗位编制操作规程：

（1）原料，包括硫黄、硫铁矿、石膏等装卸和储存；

（2）烘干、配料、烧成；

（3）原料气的制取，包括熔硫、焚硫或焙烧、烧成；

（4）净化；

（5）转化；

（6）干吸；

（7）余热锅炉岗位；

（8）硫酸、二氧化硫的储存和装卸；

（9）特种作业；

（10）公用工程操作；

（11）其他。

5.4.3.2 操作规程应包括下列内容：

（1）开车操作程序；

（2）停车操作程序；

（3）正常运行操作程序；

（4）紧急停车操作程序；

（5）接触化学品的危险性；

（6）各种操作参数、指标；

（7）操作过程安全注意事项；

（8）异常现象安全处置措施；

（9）配置的安全设施，包括事故应急处置设施、个体安全防护设施；

（10）岗位危险因素及预防措施。

5.4.3.3 在新工艺、新技术、新装置、新产品投产或投用前，企业应组织编制新的操作规程。

5.4.4 评估

企业应按照 AQ 3013—2008 第 5.3.2 条款规定，进行符合性评价，提交符合性评价报告。符合性评价报告内容应包括：

（1）获取的安全生产法律、法规、标准及其他要求的适宜性、充分性；

（2）获取的安全生产法律、法规、标准及其他要求在企业的执行情况，是否存在违法现象和违规行为；

（3）对不符合安全生产法律、法规、标准及其他要求的现象和行为提出的整改要求等。

5.4.5 修订

企业应按照 AQ 3013—2008 第 5.3.5 条款规定执行。

5.4.6 文件和档案管理

5.4.6.1 企业应严格执行文件和档案管理制度，确保安全规章制度和操作规程编制、使用、评审、修订的效力。

5.4.6.2 企业应建立主要安全生产过程、事件、活动、检查的安全记录档案，并加强对安全记录的有效管理。

5.5　教育培训

5.5.1　教育培训

企业应按照 AQ 3013—2008 第 5.4 条款规定执行。

5.5.2　安全文化建设

5.5.2.1　企业主要负责人应组织实施安全生产标准化，建设企业安全文化。

5.5.2.2　企业应采取多种形式的安全文化活动，引导全体从业人员的安全态度和安全行为，逐步形成为全体员工所认同、共同遵守、带有本单位特点的安全价值观，实现法律和政府监管要求之上的安全自我约束，保障企业安全生产水平持续提高。

5.6　生产设备设施

5.6.1　生产设备设施建设

5.6.1.1　企业应按照 AQ 3013—2008 第 5.5.1 条款的规定执行。

5.6.1.2　企业新建硫酸装置生产能力规模应符合国家相关产业政策。

5.6.1.3　企业新、改、扩建硫酸生产装置，应当执行国家安监总局令第 8 号的规定。

5.6.2　设备设施运行管理

5.6.2.1　企业应对生产设备设施进行规范化管理，保证其安全运行。

5.6.2.2　企业应严格执行检维修管理制度，实行日常检维修和定期检维修管理。

5.6.2.3　企业应制订年度综合检维修计划，落实"五定"，即定检修方案、定检修人员、定安全措施、定检修质量、定检修进度原则。

5.6.2.4　企业在进行检维修作业时，应执行下列程序：

（1）检维修前：

1）进行危险、有害因素识别；

2）编制检维修方案；

3）办理工艺、设备设施交付检维修手续；

4）对检维修人员进行安全培训教育；

5）检维修前对安全控制措施进行确认；

6）为检维修作业人员配备适当的劳动保护用品；

7）办理各种作业许可证。

（2）对检维修现场进行安全检查。

（3）检维修后办理检维修交付生产手续。

5.6.3　新设备设施验收及旧设备拆除、报废

5.6.3.1　企业应执行生产设备设施到货验收管理制度，应使用质量合格、设计符合要

求的生产设备设施。

5.6.3.2　企业应严格执行生产设施拆除和报废管理制度。拆除作业前，拆除作业负责人应与需拆除设施的主管部门和使用单位共同到现场进行对接，作业人员进行危险、有害因素识别，制定拆除计划或方案，办理拆除设施交接手续。

5.6.3.3　企业凡需拆除的容器、设备和管道，应先清洗干净，分析、验收合格后方可进行拆除作业。

5.6.3.4　企业欲报废的容器、设备和管道内仍存有危险化学品的，应清洗干净，分析、验收合格后，方可报废处置。

5.6.4　安全设施

5.6.4.1　企业应按照 AQ 3013—2008 第 5.5.2.1 条款、第 5.5.2.2 条款的规定，建立安全设施管理台账，配置下列安全设施：

（1）硫黄库、液硫储槽区及柴油储罐区等区域配置静电导除设施及消防栓、蒸汽灭火设施等消防设施。

（2）余热锅炉汽包液位、温度和压力及除氧器液位自动调节系统。

（3）涉及二氧化硫的区域设置机械通风及事故排风装置。

（4）二氧化硫储罐区、重瓶仓库应根据实际情况合理安装与吸收装置相连接的设施，保证相应区域内泄漏的二氧化硫及时被导入吸收装置。

（5）安全联锁：

1）排渣埋刮板输送机与上料胶带输送机联锁报警装置；

2）余热锅炉汽包液位自动报警联锁装置；

3）二氧化硫超装报警联锁装置；

4）二氧化硫风机、空气风机、干吸循环酸泵联锁系统。

（6）其他：

1）在二氧化硫、硫酸的生产、储存区域，在泵及取样点等位置应设置冲洗和洗眼设施，冲洗和洗眼设施及其服务半径应符合要求；

2）厂区应设置在任何区域可视的风向标；

3）生产、储存区域应设置安全警示标志；

4）二氧化硫、硫酸等储罐应安装液位计，同时将液位信号传至控制室；

5）储罐区应设置符合 GB 50351 的围堰；

6）建筑物的耐火等级和防火距离应符合 GB 50016；

7）防雷电设施应符合 GB 50057；

8）消防设施与器材应符合 GB 50140 和 GB 50016；

9）变配电室、电气开关室应设防止小动物进入的设施；

10）吊装二氧化硫钢瓶的起重机械应配置双制动系统；

11）硫酸储槽呼吸口应设呼吸阀；

12）二氧化硫充装场所应设置泄漏监测报警装置；

13）余热锅炉的供水系统应设置备用泵，现场液位计应设置夜间照明装置；

14）可能危及行人安全的带压硫酸管道及法兰处应设防泄漏保护装置；

15）使用煤气、天然气升温的装置应设置电子打火自动切断装置；

16）通风较差的硫黄储存区域应设置完善的通风装置，并安装粉尘自动检测报警装置；

17）按照 GB 50058 在爆炸和火灾危险环境配置防爆电气设施。

5.6.4.2　企业应按照 AQ 3013—2008 第 5.5.2.3 条款、第 5.5.2.4 条款、第 5.5.2.5 条款规定执行。

5.6.5　特种设备

5.6.5.1　企业应按照 AQ 3013—2008 第 5.5.3 条款的规定执行。

5.6.5.2　企业应对检验确认报废的二氧化硫钢瓶内的二氧化硫进行妥善处理，按照规定由相应资质的气瓶检验机构进行破坏性处理，保存记录。

5.6.5.3　余热锅炉、压力容器及其安全附件、压力管道、钢瓶等特种设备应按照规定由相应资质的检验机构定期检验。

5.6.6　关键装置及重点部位

企业应按照 AQ 3013—2008 第 5.5.5 条款的规定，对关键装置及重点部位实行管理，包括但不局限于下列关键装置及重点部位：

（1）焚硫炉、沸腾炉、转化器；

（2）余热锅炉、省煤器等余热回收系统；

（3）电除雾器和电除尘器；

（4）二氧化硫风机、空气风机；

（5）干吸循环系统，包括酸循环泵、酸冷却器、硫酸管道；

（6）烘干机、回转窑系统；

（7）二氧化硫压缩、液化、充装装置；

（8）硫黄储存区；

（9）液硫、液体二氧化硫、硫酸罐区；

（10）柴油罐区。

5.7　作业安全

5.7.1　生产现场管理和生产过程控制

5.7.1.1 企业应加强生产现场安全管理和生产过程控制。

5.7.1.2 企业应根据生产场所的火灾爆炸危险性划定禁火区,按照 AQ 3013—2008 第 5.6.1 条规定,对危险性作业实施作业许可证管理,未办理作业许可证,不得进行相关作业活动。

5.7.1.3 各种作业许可证存根应至少保存 1 年。

5.7.2 工艺安全

5.7.2.1 企业从业人员应掌握硫黄、二氧化硫、三氧化硫、硫酸等化学品的物理性数据、活性数据、热和化学稳定性数据、腐蚀性数据、毒性信息、职业接触限值、急救和消防措施等。

5.7.2.2 企业应根据工艺、设备具体情况至少设置以下安全工艺参数:

(1) 焚硫炉或沸腾炉温度;

(2) 余热锅炉汽包压力、液位、温度;

(3) 除氧器液位;

(4) 洗涤塔温度;

(5) 电除雾器出口负压;

(6) 干燥塔或吸收塔循环酸温度、浓度;

(7) 二氧化硫钢瓶充装系数,二氧化硫罐车充装系数;

(8) 液硫储罐上方空间温度;

(9) 转化器各级段进出口温度;

(10) 省煤器进出管氢气浓度;

(11) 酸冷器酸浓度等。

5.7.2.3 企业生产装置开车前要对监测报警系统、联锁装置、盲板抽堵、防护设施、通风设施、消防器材、照明等各类安全设施进行全面检查,并填写生产开车条件确认单,逐项落实已制定的装置开车程序。

5.7.2.4 企业生产装置停车前应进行条件确认,满足停车条件后,方可按照已制定的程序停车,做到:

(1) 停车条件得到确认;

(2) 消防器材、防护器材准备齐全;

(3) 通信器材准备就绪。

装置停车后,操作人员应按已制定的检修程序对需检修的设备、管线进行工艺处理,处理合格后办理生产交付检修手续。冬季装置停车后,要采取有效防冻保温措施。应按照 AQ 3026 的有关规定执行。

5.7.2.5　企业生产装置正常运行时：

（1）操作人员严格执行操作规程。

（2）操作人员进入生产现场应穿戴好相应的劳动保护用品。

（3）保证所有投用的安全阀的根部切断阀处在全开位置，严禁随意将安全阀根部切断阀关闭，并做好状态标识；安全阀带压工作时，严禁进行任何修理和紧固；严禁操作人员擅自开拆铅封或调整安全阀的整定螺钉。

（4）工艺参数运行指标应控制在安全上下限值范围内。应对生产过程中出现的工艺参数偏离情况及时分析原因，使运行偏差及时得到有效纠正。

5.7.2.6　企业二氧化硫钢瓶和汽车罐车的充装过程应严格执行《气瓶安全监察规定》，并做到：

（1）钢瓶充装：

1）二氧化硫充装前，每班应对计量器具检查校零。

2）二氧化硫充装前，应有专人对钢瓶进行全面检查，分析钢瓶内剩余二氧化硫的含量，确认有无缺陷和异常情况，符合要求后方可充装。

3）充装后的二氧化硫重瓶应复验充装量，严禁超装。复磅时应换人换衡器。

4）充装前的检查记录、充装操作记录、充装后复验和检查记录应完整保存。

5）二氧化硫空瓶和充装后的重瓶应分开放置，设置明显标志，禁止混放。

6）充装后的钢瓶入库前应有产品合格证。合格证注明瓶号、容量、重量、充装日期等内容。

7）二氧化硫钢瓶起重机械使用前应进行检查。

8）应设置二氧化硫超装自动回流装置。

（2）汽车罐车充装：

1）液态二氧化硫罐车充装前应有专业人员对汽车罐车进行全面检查，确认安全附件是否齐全，防止汽车罐车充装过程中发生移动的措施是否有效，检查合格后方可充装。充装记录应完整保存。

2）槽车充装应设置紧急切断装置。

3）槽车出厂前应对其充装量进行复核。

5.7.2.7　企业不得在可能有二氧化硫泄漏的建筑物内设置操作室、办公室、休息室或会议室等。

5.7.2.8　企业安全联锁系统变更相关项目时，应由生产、技术、安全、设备、仪表等专业部门共同会签，经主管负责人审批后方可实施，严禁擅自变更。联锁系统项目变更包括：

（1）联锁摘除；

（2）联锁程序的变更；

（3）联锁设定值的改变。

5.7.3 作业行为管理

5.7.3.1 企业应按照 AQ 3013—2008 第 5.6.3 条款的规定执行。

5.7.3.2 企业对接触硫酸的设备或管道动火作业前，应进行可燃气体分析，按 AQ 3022 的规定办理相应动火手续，方可动火作业。

5.7.3.3 液体二氧化硫、硫酸等危险化学品的销售应符合有关法律、法规的规定。

5.7.4 警示标志

5.7.4.1 企业应按照 AQ 3013—2008 第 5.6.2 条款的规定，设置安全标志、职业危害警示标识。

5.7.4.2 企业应经常检查安全标志、职业危害警示标识，确保无破损、变形、褪色等，保存检查记录。

5.7.5 相关方管理

5.7.5.1 企业应严格执行承包商管理制度，对承包商资格预审、选择、开工前准备、作业过程监督、表现评价、续用等过程进行管理，与选用的承包商签订安全协议书。

5.7.5.2 企业应严格执行供应商管理制度，对供应商资格预审、提供的产品、技术服务、选用和续用等过程进行管理。

5.7.5.3 企业应建立合格相关方的名录和档案，根据服务作业行为定期识别服务行为风险，并采取行之有效的控制措施。

5.7.5.4 不得将项目委托给不具备相应资质或条件的相关方。

5.7.6 变更

5.7.6.1 企业应严格执行变更管理制度，履行下列变更程序：

（1）变更申请：按要求填写变更申请表，由专人进行管理。

（2）变更审批：变更申请表应逐级上报主管部门，并按管理权限报主管领导审批。

（3）变更实施：变更批准后，由主管部门负责实施。不经过审查和批准，任何临时性的变更都不得超过原批准范围和期限。

（4）变更验收：变更实施结束后，变更主管部门应对变更的实施情况进行验收，形成报告，并及时将变更结果通知相关部门和有关人员。

5.7.6.2 企业应对变更过程产生的风险进行分析和控制。

5.7.7 风险管理

5.7.7.1 范围与评价方法

（1）企业应按照 AQ 3013—2008 第 5.2.1.1 条款规定执行。参加风险评价人员包括生产、技术、设备（含电气、仪表）、安全、环保、工程、职业卫生等部门的人员，并具备下列条件：

1）具备硫酸生产专业知识和经验；

2）具备进行风险分析的技术、知识和经验；

3）熟悉所使用的风险评价方法。

（2）风险评价的范围、方法及评价准则应按照 AQ 3013—2008 第 5.2.1.2 条款、第 5.2.1.3 条款、第 5.2.1.4 条款规定执行。

5.7.7.2　风险评价

企业应按照 AQ 3013—2008 第 5.2.2 条款的规定进行风险评价，重点对以下生产工艺过程、场所、设备设施等进行评价：

（1）原料气的制取、净化、转化、干吸等过程；

（2）生产装置开、停车过程；

（3）电除尘器、电除雾器、转化器、硫酸储罐等检维修过程；

（4）液硫储罐、熔硫炉、焚硫炉或沸腾炉、回转窑、余热锅炉、精硫泵等设备设施；

（5）二氧化硫的压缩、充装系统；

（6）硫黄、液体二氧化硫、硫酸储存区及其装卸过程；

（7）尾气回收过程及装置；

（8）停水、停电、停蒸汽；

（9）工艺参数偏差；

（10）公用工程系统；

（11）其他。

5.7.7.3　风险控制

（1）企业应按照 AQ 3013—2008 第 5.2.3 条款的规定，对风险进行控制；

（2）企业应形成重大风险清单，制定并落实重大风险控制措施，对控制措施的实施效果进行监督、检查和评价，保存相应记录。

5.7.7.4　风险信息更新

（1）企业应适时组织风险评价工作，识别与生产经营活动有关的危险、有害因素和隐患。

（2）企业应定期评审或检查风险评价结果和风险控制效果。

（3）企业应在下列情形发生时及时进行风险评价：

1）新的或变更的法律、法规或其他要求；

2）操作条件变化或工艺改变；

3）技术改造项目；

4）有对事件、事故或其他信息的新认识；

5）组织机构发生大的调整。

5.8 隐患排查和治理

5.8.1 隐患排查

5.8.1.1 企业应组织事故隐患排查工作，对隐患进行分析评估，确定隐患等级，登记建档，及时采取有效的治理措施。

5.8.1.2 隐患排查前应制定排查方案，明确排查的目的、范围，选择合适的排查方法。排查方案应依据：

（1）有关安全生产法律、法规要求；

（2）设计规范、管理标准、技术标准；

（3）企业的安全生产目标等；

（4）其他。

5.8.2 排查范围与方法

5.8.2.1 企业隐患排查的范围应包括所有与生产经营相关的场所、环境、人员、设备设施和活动。

5.8.2.2 企业应根据安全生产的需要和特点，采用综合检查、专业检查、季节性检查、节假日检查、日常检查等方式进行隐患排查。各种安全检查均应按相应的安全检查表逐项检查，建立安全检查台账，并与责任制挂钩。

5.8.2.3 企业安全检查形式和内容应满足：

（1）综合性检查应由相应级别的负责人负责组织，以落实岗位安全责任制为重点，各专业共同参与的全面安全检查。厂级综合性安全检查每季度不少于1次，车间级综合性安全检查每月不少于1次。

（2）专业检查分别由各专业部门的负责人组织本系统人员进行，主要是对锅炉、压力容器、危险物品、电气装置、机械设备、构建筑物、安全装置、防火防爆、防尘防毒、监测仪器等进行专业检查。专业检查每半年不少于1次。

（3）季节性检查由各业务部门的负责人组织本系统相关人员进行，是根据当地各季节特点对防火防爆、防雨防汛、防雷电、防暑降温、防风及防冻保暖工作等进行预防性季节检查。

（4）日常检查分岗位操作人员巡回检查和管理人员日常检查。岗位操作人员应认真履行岗位安全生产责任制，进行交接班检查和班中巡回检查，各级管理人员应在各自的业务范围内进行日常检查。

(5) 节假日检查主要是对节假日前安全、保卫、消防、生产物资准备、备用设备、应急预案等方面进行的检查。

5.8.2.4 企业应编制各种安全检查表，检查表应包括检查项目、检查依据、检查方法、检查结果等栏目。企业可编制下列检查表（不局限）：

(1) 综合性安全检查表：

1) 公司级（厂级）综合性安全检查表；

2) 车间级综合安全检查表。

(2) 专业性安全检查表：

1) 工艺、设备安全检查表；

2) 防雷防静电设施检查表；

3) 储存仓库安全检查表；

4) 消防安全检查表；

5) 安全设施检查表；

6) 防火、防爆检查表。

(3) 季节性安全检查表：

应根据所在地区地理、气候特点，编制不同季节安全检查表。

(4) 日常安全检查表：

1) 岗位操作人员安全检查表；

2) 各岗位工艺、设备、安全、电气、仪表等的安全检查表。

(5) 节假日安全检查表。

5.8.3 隐患治理

5.8.3.1 企业应对隐患项目下达隐患治理通知，限期治理，做到定治理措施、定负责人、定资金来源、定治理期限。企业应建立隐患治理台账。

5.8.3.2 企业应对确定的重大隐患项目建立档案，档案内容应包括：

(1) 评价报告与技术结论；

(2) 评审意见；

(3) 隐患治理方案，包括资金概预算情况等；

(4) 治理时间表和责任人；

(5) 竣工验收报告。

5.8.3.3 企业无力解决的重大事故隐患，除采取有效防范措施外，应书面向企业直接主管部门和当地政府报告。

5.8.3.4　企业对不具备整改条件的重大事故隐患，必须采取防范措施，并纳入计划，限期解决或停产。

5.8.4　预测预警

企业应根据生产经营状况及隐患排查治理情况，运用定量的安全生产预测预警技术，建立体现企业安全生产状况及发展趋势的预警指数系统。

5.9　重大危险源监控

5.9.1　辨识

5.9.1.1　企业应依据有关规定对本单位的危险设施进行重大危险源辨识。

5.9.1.2　企业应按照 GB 18218 标准对二氧化硫、三氧化硫、硫酸等危险化学品进行重大危险源辨识。

5.9.2　登记建档与备案

5.9.2.1　企业应当对确认的重大危险源及时登记建档，建立重大危险源管理档案。重大危险源管理档案内容主要包括：

（1）物质名称和数量、类别、性质；

（2）所在位置；

（3）管理制度；

（4）应急救援预案与演练方案、演练记录；

（5）评估报告；

（6）检测报告；

（7）监控检查记录、整改记录；

（8）重大危险源申报表等；

（9）其他。

5.9.2.2　企业应将重大危险源及相关安全措施、应急措施报送当地县级以上人民政府安全生产监督管理部门和有关部门备案。

5.9.3　监控与管理

5.9.3.1　企业应按照有关规定对重大危险源设置安全监控报警系统。

5.9.3.2　企业应依据国家有关规定对重大危险源定期进行安全评估。

5.9.3.3　企业应对重大危险源的设备、设施定期检查、检验，并做好记录。

5.9.3.4　企业应制定重大危险源应急救援预案，配备必要的救援器材、装备，每年至少进行 1 次重大危险源应急救援预案演练。

5.9.3.5　企业重大危险源的防护距离应满足国家标准或规定。不符合国家标准或规定的，应采取切实可行的防范措施，并在规定期限内进行整改。

5.10　职业健康

5.10.1　职业健康管理

5.10.1.1　企业应按照 AQ 3013—2008 第 5.8.2 条款规定执行。

5.10.1.2　企业作业场所职业危害因素的各项指标应符合 GBZ 2.1 和 GBZ 2.2，作业场所空气中下列物质时间加权平均容许浓度不得超过下列指标：

（1）二氧化硫 5 mg/m³；

（2）硫酸及三氧化硫 1 mg/m³；

（3）砷及其无机化合物 0.01 mg/m³；

（4）石膏粉尘 8 mg/m³（总尘）、4 mg/m³（呼尘）。

作业场所空气中下列物质短时间接触容许浓度不得超过下列指标：

（1）二氧化硫 10 mg/m³；

（2）硫酸及三氧化硫 2 mg/m³；

（3）砷及其无机化合物 0.02 mg/m³。

5.10.1.3　企业作业场所职业危害因素检测结果超出职业接触限值的，应制定整改措施，限期整改。

5.10.1.4　企业应对从事接触职业病危害作业的从业人员，组织上岗前、在岗期间和离岗时的职业健康检查，并为从业人员建立职业健康监护档案。

5.10.1.5　企业应对接触噪声、高温的从业人员每年进行 1 次职业健康检查；对接触二氧化硫的从业人员至少每两年进行 1 次职业健康检查；接触其他职业危害因素的从业人员职业健康检查应根据所接触的职业危害因素类别，按有关管理规定确定检查项目和检查周期；从业人员职业健康检查结果存入从业人员健康监护档案。

5.10.2　职业危害告知和警示

5.10.2.1　企业与从业人员订立劳动合同时，应将工作过程中可能产生的职业危害及其后果和防护措施如实告知从业人员，并在劳动合同中写明。

5.10.2.2　企业应以适当、有效的方式对从业人员及相关方进行宣传，使其了解生产过程中下列危险化学品的危险特性、活性危害、禁配物质、预防及应急处理措施：

（1）硫黄；

（2）二氧化硫；

（3）三氧化硫；

（4）硫酸；

（5）转化用触媒；

（6）柴油；

（7）氢氧化钠；

（8）氨水。

企业应在可能产生严重职业危害作业岗位的醒目位置，按照 GBZ 158 设置职业危害警示标识，同时设置告知牌，告知产生职业危害的种类、后果、预防及应急救治措施、作业场所职业危害因素检测结果等。

5.10.3　职业危害申报

企业应按照 AQ 3013—2008 第 5.8.1 条款规定，及时、如实申报作业场所职业危害因素。职业危害因素主要包括：

（1）二氧化硫；

（2）三氧化硫；

（3）硫酸；

（4）三氧化二砷；

（5）氢氧化钠；

（6）氨；

（7）转化用触媒；

（8）石膏粉尘、硫铁矿粉尘、沸腾炉烧渣粉尘；

（9）高温；

（10）噪声；

（11）其他。

5.10.4　劳动防护用品

5.10.4.1　企业应按照 AQ 3013—2008 第 5.8.3 条款规定，配置和管理劳动防护用品。下列岗位不限于但应做到：

（1）接触二氧化硫、发烟硫酸等有毒有害气体的操作岗位的每个操作人员应配备型号合适的滤毒罐式防毒面具，接触硫铁矿、硫黄、石膏等固体粉尘的操作人员应每人配备防尘口罩；

（2）接触酸碱操作岗位的每个操作人员应配备防酸碱工作服、橡胶手套、工作鞋及防护镜或防护面罩；

（3）电焊工、变配电工、维修电工应分别配备绝缘鞋、绝缘手套。

5.10.4.2　需定期校验的防护用品或器具应定期送至有校验资质的单位进行定期校验、维护，并做好校验记录。

5.10.5　危险化学品安全

5.10.5.1　危险化学品档案

企业应按照 AQ 3013—2008 第 5.7.1 条款规定，对硫黄、氨水、二氧化硫、三氧化硫、氢氧化钠、硫酸、柴油、转化用触媒等危险化学品建立档案。

5.10.5.2　化学品分类

企业应按照国家有关规定对其产品、所有中间产品进行分类，并将分类结果汇入危险化学品档案。

5.10.5.3　化学品安全技术说明书和安全标签

企业应按照 AQ 3013—2008 第 5.7.3 条款规定执行，编制硫酸、二氧化硫等产品安全技术说明书和安全标签。

5.10.5.4　化学事故应急咨询服务电话

生产企业应设立 24 小时应急咨询服务固定电话，有专业人员值班并负责相关应急咨询。没有条件设立应急咨询服务电话的，应委托危险化学品专业应急机构作为应急咨询服务代理。

5.10.5.5　危险化学品登记

企业应按照有关规定对危险化学品进行登记。

5.11　应急救援

5.11.1　应急机构和队伍

5.11.1.1　企业应按规定建立安全生产应急机构或指定专人负责安全生产应急管理工作。

5.11.1.2　企业应建立应急指挥系统，实行分级管理，即厂级、车间级管理。

5.11.1.3　企业应建立应急救援队伍。

5.11.1.4　企业应明确各级应急指挥系统和救援队伍的职责。

5.11.2　应急预案

5.11.2.1　企业应按照 AQ 3013—2008 第 5.9.6.1 条款规定，按照 AQ/T 9002 的要求，编制综合应急救援预案，根据风险评价的结果，对潜在事件和突发事故，制定相应的专项应急预案和现场处置方案。应重点考虑：

（1）余热锅炉超压爆炸、缺水干烧爆炸；

（2）硫黄库及熔硫、液硫储存装置和柴油储存装置火灾；

（3）硫黄粉尘爆炸；

（4）二氧化硫泄漏或人员中毒；

（5）硫酸泄漏或人员灼伤；

（6）沸腾炉、回转窑点火；

（7）电除雾器、电除尘器开停车触电及检修引起的中毒；

（8）停蒸汽、停水、停电等异常情况；

（9）其他。

5.11.2.2 企业应将应急救援预案报当地安全生产监督管理部门和有关部门备案，并通报当地应急协作单位，建立应急联动机制。

5.11.2.3 企业应对应急救援预案进行定期评审、修订。

5.11.3 应急设施、装备、物资

5.11.3.1 企业应按国家相关规定配备应急设施、装备，储备足够的应急物资，并保持完好，严禁挪用。

5.11.3.2 企业应配备常用的医疗急救器材和急救药品。

5.11.3.3 在有毒有害作业场所配备救援器材柜，放置必要的防护救护器材，进行经常性的维护保养并记录，保证其处于正常状态。

5.11.4 应急演练

5.11.4.1 企业应组织从业人员进行应急救援预案的培训，定期演练，评价演练效果，评价应急救援预案的充分性和有效性，并形成记录。

5.11.4.2 企业每年至少组织1次应急救援预案演练，车间每半年至少进行1次现场处置方案演练。

5.11.5 事故救援

5.11.5.1 企业发生生产安全事故后，应迅速启动应急救援预案，企业负责人直接指挥，积极组织抢救，妥善处理，以防止事故的蔓延扩大，减少人员伤亡和财产损失。安全、技术、设备、动力、生产、消防、保卫等部门应协助做好现场抢救和警戒工作，保护事故现场。

5.11.5.2 企业发生有害物大量外泄事故或火灾爆炸事故应设警戒线。

5.11.5.3 企业抢救人员应佩戴好相应的防护器具，对伤亡人员及时进行抢救处理。

5.12 事故报告、调查和处理

5.12.1 事故报告

5.12.1.1 企业应明确事故报告程序。发生生产安全事故后，事故现场有关人员除立即采取应急措施外，应按规定和程序报告本单位负责人及有关部门。情况紧急时，事故现场有关人员可以直接向事故发生地县级以上人民政府安全生产监督管理部门和负有安全生产监督管理职责的有关部门报告。

5.12.1.2 企业负责人接到事故报告后，应当于1小时内向事故发生地县级以上人民政府安全生产监督管理部门和负有安全生产监督管理职责的有关部门报告。

5.12.1.3 企业在事故报告后出现新情况时，应按有关规定及时补报。

5.12.2 事故调查和处理

5.12.2.1 企业发生生产安全事故后，应积极配合各级人民政府组织的事故调查，负责人和有关人员在事故调查期间不得擅离职守，应当随时接受事故调查组的询问，如实提供有关情况。

5.12.2.2 未造成人员伤亡的一般事故，县级人民政府委托企业负责组织调查的，企业应按规定成立事故调查组组织调查，按时提交事故调查报告。

5.12.2.3 企业应落实事故整改和预防措施，防止事故再次发生。整改和预防措施应包括：

（1）工程技术措施；

（2）培训教育措施；

（3）管理措施。

5.12.2.4 企业应建立事故档案和事故管理台账。

5.13 绩效评定和持续改进

5.13.1 安全检查

5.13.1.1 企业应严格执行安全检查管理制度，定期或不定期进行安全检查，保证安全生产标准化有效实施。

5.13.1.2 企业应对安全检查所查出的问题进行原因分析，制定整改措施，落实整改时间、责任人，并对整改情况进行验证，保存相应记录。

5.13.2 绩效评定

企业应每年至少一次对本单位安全生产标准化的实施情况进行自评，验证安全生产标准化的符合性、适宜性和有效性，检查安全生产目标、指标的完成情况。评定工作应形成正式文件，并将结果向所有部门、所属单位和从业人员通报，作为年度考核的重要依据。

5.13.3 持续改进

企业应根据安全生产标准化的自评结果和安全生产预警指数系统所反映的趋势，对安全生产目标、指标、规章制度、操作规程等进行修改完善，提出进一步完善安全生产标准化的计划和措施，不断提高安全绩效。

第四节　涂料生产企业安全生产标准化实施指南
（AQ 3040—2010）

1　范围

本标准规定了属于危险化学品行业的涂料生产企业（以下简称企业）开展安全生产标准化的过程和要求。

本标准适用于中华人民共和国境内，原料、中间产品或产品属于危险化学品的涂料生产企业，其生产过程包括配料、分散、研磨、调漆、检验、包装、储运等，以及相关的树脂合成或油脂热炼等操作工艺和作业过程。

2　规范性引用文件

下列文件对于本文件的应用是必不可少的。凡是注日期的引用文件，仅注日期的版本适用于本文件。凡是不注日期的引用文件，其最新版本（包括所有的修改单）适用于本文件。

GB 4053.1　固定式钢直梯安全技术条件

GB 4053.2　固定式钢斜梯安全技术条件

GB 4053.3　固定式工业防护栏安全技术条件

GB 4053.4　固定式工业钢平台

GB 11651　劳动防护用品选用规则

GB 15603　常用化学危险品储存通则

GB 17914　易燃易爆性商品储藏养护技术条件

GB 17916　毒害性商品储藏养护技术条件

GB 18218　危险化学品重大危险源辨识

GB 50016　建筑设计防火规范

GB 50057　建筑物防雷设计规范

GB 50058　爆炸和火灾危险环境电力装置设计规范

GB 50140　建筑灭火器配置设计规范

GB 50351　储罐区防火堤设计规范

GBZ 1　工业企业设计卫生标准

GBZ 2.1　工作场所有害因素职业接触限值　第1部分：化学有害因素

GBZ 2.2　工作场所有害因素职业接触限值　第2部分：物理因素

GB/T 8196　机械安全防护装置固定式和活动式防护装置设计与制造一般要求

AQ 3013—2008　危险化学品从业单位安全标准化通用规范

AQ/T 9006—2010　企业安全生产标准化基本规范

3　术语和定义

AQ 3013—2008 确立的以及下列术语和定义适用于本标准。

3.1　涂料　coating

涂于物体表面能形成具有保护、装饰或特殊功能，如绝缘、防腐、标志等，并能形成固态涂膜的液体或固体材料之总称。

注1：本标准特指属危险化学品的涂料。

注2：在具体的涂料品种名称中可用"漆"或"涂料"表示，如防火漆或防火涂料。

3.2　溶剂型涂料　solvent base coatings

主要稀释成分，即非成膜物质为有机溶剂的涂料。

3.3　稀释剂　thinner

单组分或多组分的挥发性液体，加入涂料中以降低其黏度。

4　一般要求

企业应按照 AQ 3013—2008 第 4 章要求开展安全标准化工作。

5　核心要求

5.1　方针目标

5.1.1　企业应坚持"安全第一，预防为主，综合治理"的安全生产方针。主要负责人应依据国家法律、法规，结合企业实际，组织制定文件化的安全生产方针和目标。安全生产方针和目标应满足：

（1）形成文件，并得到所有从业人员的贯彻和实施；

（2）符合或严于相关法律、法规的要求；

（3）与企业的职业安全健康风险相适应；

（4）目标予以量化；

（5）公众易于获得。

5.1.2　企业应制定总体和年度安全生产目标，可结合但不局限于下列内容：

（1）零死亡；

（2）千人重伤率；

（3）千人负伤率；

（4）事故起数降低率；

（5）隐患治理完成率；

（6）有毒有害场所检测合格率；

（7）其他。

5.1.3 企业应签订各级组织的安全目标责任书，确定年度安全工作目标，并予以考核。各级组织应制定年度安全工作计划，以保证年度安全目标的有效完成。

5.2 组织机构和职责

5.2.1 组织机构

5.2.1.1 企业应建立安全生产委员会（以下简称安委会）或安全生产领导小组，设置安全生产管理部门，配备专职安全生产管理人员：

（1）从业人员在 50 人以下的，应配备专职安全生产管理人员 1 名；

（2）从业人员在 50 人以上不足 300 人的，应配备不少于 2 名的专职安全生产管理人员；

（3）从业人员在 300 人以上不足 1 000 人的，应配备不少于 3 名的专职安全生产管理人员；

（4）从业人员超过 1 000 人的，应按不低于企业总人数 5‰配备专职安全生产管理人员。

5.2.1.2 企业应按《注册安全工程师管理规定》第六条规定，配备注册安全工程师。

5.2.1.3 企业应建立健全从安委会或安全生产领导小组到基层班组的安全生产管理网络。

5.2.2 职责

5.2.2.1 企业应制定安委会或安全生产领导小组和管理部门的安全职责。

5.2.2.2 企业应制定主要负责人、各级管理人员和从业人员的安全职责。

5.2.2.3 企业应建立安全责任考核机制，对各级管理部门、管理人员及从业人员安全职责的履行情况和安全生产责任制的实现情况进行定期考核，予以奖惩。

5.2.3 负责人

5.2.3.1 企业的主要负责人应按照 AQ 3013—2008 第 5.1.1 条规定，做好本职工作。

5.2.3.2 企业主要负责人应做出明确的、公开的、文件化的安全承诺，内容包括：

（1）遵守安全生产法律、法规和标准及其他要求；

（2）贯彻安全生产方针，实现安全生产目标；

（3）坚持预防为主，开展风险管理，抓好隐患治理；

（4）提供必要资源，保障安全生产；

（5）持续改进安全绩效；

（6）对从业人员、相关方的承诺。

5.2.3.3 主要负责人的安全承诺内容应通过合适的方式、渠道向所有从业人员和相关方宣传或告知。

5.2.3.4 企业主要负责人每季度应至少组织并主持1次安全生产委员会或安全生产领导小组会议，审查总结本季度安全工作进展情况，研究、决策下一季度安全生产的重大问题，制定相应实施方案，并保存会议记录。

5.3 安全生产投入与工伤保险

5.3.1 安全生产投入

5.3.1.1 企业应依据国家、当地政府的有关安全生产费用提取规定，自行提取安全生产费用，专项用于安全生产。

5.3.1.2 企业应按照规定的安全生产费用使用范围，合理使用安全生产费用，建立安全生产费用台账。

5.3.2 工伤保险

企业应依法参加工伤社会保险，为从业人员缴纳工伤保险费。

5.4 法律、法规与安全生产管理制度

5.4.1 法律、法规、标准规范

5.4.1.1 企业应建立识别和获取适用的安全生产法律、法规、标准规范及其他要求的制度，明确责任部门，确定获取的渠道、方式和时机，及时识别和获取，定期更新。

5.4.1.2 企业应将适用的安全生产法律、法规、标准及其他要求及时对从业人员进行宣传和培训，提高从业人员的守法意识，规范安全生产行为。

5.4.1.3 企业应将适用的安全生产法律、法规、标准规范及其他要求及时传达给相关方。

5.4.1.4 企业应遵守安全生产法律、法规、标准规范，并将相关要求及时转化为本单位的规章制度，贯彻到各项工作中。

5.4.2 规章制度

5.4.2.1 企业应按照 AQ 3013—2008 第 5.3.3.1 条要求，制定相关的安全生产规章制度，并结合实际情况制定下列内容的管理制度：

（1）门卫管理；

（2）厂区道路交通、车辆管理；

（3）废弃物管理等。

5.4.2.2 企业应将安全生产规章制度发放到有关的工作岗位。

5.4.3 操作规程

5.4.3.1　企业应根据涂料生产工艺、技术、设备特点和原材料、半成品、成品、辅助材料的危险性设立生产操作岗位，编制岗位操作规程。应编制但不局限于下列岗位的操作规程：

（1）漂油、脱酸、脱色岗位；

（2）树脂，如醇酸、聚酯、丙烯酸、聚氨酯、环氧酯、氨基等合成岗位；

（3）基料，如油脂基料、天然树脂基料、酚醛树脂基料、沥青基料等热炼岗位；

（4）固体树脂，如硝化棉、改性松香树脂、环氧树脂、丙烯酸树脂、乙烯树脂、氯化橡胶等溶解岗位；

（5）树脂、基料压滤，如使用板框式压滤机、油水分离机、高速离心机、袋式过滤机、纸芯过滤机、过滤塔筛等设备的岗位；

（6）研磨，包括使用搅拌机、高速分散机、砂磨机、三辊机、球磨机等分散设备的岗位；

（7）色漆、清漆配料岗位；

（8）调漆、调色岗位；

（9）辅助材料配制岗位；

（10）包装岗位；

（11）仓储岗位。

5.4.3.2　企业还应编制但不局限于下列通用设备的操作规程：

（1）输送系统，包括气动式隔膜泵、齿轮泵、真空泵、转子泵、离心泵、空气压缩机等；

（2）起重设备，包括电梯、电动葫芦、吊车、升降机、液压升降平台等；

（3）加热系统，包括有机热载体炉、锅炉、电热棒加热、电感应加热等。

5.4.3.3　操作规程至少应包括下列内容：

（1）正常开、停车操作程序；

（2）各种操作参数、指标的控制；

（3）安全注意事项和异常处理方法；

（4）事故应急处理措施；

（5）紧急停车操作程序；

（6）接触化学品的危险性；

（7）个体安全防护措施。

5.4.3.4　企业应在新工艺、新技术、新装置、新产品投产或投用前，组织编制新的操作规程。

5.4.4　评估

企业应每年至少 1 次对适用的安全生产法律、法规、标准及其他要求的执行情况进行符合性评价，消除违规现象和行为，并编制符合性评价报告，评价报告内容应包括：

(1) 获取的安全生产法律、法规和标准及其他要求的适宜性和充分性；

(2) 企业是否存在违法现象和行为；

(3) 对不符合安全生产法律、法规和标准及其他要求的现象和行为的整改情况等。

5.4.5　修订

企业应按照 AQ 3013—2008 第 5.3.5 条要求执行。

5.4.6　文件和档案管理

5.4.6.1　企业应严格执行文件和档案管理制度，确保安全生产规章制度和操作规程编制、使用、评审、修订的效力。

5.4.6.2　企业应建立主要安全生产过程、事件、活动、检查的安全记录档案，并加强对安全记录的有效管理。

5.5　教育培训

5.5.1　教育培训

企业应按照 AQ 3013—2008 第 5.4 条规定执行。

5.5.2　安全文化建设

5.5.2.1　企业应通过安全文化建设，促进安全生产工作。

5.5.2.2　企业应采取多种形式的安全文化活动，引导全体从业人员的安全态度和安全行为，逐步形成为全体员工所认同、共同遵守、带有本单位特点的安全价值观，实现法律和政府监管要求之上的安全自我约束，保障企业安全生产水平持续提高。

5.6　生产设备设施

5.6.1　生产设备设施建设

5.6.1.1　企业应按照 AQ 3013—2008 第 5.5.1 条规定执行。

5.6.1.2　企业应选择具有相应化工设计资质和施工、监理资质的单位进行设计、施工和监理。

5.6.1.3　企业根据生产工艺的需要，可采用多层厂房结构。

5.6.1.4　企业应按照国家有关规定配备建设项目的安全设施。

5.6.1.5　冬天使用采暖设施的企业应按照 GB 50016 规定执行。

5.6.1.6　企业应编制建设项目试生产（使用）方案，并按规定向安全生产监督管理部门备案。

5.6.2　设备设施运行管理

5.6.2.1 企业应对生产设备设施进行规范化管理，保证其安全运行。

5.6.2.2 企业应按照 AQ 3013—2008 第 5.5.6 条规定执行。

5.6.3 新设备设施验收及旧设备拆除、报废

5.6.3.1 企业应执行生产设备设施到货验收和报废管理制度，应使用质量合格、设计符合要求的生产设备设施。

5.6.3.2 企业应严格执行生产设施拆除和报废管理制度。拆除作业前，拆除作业负责人应与需拆除设施的主管部门和使用单位共同到现场进行对接，作业人员进行危险、有害因素识别，制定拆除计划或方案，办理拆除设施交接手续。

5.6.3.3 企业凡需拆除的容器、设备和管道，应先清洗干净，分析、验收合格后方可进行拆除作业。

5.6.3.4 企业欲报废的容器、设备和管道内仍存有危险化学品的，应清洗干净，分析、验收合格后，方可报废处置。

5.6.4 安全设施

5.6.4.1 企业应按照 AQ 3013—2008 第 5.5.2.1、第 5.5.2.2 条规定，配置安全设施，建立安全设施管理台账。

5.6.4.2 企业应确保安全设施配备符合国家有关规定和标准，做到：

(1) 检测报警设施

1) 散发可燃气体、可燃蒸气的场所应设可燃气体检测报警仪；散发硫化氢、氰化氢、氯气、一氧化碳、丙烯腈、环氧乙烷、氯乙烯等有毒区域应设置有毒气体检测报警仪：

a. 可燃气体检测报警仪的有效覆盖水平平面半径，室内宜为 7.5 m；室外宜为 15 m。可燃气体检测报警仪的探头宜在可燃气体、可燃蒸气释放源处安装；

b. 检测比空气重的可燃气体或有毒气体的检测报警仪，其安装高度应距地坪 0.3 ～ 0.6 m；

c. 检测比空气轻的可燃气体或有毒气体检测报警仪，其安装高度宜高出释放源 0.5～ 2 m。

2) 下列设备设施：

a. 输送泵宜配置压力表；

b. 密闭式砂磨机应配置压力、温度安全联锁装置；

c. 溶剂储罐应配置压力表、呼吸阀、液位计；玻璃管液位计应加护套保护措施，易燃易爆液体不宜使用玻璃管液位计，储罐液位计指示宜为电子液位显示并设置液位高低限报警，报警信号送至控制室；

d. 蒸汽锅炉应配置压力表、温度计及水位计；

e. 树脂反应釜的超温报警装置、测量调控装置及有关附属仪器，如压力表、温度计、水位计等应完整、齐全、有效；

f. 属特种设备的树脂反应釜（工作压力≥0.1 MPa 表压；负压或真空下工作；工作温度≥标准沸点等），其安全附件、安全保护装置、测量调控装置及有关附属仪器应定期校验、检修、记录；

g. 有机热载体炉应配置液位计、温度计、安全阀、膨胀器、自动调节保护装置；

h. 单体聚合釜应设置防爆膜及溢沫槽。

（2）设备安全防护设施

1）防护栏、安全梯、平台的设置应符合 GB 4053.1、GB 4053.2、GB 4053.3、GB 4053.4 的规定；

2）各种外露的机械转动设备和皮带传动部位，应设置便于观察的安全防护装置，防护罩应符合 GB/T 8196 要求；

3）分散机、搅拌机的转盘或转叶使用时，应置于移动分散缸内的中央位置，分散缸应设置固定装置。

（3）防爆设施

1）易燃易爆场所应按 GB 50058 规定配置防爆型电气设备；

2）甲乙类厂房、仓库内的起重设备和电梯应为液压升降平台或防爆型电梯和防爆型电动起动设备；

3）甲乙类厂房、仓库应采用防爆工具；

4）散发比空气重的可燃气体、可燃蒸气的甲类厂房以及有粉尘、纤维爆炸危险的乙类厂房，应按照 GB 50016 第 3.6.6 条款规定采用不产生火花的地面；

5）在有火灾爆炸危险性的场所应采用防爆型电子台秤，即防爆型称重显示控制器；

6）砂磨机、分散机、包装机、树脂反应釜、树脂过滤装置等应安装静电接地装置；

7）电线、电缆应采用穿钢管敷设或防火电缆槽盒铺设。

（4）作业场所防护设施

1）企业应按照 GB 50057 规定设置防雷设施；

2）重点防火防爆作业区的入口处，应设置人体静电消除装置。

（5）控制事故设施

1）泄压和止逆设施

a. 树脂、固化剂反应釜应设置用于泄压的阀门、防爆膜（片）、溢位槽、放空管等设施；

b. 有爆炸危险的甲、乙类厂房和仓库应按照 GB 50016 第 3.6 条规定设置泄压设施；

c. 工艺上需要排空的设备，如树脂反应釜、容器、物料储罐（槽等）均应安装排空管，并定期检查其有效性。易燃、易爆液体的储罐（槽）的排空管应设有阻火器，并加装伞盖。

2）紧急处理设施

a. 配备紧急备用电源；

b. 树脂反应釜应配置通入氮气封闭液面设施；

c. 密闭砂磨机应设定限温、限压的紧急停车、仪表联锁设施。

（6）减少与消除事故影响设施

1）防止火灾蔓延设施

a. 当必须在间墙、楼梯间开门时，应按照 GB 50016 的规定采用防火门；防火墙上不应开设门、窗、洞口，当必须开设时，应设置固定的或自动关闭的甲级防火门窗。

b. 在甲乙类车间、仓库防火分区的间墙、楼梯间按照 GB 50016 第 7.4 和 7.5 条规定设置防火门。

c. 甲乙丙类液体的储罐或储罐组，其四周应按照 GB 50016、GB 50351 的规定设置防火堤。

d. 甲、乙、丙类液体仓库应设置防止液体流散的设施，如墁坡。

e. 甲、乙类厂房内部或顶层（即天台）不应设置溶剂储罐及储罐区。如工艺需要设置高位储槽时，其储量不应超过一昼夜的用量，但应采取有效的防护措施。

f. 进入生产厂区、罐区及爆炸性气体环境或危险化学品作业区范围的机动车辆应在排气管出口处，佩带防火罩。

g. 甲、乙、丙类液体储罐区防火堤出口处的含油污水排水管应设置安全水封设施，雨水排水管应设置阀门等封闭、隔离装置。

2）灭火设施

a. 应按照 GB 50140、GB 50016 规定设置火灾自动报警系统、自动灭火系统、室内外消防栓、给水管道、灭火器材、消防水泵房及消防水池等消防给水和灭火设施。

b. 在易燃液体储罐区、甲类可燃液体桶装堆场、溶解硝化棉的厂房应设置喷淋装置。

c. 建筑面积超过 60 m^2 或储存量超过 2 t 的硝化棉仓库应设置喷淋灭火系统。

d. 树脂反应釜、热炼锅应采用热载体加热，不应采用明火直接釜底加热工艺；有机热载体炉安全阀、压力表、液面计及自动控制和自动保护装置应符合《有机热载体炉安全技术监察规程》的要求。

3）紧急个体处置设施

企业应根据规定配置洗眼器、喷淋器、逃生器、逃生索、应急照明等设施。

4）应急救援设施

企业应根据实际情况配置应急救援设施：包括堵漏、工程抢险装备和现场受伤人员的急救箱、担架等医疗抢救装备。

5）逃生避难设施

企业应按照 GB 50016 第 3.7 条、第 3.8 条规定设置逃生和避难的安全通道（梯）和安全出口。

5.6.4.3　企业应按照 AQ 3013—2008 第 5.5.2.3 条、第 5.5.2.4 条、第 5.5.2.5 条规定执行。

5.6.5　**特种设备**

5.6.5.1　企业应按照 AQ 3013—2008 第 5.5.3 条规定执行。企业涉及的特种设备主要包括：

（1）压力容器，含储存沸点低于 45℃甲类液体的容器、压力管道；

（2）锅炉、有机热载体炉；

（3）起重机械，包括电梯、吊车、垂直升降机、电动葫芦等；

（4）企业内机动车辆。

5.6.6　**关键装置及重点部位**

企业应按照 AQ 3013—2008 第 5.5.5 条规定，对关键装置及重点部位实行管理，关键装置及重点部位包括但不局限于下列内容：

（1）关键装置

1）树脂合成装置；

2）固化剂合成装置；

3）有机热载体炉；

4）蒸汽锅炉；

5）研磨机，主要为三辊机、砂磨机；

6）高速分散机或搅拌机；

7）稀释剂配制釜。

（2）重点部位

1）溶剂储罐区；

2）硝化棉仓库；

3）甲苯-2，4-二异氰酸酯（以下简称 TDI）仓库；

4）甲、乙类物品仓库；

5）硝化棉溶解、稀释剂包装工序；

6）树脂溶解锅；

7）发电机房和变电站；

8）其他。

5.7 作业安全

5.7.1 生产现场管理和生产过程控制

5.7.1.1 企业应加强生产现场安全管理和生产过程的控制。

5.7.1.2 企业应根据生产场所的火灾爆炸危险性划定禁火区，按照 AQ 3013—2008 第 5.6.1 条规定，对危险性作业实施作业许可证管理，未办理作业许可证，不得进行相关作业活动。

5.7.1.3 各种作业许可证存根应至少保存 1 年。

5.7.1.4 企业危险化学品运输车辆应到当地交通管理部门申办取得危险货物道路运输证。

5.7.1.5 企业进行爆破、吊装等危险作业时，应当安排专人进行现场安全生产管理，确保安全生产规程的遵守和安全生产措施的落实。

5.7.2 工艺安全

5.7.2.1 企业操作人员应掌握工艺安全信息，主要包括：

（1）化学品危险性信息

1）物理特性；

2）反应活性；

3）腐蚀性；

4）热和化学稳定性；

5）毒性；

6）职业接触限值；

7）自救和救援措施。

（2）工艺信息

1）工艺流程图；

2）化学反应机理；

3）最大储存量；

4）工艺参数，如压力、温度、流量安全上下限值。

（3）设备信息

1）设备和管道图纸；

2）设备材质；

3）设备安装与调试；

4）电气设备类别；

5）调节阀系统设计；

6）安全系统，如报警器、联锁等。

5.7.2.2　应按照 AQ 3013—2008 第 5.5.4.2、第 5.5.4.3、第 5.5.4.4 条规定执行。

5.7.2.3　企业生产装置停车应满足下列要求：

（1）编制停车方案。正常停车必须按停车方案中规定的步骤进行。用于紧急处理的自动停车联锁装置，不应用于正常停车。

（2）系统降压、降温必须按要求的幅度、速率先高压后低压的顺序进行。凡需保压、保温的设备容器等，停车后要按时记录压力、温度的变化。

（3）大型传动设备的停车，必须先停主机、后停辅机。

（4）设备、容器卸压时，应按规定排放和散发易燃、易爆、易中毒等危险化学品，防止造成事故。

（5）冬季停车后，要采取防冻保温措施。

5.7.2.4　紧急情况处理应遵守下列要求：

（1）发生紧急情况，应妥善处理，同时向有关方面报告；

（2）工艺及机电设备等发生异常情况时，应迅速采取措施，并通知有关岗位协调处理；

（3）发生停电、停水、停气（汽）时，必须采取措施，防止系统超温、超压、跑料及机电设备的损坏；

（4）发生爆炸、着火、大量泄漏等事故时，应迅速启动应急预案。

5.7.2.5　企业生产装置泄压系统或排空系统排放的危险化学品应引至安全地点并得到妥善处理。

5.7.2.6　企业操作人员应严格执行操作规程，工艺参数控制不超出安全限值。对工艺参数运行出现的偏离情况及时分析，保证工艺参数偏差得到纠正。

5.7.2.7　有机热载体炉新加的导热油不得马上加热运转，宜慢慢升温，将导热油中的水分逐渐蒸发出去后才能正式运转传热。

5.7.2.8　砂磨机、三辊机、分散机、搅拌机，除短时间调试、洗机外不得空转。

5.7.2.9　分散机运转时，禁止用油刀和铁棒接触搅拌轴。分散机由低速转向高速时不宜一步到位，操作人员不得离开。

5.7.3　作业行为管理

5.7.3.1　企业应按照 AQ 3013—2008 第 5.6.3 条执行。

5.7.3.2　凡是在转动部位旁边操作时，操作人员应戴工作帽，不得穿戴各类手套。

5.7.3.3　企业应严格执行危险化学品储存规定，做到：

(1) 涂料用硝化棉应按照 GB 15603 附录 B 规定，专库储存于阴凉、干燥、通风良好的库房内，严禁与氧化剂、碱类等性质不同的物品混存；

(2) 铝粉应按照 GB 17914 第 3.3.2.4 条规定单独储存；

(3) 甲醇、乙醇、丙酮等应按照 GB 17914 第 3.3.2.3 条规定专库储存；

(4) 有机过氧化物与还原剂应按照 GB 17914 第 3.3.2.7 条规定分别储存；

(5) 过氧化苯甲酰（含稳定剂）、过氧化甲乙酮的储存环境应符合 GB 17914 第 3.5.1 条规定。

5.7.3.4　剧毒化学品，如 TDI，应按照 GB 17916 第 3.2.4 条的规定专库储存或存放在间隔的单间内，实行双人收发、双人保管制度。企业应将储存剧毒化学品的数量、地点以及管理人员的情况，报当地公安部门和安全生产监督管理部门备案。

5.7.4　警示标志

5.7.4.1　企业应按照 AQ 3013—2008 第 5.6.2 条规定，在有可能产生各类危险的醒目位置设置安全标志；在产生职业危害作业场所的醒目位置设置职业危害警示标识、告知牌；至少在生产区的入口、甲、乙类厂房、仓库、储罐区等危险物品存在区域设置安全标志、职业危害警示标识。

5.7.4.2　企业应每半年至少检查 1 次安全标志、职业危害警示标识，确保无破损、变形、严重褪色等，保存检查记录。

5.7.5　相关方管理

5.7.5.1　企业应严格执行承包商管理制度，对承包商资格预审、选择、开工前准备、作业过程监督、表现评价、续用等过程进行管理，与选用的承包商签订安全协议书。

5.7.5.2　企业应严格执行供应商管理制度，对供应商资格预审、提供的产品、技术服务、选用和续用等过程进行管理。

5.7.5.3　企业应建立合格相关方的名录和档案，根据服务作业行为定期识别服务行为风险，并采取行之有效的控制措施。

5.7.5.4　不得将项目委托给不具备相应资质或条件的相关方。

5.7.6　变更

5.7.6.1　企业应严格执行变更管理制度，履行下列变更程序：

(1) 变更申请：按要求填写变更申请表，由专人进行管理。

(2) 变更审批：变更申请表应逐级上报主管部门，并按管理权限报主管领导审批。

(3) 变更实施：变更批准后，由主管部门负责实施。不经过审查和批准，任何临时性的变更都不得超过原批准范围和期限。

(4) 变更验收：变更实施结束后，变更主管部门应对变更的实施情况进行验收，形成报告，并及时将变更结果通知相关部门和有关人员。

5.7.6.2　企业应对变更过程产生的风险进行分析和控制。

5.7.7　风险管理

5.7.7.1　范围和评价方法

（1）企业应按照 AQ 3013—2008 第 5.2.1.1 条规定，成立风险评价小组，评价小组成员应包括生产、技术、设备、电气、仪表、安全、工程等部门的人员，且应具备下列条件：

1）熟识安全生产的法律、法规和标准及其他要求；

2）具备涂料专业知识和经验；

3）熟悉风险评价方法等；

4）其他。

（2）企业应按照 AQ 3013—2008 第 5.2.1.2 条、第 5.2.1.3 条、第 5.2.1.4 条规定确定评价范围、评价方法和准则。

5.7.7.2　风险评价

企业应按照 AQ 3013—2008 第 5.2.2 条款要求进行风险评价，应重点但不局限于对以下生产工艺过程、场所、设备设施等进行评价：

（1）树脂、基料、固化剂的生产工艺过程，包括合成或热炼、稀释、压滤、检验、上槽（入库）；

（2）成漆生产工艺过程，包括配料混合、分散研磨、调漆（色）、检验、过滤、包装、入库；

（3）硝化棉、固体树脂溶解工艺过程；

（4）稀释剂、辅助材料的配制工艺过程；

（5）树脂储罐区、溶剂储罐区的物料储存、物料进出（或装卸）过程；

（6）硝化棉、TDI 及其他甲、乙类危险化学品的储运过程；

（7）有机热载体炉、蒸汽锅炉、电热棒加热、电感应加热等系统；

（8）停水、停电、停蒸汽；

（9）停仪表风气源；

（10）工艺参数偏差等；

（11）其他。

5.7.7.3　风险控制

（1）企业应按照 AQ 3013—2008 第 5.2.3 条规定，对风险进行控制。

（2）企业应形成重大风险清单，制定相应控制措施，并对控制措施的实施效果进行监督、检查和评价，保存记录。

5.7.7.4 风险信息更新

（1）企业应适时组织风险评价工作，识别与生产经营活动有关的危险、有害因素和隐患。

（2）企业应定期评审或检查风险评价结果和风险控制效果。

（3）企业应在下列情形发生时及时进行风险评价：

1）新的或变更的法律、法规或其他要求；

2）操作条件变化或工艺改变；

3）技术改造项目；

4）有对事件、事故或其他信息的新认识；

5）组织机构发生大的调整。

5.8 隐患排查和治理

5.8.1 隐患排查

5.8.1.1 企业应定期组织事故隐患排查工作，对隐患进行分析评估，确定隐患等级，登记建档，及时采取有效的治理措施。

5.8.1.2 隐患排查前应制定排查方案，明确排查的目的、范围，选择合适的排查方法。排查方案应依据：

（1）有关安全生产法律、法规要求；

（2）设计规范、管理标准、技术标准；

（3）企业的安全生产目标；

（4）其他。

5.8.2 排查范围与方法

5.8.2.1 企业隐患排查的范围应包括所有与生产经营相关的场所、环境、人员、设备设施和活动。

5.8.2.2 企业应根据安全生产的需要和特点，采用综合检查、专业检查、季节性检查、节假日检查、日常检查等方式进行隐患排查。各种安全检查均应按相应的安全检查表逐项检查，建立安全检查台账，并与责任制挂钩。

5.8.2.3 企业安全检查形式和内容应满足：

（1）综合性检查应由相应级别的负责人负责组织，以落实岗位安全责任制为重点，各专业共同参与的全面安全检查。厂级综合性安全检查每季度不少于1次，车间级综合性安全检查每月不少于1次。

（2）专业检查分别由各专业部门的负责人组织本系统人员进行，主要是对锅炉、压力容器、危险物品、电气装置、机械设备、构建筑物、安全装置、防火防爆、防尘防毒、监测仪器等进行专业检查。专业检查每半年不少于1次。

（3）季节性检查由各业务部门的负责人组织本系统相关人员进行，是根据当地各季节特点对防火防爆、防雨防汛、防雷电、防暑降温、防风及防冻保暖工作等进行预防性季节检查。

（4）日常检查分岗位操作人员巡回检查和管理人员日常检查。岗位操作人员应认真履行岗位安全生产责任制，进行交接班检查和班中巡回检查，各级管理人员应在各自的业务范围内进行日常检查。

（5）节假日检查主要是对节假日前安全、保卫、消防、生产物资准备、备用设备、应急预案等方面进行的检查。

5.8.2.4　企业应按照 AQ 3013—2008 第 5.10.1 条规定，做好安全检查管理。编制下列但不局限于下列检查形式的安全检查表：

（1）综合性安全检查表：

1）厂级综合性安全检查表；

2）车间级综合性安全检查表。

（2）专业性安全检查表：

1）工艺管理安全检查表；

2）设备管理安全检查表；

3）变配电系统管理安全检查表；

4）仪表管理安全检查表；

5）储存罐区、仓库管理安全检查表；

6）消防管理安全检查表；

7）职业卫生管理安全检查表；

8）现场检维修作业管理安全检查表；

9）安全设施管理安全检查表等。

（3）季节性安全检查表（根据各地情况自定）。

（4）日常安全检查表：

1）岗位操作人员日常安全检查表；

2）工艺、设备、安全、电气、仪表等专业技术管理人员的日常安全检查表。

（5）节假日安全检查表。

5.8.3　隐患治理

5.8.3.1　企业应对隐患项目下达隐患治理通知，限期治理，做到定治理措施、定负责人、定资金来源、定治理期限。企业应建立隐患治理台账。

5.8.3.2 企业应对确定的重大隐患项目建立档案，档案内容应包括：

（1）评价报告与技术结论；

（2）评审意见；

（3）隐患治理方案，包括资金概预算情况等；

（4）治理时间表和责任人；

（5）竣工验收报告。

5.8.3.3 企业无力解决的重大事故隐患，除采取有效防范措施外，应书面向企业直接主管部门和当地政府报告。

5.8.3.4 企业对不具备整改条件的重大事故隐患，必须采取防范措施，并纳入计划，限期解决或停产。

5.8.4 预测预警

企业应根据生产经营状况及隐患排查治理情况，运用定量的安全生产预测预警技术，建立体现企业安全生产状况及发展趋势的预警指数系统。

5.9 重大危险源监控

5.9.1 辨识

5.9.1.1 企业应依据有关规定对本单位的危险设施进行重大危险源辨识。

5.9.1.2 企业应按照 GB 18218 标准对硝化纤维素、甲醇、乙醇、丙酮、松节油、乙酸正丁酯、过氧化甲乙酮、过氧化（二）异丁酰、苯、甲基苯、TDI 等危险化学品进行重大危险源辨识。

5.9.2 登记建档与备案

5.9.2.1 企业应当对确认的重大危险源及时登记建档，建立重大危险源管理档案。重大危险源管理档案内容主要包括：

（1）物质名称和数量、类别、性质；

（2）所在位置；

（3）检测报告；

（4）管理制度；

（5）管理人员；

（6）应急救援预案与演练方案、演练记录；

（7）监控检查记录；

（8）评估报告；

（9）其他。

5.9.2.2 企业应将重大危险源及相关安全措施、应急措施报送当地县级以上人民政府安全生产监督管理部门和有关部门备案。

5.9.3　监控与管理

5.9.3.1　企业应按照有关规定对重大危险源设置安全监控报警系统。

5.9.3.2　企业应依据国家有关规定对重大危险源定期进行安全评估。

5.9.3.3　企业应对重大危险源的设备、设施定期检查、检验，并做好记录。

5.9.3.4　企业应制定重大危险源应急救援预案，配备必要的救援器材、装备，每年至少进行1次重大危险源应急救援预案演练。

5.9.3.5　企业重大危险源的防护距离应满足国家标准或规定，不符合国家标准或规定的，应采取切实可行的防范措施，并在规定期限内进行整改。

5.10　职业健康

5.10.1　职业健康管理

5.10.1.1　企业应按照 AQ 3013—2008 第 5.8.2 条规定执行。

5.10.1.2　企业应制定切实可行的职业危害防治计划和实施方案。要明确责任人、责任部门、目标、方法、资金、时间表等，并对防治计划和实施方案进行定期检查，确保职业危害的防治与控制效果。

5.10.1.3　企业作业场所职业危害因素的各项指标应符合 GBZ2.1 和 GBZ2.2 规定，作业场所空气中下列物质的浓度不得超过下列时间加权平均容许浓度指标：

（1）苯（皮）6 mg/m³；

（2）甲苯（皮）50 mg/m³；

（3）二甲苯 50 mg/m³；

（4）丙酮 300 mg/m³；

（5）环己酮（皮）50 mg/m³；

（6）甲醇（皮）25 mg/m³；

（7）丁醇 100 mg/m³；

（8）TDI 0.1 mg/m³；

（9）过氧化苯甲酰 5 mg/m³；

（10）煤焦油沥青挥发物 0.2 mg/m³；

（11）石油沥青烟（按苯溶物计）5 mg/m³；

（12）丙烯酸（皮）6 mg/m³；

（13）甲基丙烯酸 70 mg/m³；

（14）丙烯酸甲酯（皮）20 mg/m³；

（15）丙烯酸正丁酯 25 mg/m³；

（16）铬酸盐 0.05 mg/m³。

5.10.1.4　企业应对作业场所职业危害因素检测结果超出职业接触限值的，制定整改措施，限期整改。

5.10.1.5　企业应根据从业人员所接触的职业危害因素类别、有关管理规定确定检查项目和检查周期，进行职业健康检查；从业人员职业健康检查结果存入从业人员健康监护档案。

5.10.2　职业危害告知和警示

5.10.2.1　企业与从业人员订立劳动合同时，应将工作过程中可能产生的职业危害及其后果和防护措施如实告知从业人员，并在劳动合同中写明。

5.10.2.2　企业应以适当、有效的方式对从业人员及相关方进行宣传，使其了解生产过程中危险化学品的危险特性、活性危害、禁配物等，以及采取的预防及应急处理措施。

5.10.2.3　企业应在可能产生严重职业危害作业岗位的醒目位置，按照 GBZ158 设置职业危害警示标识，同时设置告知牌，告知产生职业危害的种类、后果、预防及应急救治措施、作业场所职业危害因素检测结果等。

5.10.3　职业危害申报

企业应按照 AQ 3013—2008 第 5.8.1 条规定执行。企业的职业危害因素主要包括：

（1）苯类；

（2）异氰酸酯类；

（3）醇类、酮类、醇醚类、石油溶剂类；

（4）涂料用硝化纤维素；

（5）重金属，如铅、镉、铬、汞、铬盐等；

（6）沥青、焦油；

（7）噪声；

（8）其他。

5.10.4　劳动防护用品

5.10.4.1　企业应按照 AQ 3013—2008 第 5.8.3 条规定执行。

5.10.4.2　企业应根据 GB 11651 及有关规定和实际情况，为从业人员配备劳动防护用品和装备，包括工作服、工作鞋、安全帽、护目镜、手套、安全带、披肩、鞋罩、围裙、袖套、防尘口罩等，必要时配备防毒口罩、防毒面具等。

5.10.5　危险化学品安全

5.10.5.1　危险化学品档案

企业应按照 AQ 3013—2008 第 5.7.1 条规定执行。

5.10.5.2　化学品分类

企业应按照国家有关规定对其产品、所有中间产品进行分类，并将分类结果汇入危险化学品档案。

5.10.5.3　化学品安全技术说明书和安全标签

企业应按照 AQ 3013—2008 第 5.7.3 条规定执行。

5.10.5.4　化学事故应急咨询服务电话

生产企业应设立 24 小时应急咨询服务固定电话，有专业人员值班并负责相关应急咨询。没有条件设立应急咨询服务电话的，应委托危险化学品专业应急机构作为应急咨询服务代理。

5.10.5.5　危险化学品登记

企业应按照有关规定对危险化学品进行登记。

5.11　应急救援

5.11.1　应急机构和队伍

5.11.1.1　企业应按规定建立安全生产应急机构或指定专人负责安全生产应急管理工作。

5.11.1.2　企业应建立应急指挥系统，实行分级管理，即厂级、车间级管理。

5.11.1.3　企业应建立应急救援队伍。

5.11.1.4　企业应明确各级应急指挥系统和救援队伍的职责。

5.11.2　应急预案

5.11.2.1　企业应按照 AQ 3013—2008 第 5.9.6.1 条规定，编制综合应急救援预案；针对可能发生的具体事故类别，制定相应的专项应急预案和现场处置方案。应重点考虑因素有：着火、爆炸、泄漏、中毒、烧伤、灼伤、降温、冷却、排料、停进料、停气、停电等。

5.11.2.2　企业应将应急救援预案报当地安全生产监督管理部门和有关部门备案，并通报当地应急协作单位，建立应急联动机制。

5.11.2.3　企业应对应急救援预案进行定期评审、修订。

5.11.3　应急设施、装备、物资

5.11.3.1　企业应按国家相关规定配备应急设施、装备，储备足够的应急物资，并保持完好，严禁挪用。

5.11.3.2　企业应配备常用的医疗急救器材和急救药品。

5.11.3.3　在有毒有害作业场所配备救援器材柜，放置必要的防护救护器材，进行经常性的维护保养并记录，保证其处于正常状态。

5.11.4　应急演练

5.11.4.1 企业应组织从业人员进行应急救援预案的培训，定期演练，评价演练效果，评价应急救援预案的充分性和有效性，并形成记录。

5.11.4.2 企业每年至少组织 1 次应急救援预案演练，车间每半年至少进行 1 次现场处置方案演练。

5.11.5 事故救援

5.11.5.1 企业发生生产安全事故后，应迅速启动应急救援预案，企业负责人直接指挥，积极组织抢救，妥善处理，以防止事故的蔓延扩大，减少人员伤亡和财产损失。安全、技术、设备、动力、生产、消防、保卫等部门应协助做好现场抢救和警戒工作，保护事故现场。

5.11.5.2 企业发生有害物大量外泄事故或火灾爆炸事故应设警戒线。

5.11.5.3 企业抢救人员应佩戴好相应的防护器具，对伤亡人员及时进行抢救处理。

5.12 事故报告、调查和处理

5.12.1 事故报告

5.12.1.1 企业应明确事故报告程序，发生生产安全事故后，事故现场有关人员除立即采取应急措施外，应按规定和程序报告本单位负责人及有关部门。情况紧急时，事故现场有关人员可以直接向事故发生地县级以上人民政府安全生产监督管理部门和负有安全生产监督管理职责的有关部门报告。

5.12.1.2 企业负责人接到事故报告后，应当于 1 小时内向事故发生地县级以上人民政府安全生产监督管理部门和负有安全生产监督管理职责的有关部门报告。

5.12.1.3 企业在事故报告后出现新情况时，应按有关规定及时补报。

5.12.2 事故调查和处理

5.12.2.1 企业发生生产安全事故后，应积极配合各级人民政府组织的事故调查，负责人和有关人员在事故调查期间不得擅离职守，应当随时接受事故调查组的询问，如实提供有关情况。

5.12.2.2 未造成人员伤亡的一般事故，县级人民政府委托企业负责组织调查的，企业应按规定成立事故调查组组织调查，按时提交事故调查报告。

5.12.2.3 企业应落实事故整改和预防措施，防止事故再次发生。整改和预防措施应包括：

（1）工程技术措施；

（2）培训教育措施；

（3）管理措施。

5.12.2.4 企业应建立事故档案和事故管理台账。

5.13　绩效评定和持续改进

5.13.1　安全检查

5.13.1.1　企业应严格执行安全检查管理制度，定期或不定期进行安全检查，保证安全生产标准化有效实施。

5.13.1.2　企业应对安全检查所查出的问题进行原因分析，制定整改措施，落实整改时间、责任人，并对整改情况进行验证，保存相应记录。

5.13.2　绩效评定

企业应每年至少1次对本单位安全生产标准化的实施情况进行自评，验证安全生产标准化的符合性、适宜性和有效性，检查安全生产目标、指标的完成情况。评定工作应形成正式文件，并将结果向所有部门、所属单位和从业人员通报，作为年度考核的重要依据。

5.13.3　持续改进

企业应根据安全生产标准化的自评结果和安全生产预警指数系统所反映的趋势，对安全生产目标、指标、规章制度、操作规程等进行修改完善，提出进一步完善安全生产标准化的计划和措施，不断提高安全绩效。

第五节　溶解乙炔生产企业安全生产标准化实施指南
（AQ 3039—2010）

1　范围

本标准规定了溶解乙炔生产企业（以下简称企业）开展安全生产标准化的过程和技术要求。

本标准适用于采用碳化钙或天然气裂解生产粗乙炔气，经过净化、干燥、加压工序，生产溶解乙炔的企业。

2　规范性引用文件

下列文件对于本文件的应用是必不可少的。凡是注日期的引用文件，仅注日期的版本适用于本文件。凡是不注日期的引用文件，其最新版本（包括所有的修改单）适用于本文件。

GB 11651　劳动防护用品选用规则

GB 13076　溶解乙炔气瓶的定期检验与评定

GB 13591　溶解乙炔气瓶充装规定

GB 17266　溶解乙炔气瓶充装站安全技术条件

GB 18218　危险化学品重大危险源辨识

GB 50016　建筑设计防火规范

GB 50031　乙炔站设计规范

GB 50057　建筑物防雷设计规范

GB 50058　爆炸和火灾危险环境电力装置设计规范

GB 50140　建筑灭火器配置设计规范

GB 50493　石油化工可燃气体和有毒气体检测报警设计规范

AQ 3013—2008　危险化学品从业单位安全标准化通用规范

AQ/T 9002　生产经营单位安全生产事故应急预案编制导则

AQ/T 9006—2010　企业安全生产标准化基本规范

HG/T 20675—1990　化工企业静电接地设计规程

注册安全工程师管理规定　国家安全生产监督管理总局令第 11 号

气瓶安全监察规定　国家质量监督检验检疫总局令第 46 号

溶解乙炔气瓶安全监察规程　中华人民共和国劳动部

3　术语和定义

AQ 3013—2008 确立的术语和定义适用于本标准。

4　一般要求

4.1　企业应按照 AQ 3013—2008 第 4 章的规定，开展安全生产标准化工作。

4.2　企业在本标准适用范围外的其他生产经营活动，应执行 AQ 3013—2008 规定。

5　核心要求

5.1　方针目标

5.1.1　企业应坚持"安全第一，预防为主，综合治理"的安全生产方针。主要负责人应依据国家法律、法规，结合企业实际，组织制定文件化的安全生产方针和目标。安全生产方针和目标应满足：

（1）形成文件，并得到所有从业人员的贯彻和实施；

（2）符合或严于相关法律、法规的要求；

（3）与企业的职业安全健康风险相适应；

（4）目标予以量化；

（5）公众易于获得。

5.1.2 企业应制定总体和年度安全生产目标，宜结合下列内容：

（1）零死亡；

（2）负伤率；

（3）事故起数降低率；

（4）隐患治理完成率；

（5）其他。

5.1.3 企业应签订各级组织的安全目标责任书，确定年度安全工作目标，并予以考核。各级组织应制定年度安全工作计划，以保证年度安全目标的有效完成。

5.2 组织机构和职责

5.2.1 组织机构

5.2.1.1 企业应建立安全生产领导小组，设置安全生产管理部门，配备专职安全生产管理人员。有工会组织的企业，安全生产领导小组成员应有工会代表。

5.2.1.2 企业应根据生产经营规模实际情况，设置相应的管理部门。

5.2.1.3 企业应建立从安全生产领导小组到基层班组的安全生产管理网络，明确安全责任人。

5.2.1.4 企业应按《注册安全工程师管理规定》第六条规定执行。

5.2.1.5 企业应按照 GB 17266 的规定，配备生产管理人员、技术人员、操作人员、质量化验员等。

5.2.2 职责

5.2.2.1 企业应制定安全生产委员会（以下简称安委会）或领导小组和管理部门的安全职责。

5.2.2.2 企业应制定主要负责人、各级管理人员和从业人员的安全职责。

5.2.2.3 企业应建立安全责任考核机制，对各级管理部门、管理人员及从业人员安全职责的履行情况和安全生产责任制的实现情况进行定期考核，予以奖惩。

5.2.3 负责人

5.2.3.1 企业主要负责人应按照 AQ 3013—2008 第 5.1.1 条款规定，做好本职工作。主要负责人应通过适当的方式、渠道向从业人员及相关方进行宣传或告知安全承诺。安全承诺内容应包括：

（1）遵守法律、法规、规范和标准；

（2）坚持预防为主，开展风险管理，抓好隐患治理；

（3）提供必要的资源；

（4）贯彻安全生产方针，实现安全生产目标；

（5）持续改进安全绩效；

（6）对从业人员和相关方的承诺。

5.2.3.2 企业主要负责人每季度应至少组织并主持 1 次安全生产领导小组会议，审查总结本季度安全生产工作情况，研究、决策下一季度安全生产的重大问题，制定相应实施方案。应做到：

（1）会议有议题；

（2）会议记录真实完整；

（3）形成会议纪要。

5.3 安全生产投入与工伤保险

5.3.1 安全生产投入

5.3.1.1 企业应依据国家、当地政府的有关安全生产费用提取规定，自行提取安全生产费用，专项用于安全生产。

5.3.1.2 企业应按照规定的安全生产费用使用范围，合理使用安全生产费用，建立安全生产费用台账。

5.3.2 工伤保险

企业应依法参加工伤社会保险，为从业人员缴纳工伤保险费。

5.4 法律、法规与安全生产管理制度

5.4.1 法律、法规、标准规范

5.4.1.1 企业应建立识别和获取适用的安全生产法律、法规、标准及其他要求管理制度，明确责任部门，确定获取渠道、方式和时机，及时识别和获取，定期更新。

5.4.1.2 企业应将适用的安全生产法律、法规、标准及其他要求及时对从业人员进行宣传和培训，提高从业人员的守法意识，规范安全生产行为。

5.4.1.3 企业应将适用的安全生产法律、法规、标准及其他要求及时传达给相关方。

5.4.1.4 企业应将法律、法规相关要求及时转化为本单位的规章制度。

5.4.2 规章制度

5.4.2.1 企业应按照 AQ 3013—2008 第 5.3.3.1 条款规定，制定相关的安全生产规章制度，并结合生产企业特点，还需制定以下内容的管理制度：

（1）溶解乙炔气瓶管理；

（2）乙炔充装管理；

（3）渣池安全管理；

（4）防雷、防静电设施管理；

（5）其他。

5.4.2.2 企业应将安全生产规章制度发放到有关的工作岗位。

5.4.3 操作规程

5.4.3.1 企业应根据溶解乙炔生产工艺、技术、设备特点和乙炔、电石、丙酮、酸、碱等化学品的危险性及生产操作岗位的特点，编制下列岗位（不局限）的操作规程：

（1）电石破碎岗位；

（2）乙炔发生岗位；

（3）乙炔净化岗位；

（4）压缩、干燥岗位；

（5）乙炔充装岗位；

（6）溶解乙炔气瓶检验；

（7）设备检、维修；

（8）机电仪检、维修；

（9）其他。

5.4.3.2 操作规程至少应包括下列内容：

（1）开、停车操作程序；

（2）正常运行操作程序；

（3）紧急停车操作程序；

（4）接触化学品的危险性；

（5）各种工艺操作参数、指标；

（6）正常操作过程安全注意事项；

（7）异常情况应急措施、防范措施；

（8）配置的安全设施，包括事故应急设施、个体防护设施；

（9）其他。

5.4.3.3 企业在新工艺、新技术、新装置投产或投用前，应编制新的操作规程。

5.4.4 评估

企业应每年至少1次对适用的安全生产法律、法规、标准及其他要求的执行情况进行符合性评价，提交符合性评价报告，消除违规现象和行为。符合性评价报告内容应包括：

（1）获取的安全生产法律、法规、标准及其他要求是否全部适用于企业实际运行情况；

（2）安全生产法律、法规、标准及其他要求在企业的执行情况，企业是否存在违法、违规行为；

（3）对不符合安全生产法律、法规、标准及其他要求行为的整改情况；

（4）其他。

5.4.5 修订

企业应按照 AQ 3013—2008 第 5.3.5 条款规定执行。

5.4.6 文件和档案管理

5.4.6.1 企业应严格执行文件和档案管理制度，确保安全生产规章制度和操作规程编制、使用、评审、修订的效力。

5.4.6.2 企业应建立主要安全生产过程、事件、活动、检查的安全记录档案，并加强对安全记录的有效管理。

5.5 教育培训

5.5.1 教育培训

企业应按照 AQ 3013--2008 第 5.4 条款规定执行。

5.5.2 安全文化建设

5.5.2.1 企业主要负责人应组织实施安全生产标准化，建设企业安全文化。

5.5.2.2 企业应采取多种形式的安全文化活动，引导全体从业人员的安全态度和安全行为，逐步形成为全体员工所认同、共同遵守、带有本单位特点的安全价值观，实现法律和政府监管要求之上的安全自我约束，保障企业安全生产水平持续提高。

5.6 生产设备设施

5.6.1 生产设备设施建设

5.6.1.1 企业应按照 AQ 3013—2008 第 5.5.1 条款规定执行。

5.6.1.2 企业建设项目应符合有关规定，取得立项批复；选择有相应资质的安全评价机构对建设项目设立进行安全评价；委托取得相应设计资质的设计单位进行设计，选择有相应施工资质的施工单位进行施工。

5.6.1.3 企业建设项目完工后，试生产前应编写试生产方案，并将试生产方案分别报送建设项目安全许可实施部门和有关危险化学品安全生产许可的实施部门备案。

5.6.1.4 企业应在建设项目试生产期间，选择有相应资质的安全评价机构对建设项目及其安全设施进行安全验收评价，安全设施竣工验收获得安全许可后，方可正式投入生产或使用。

5.6.2 设备设施运行管理

5.6.2.1 企业应对生产设备设施进行规范化管理，保证其安全运行。

5.6.2.2 企业应按照 AQ 3013—2008 第 5.5.6 条款规定，执行检维修管理制度，做好溶解乙炔生产装置及辅助设施的检维修工作。检维修前、检维修后应分别办理生产交付检维修和检维修交付生产的相关手续。单台设备或系统检修应做好降温、降压、清洗、置换工作，单台设备检修必须可靠地与系统切断。乙炔设备检修前后，应用惰性气体置换。投入使用前，应用乙炔气体置换，直至乙炔气体纯度大于 0.98（体积分数），方可并入系统。

5.6.3　新设备设施验收及旧设备拆除、报废

5.6.3.1　企业应执行生产设备设施到货验收管理程序，应使用质量合格、设计符合国家或行业标准要求的生产设备设施。

5.6.3.2　企业应严格执行生产设施拆除和报废管理制度。拆除作业前，拆除作业负责人应与需拆除设施的主管部门和使用单位共同到现场进行对接，作业人员进行危险、有害因素识别，制订拆除计划或方案，办理拆除设施交接手续。

5.6.3.3　企业凡需拆除的容器、设备和管道，应先清洗干净，分析、验收合格后方可进行拆除作业。

5.6.3.4　企业欲报废的容器、设备和管道内仍存有危险化学品的，应清洗干净，分析、验收合格后，方可报废处置。

5.6.4　安全设施

5.6.4.1　企业应按照 AQ 3013—2008 第 5.5.2.1 条、第 5.5.2.2 条规定，配置符合国家和行业标准要求的安全设施，满足安全生产的要求。

5.6.4.2　企业应按 GB 50031 和 GB 17266 的规定，至少配备下列安全设施：

（1）乙炔发生器：

1）温度、压力检测设施；

2）乙炔发生器与高位水槽液位控制装置；

3）乙炔发生器与气柜间应设置安全水封；

4）多台乙炔发生器的汇气总管与每台发生器之间、接至厂区的乙炔管道上应设置安全水封或阻火器；

5）乙炔发生器岗位应设置氮气置换装置和防真空措施；

6）乙炔发生器、气柜、管道等应设置防冻措施。

（2）乙炔压缩机前设置低压安全水封或安全器。

（3）乙炔气柜与乙炔压缩机设置低限报警联锁装置。

（4）乙炔压缩机应设置限压报警联锁装置，即当吸气压力低于最低允许压力，或排气压力高于最高允许压力时，乙炔压缩机应自动停车，并发出报警信号。

（5）乙炔压缩机应设置安全阀。

（6）净化岗位设置符合要求的冲洗和洗眼设施。

（7）乙炔充装排设置充装用冷却喷淋水和紧急喷淋装置。

（8）在下列部位应设置阻火器：

1）乙炔高压干燥器出口管路；

2）乙炔各充灌排的主截止阀前；

3）乙炔充灌排的各分配截止阀后；

4）乙炔放空管；

5）高压乙炔回气管路。

（9）生产区内应按照 GB 50016、GB 50140 要求，设置消防通道、消火栓、消防泵和灭火器材。

（10）乙炔的放散或排放应引至室外，引出管口应高出屋脊 1 m。

（11）应按照 GB 50057、HG/T 20675—1990 要求，设置防雷、防静电设施；并在乙炔生产车间入口处设置消除人体静电设施。

（12）应按照 GB 50058 和 GB 50031 的规定，在乙炔装置内采用防爆级别和组别为 dⅡCT$_2$ 的防爆电气装置。

（13）应按照 GB 50493 的要求，在乙炔发生器、乙炔压缩机、乙炔充装、乙炔汇流排、实瓶库、电石库、净化装置等区域设置固定式可燃气体检测报警装置。当不具备设置固定式的条件时，应配置便携式检测报警仪。

（14）生产厂房建筑结构应满足 GB 50031 规定的泄压面积、耐火等级、遮阳、通风、防雨雪要求。

（15）应配备各类机动车辆使用的阻火器。

5.6.4.3　企业应按照 AQ 3013—2008 第 5.5.2.3 条、第 5.5.2.4 条、第 5.5.2.5 条规定执行。

5.6.5　特种设备

5.6.5.1　企业应按照 AQ 3013—2008 第 5.5.3 条规定执行。

5.6.5.2　企业欲报废的溶解乙炔气瓶，应按照 GB 13076，由溶解乙炔气瓶检验单位负责破坏性处理，保存相关记录。

5.6.6　关键装置及重点部位

企业应按照 AQ 3013—2008 第 5.5.5 条规定，对关键装置及重点部位实行管理，下列装置或场所宜作为关键装置及重点部位：

（1）乙炔发生器及气柜；

（2）乙炔净化装置；

（3）乙炔压缩机和干燥装置；

（4）乙炔充装间；

（5）实瓶储存场所；

（6）溶解乙炔气瓶、电石、丙酮等危险化学品仓库；

（7）其他。

5.7 作业安全

5.7.1 生产现场管理和生产过程控制

5.7.1.1 企业应加强生产现场安全管理和生产过程控制。

5.7.1.2 企业应根据生产场所的火灾爆炸危险性划定禁火区，按照 AQ 3013—2008 第 5.6.1 条规定，对危险性作业实施作业许可证管理，未办理作业许可证，不得进行相关作业活动。

5.7.1.3 各种作业许可证存根应至少保存 1 年。

5.7.2 工艺安全

5.7.2.1 企业从业人员应熟悉和掌握有关工艺安全信息，主要包括：

（1）乙炔、电石、丙酮、酸、碱或液氯等危险化学品的理化数据、燃爆特性、闪点、腐蚀性、毒性职业接触限值等危险性信息；

（2）熟悉溶解乙炔生产的工艺流程、设备的结构特点、控制参数和安全设施。

5.7.2.2 企业操作人员应严格执行操作规程，安全工艺参数应满足下列指标：

（1）乙炔生产系统的乙炔含量应不小于 0.98（体积分数）；

（2）用于作为保护性气体的氮气，其含氧量应小于 0.03（体积分数）；用惰性气体置换设备和管道，其排放气体含氧量应小于 0.03（体积分数）；

（3）发生器的水温应不大于 80℃，发气室内的气体温度应不大于 90℃；

（4）用次氯酸或次氯酸钠作净化剂时，净化装置的有效氯（以 Cl 计）含量应小于 0.001（质量分数）；

（5）乙炔充装压力不大于 2.5 MPa；

（6）充装容积流速应小于 0.015 $m^3/h \cdot L$（采用强制冷却快速充装的除外）。

5.7.2.3 企业在生产装置开车前应组织对所有设备上的手孔、人孔、仪表、阀门以及各类安全设施进行全面检查，并填写装置开车条件确认单，做到：

（1）试车、检修后的工艺和设备应符合国家和行业标准及设计规范的有关规定；

（2）检修或长时间停产后系统应按照规定作气密性试验，设备空运转调试合格；

（3）乙炔系统全部用保护气体置换，氧含量符合要求；

（4）供水压力符合消防、工艺要求；

（5）操作规程和应急预案已制定；

（6）操作人员培训合格；

（7）待充装的溶解乙炔气瓶经逐只检验符合有关充装规定；

（8）各种危险得到消除或控制。

5.7.2.4 企业生产装置停车前要进行条件确认，满足停车条件后方可停车，做到：

(1) 正常停车应按停车规程中规定的步骤进行；

(2) 设备、容器卸压时，应防止乙炔气体排放产生燃烧和爆炸，应防止酸、碱或其他易燃、易爆、易中毒等危险化学品的排放和散发而产生事故；

(3) 生产设备检修时，操作人员应对设备、管线进行降压、清洗、置换吹扫处理合格，办理交付检维修手续；

(4) 冬季停车后，要采取防冻保温措施。

5.7.2.5 企业生产装置发生异常情况时，应迅速按照操作规程采取措施，并通知有关岗位协调处理，必要时，按步骤紧急停车。

5.7.2.6 企业应对生产装置正常运行严格控制，保证安全生产，做到：

(1) 岗位操作人员应严格执行操作规程，严格控制工艺技术参数；

(2) 操作人员进入现场应按规定穿戴劳动保护用品，禁止穿戴化纤衣物和钉鞋进入操作岗位；

(3) 乙炔压缩机除紧急情况外，禁止带负荷启动或停机；

(4) 生产期间不得在带压状态下拆卸和紧固设备的螺栓及其他紧固件，严禁在生产区内用黑色金属工具敲打设备、管道；

(5) 机动车辆进入乙炔生产区域，应加装阻火器，严禁电瓶车进入生产区；

(6) 各种工艺参数运行指标应控制在安全上、下限值范围内，对运行过程中出现的工艺参数偏离情况及时分析原因，及时有效纠正运行偏差。

5.7.2.7 企业溶解乙炔气瓶的充装应按照 GB 13591 中对充装前、充装中、充装后的具体要求进行。充装后的气瓶应粘贴符合国家标准规定的安全标签。

5.7.2.8 企业不得接收和充装档案不在本单位保存的溶解乙炔气瓶。对临时用户的溶解乙炔气瓶应做出标记，并单独充装和存放。

5.7.2.9 接触乙炔的设备设施应严格按照规定选用材料。凡与乙炔接触的计量仪器、测温筒、自动控制设备等，严禁选用含铜量 70% 以上的铜合金，以及银、汞、锌、镉及其合金材料制造的产品。阀门和附件应采用钢、可锻铸铁或球墨铸铁材料，或采用含铜量不超过 70% 的铜合金材料。

5.7.3 作业行为管理

5.7.3.1 企业应按照 AQ 3013—2008 第 5.6.3 条规定执行。

5.7.3.2 企业应在危险性作业活动作业前进行危险、有害因素识别，制定控制措施。在作业现场配备、使用安全防护用品（具）及消防器材，规范现场人员作业行为。

5.7.3.3 企业应对进入生产区域的机动车辆实行管理，所有入厂机动车辆应加装阻火器，按规定线路行驶。

5.7.3.4　企业应对溶解乙炔、电石、丙酮、酸、碱等危险化学品严格执行危险化学品储存、出入库安全管理制度，应设专用仓库。

5.7.3.5　溶解乙炔气瓶的贮存应遵守《溶解乙炔气瓶安全监察规程》第 63 条款规定。

5.7.3.6　企业应严格执行危险化学品运输、装卸安全管理制度，规范运输、装卸人员的作业行为。

5.7.4　警示标志

5.7.4.1　企业应按照 AQ 3013—2008 第 5.6.2 条规定，设置安全标志、职业危害警示标识。

5.7.4.2　企业应在生产区域设置明显的禁火标志，在电石库设置明显的禁止用水灭火的标志，在厂内道路设置限速、限高、禁行等标志。

5.7.4.3　企业应经常检查安全标志、警示标识，如发现有破损、变形、褪色时，应及时修整或更换，并保存检查记录。

5.7.5　相关方管理

5.7.5.1　企业应严格执行承包商管理制度，对承包商资格预审、选择、开工前准备、作业过程监督、表现评价、续用等过程进行管理，与选用的承包商签订安全协议书。

5.7.5.2　企业应严格执行供应商管理制度，对供应商资格预审、提供的产品、技术服务、选用和续用等过程进行管理。

5.7.5.3　企业应建立合格相关方的名录和档案，根据服务作业行为定期识别服务行为风险，并采取行之有效的控制措施。

5.7.5.4　不得将项目委托给不具备相应资质或条件的相关方。

5.7.6　变更

5.7.6.1　企业应严格执行变更管理制度，履行下列变更程序：

（1）变更申请：按要求填写变更申请表，由专人进行管理。

（2）变更审批：变更申请表应逐级上报主管部门，并按管理权限报主管领导审批。

（3）变更实施：变更批准后，由主管部门负责实施。不经过审查和批准，任何临时性的变更都不得超过原批准范围和期限。

（4）变更验收：变更实施结束后，变更主管部门应对变更的实施情况进行验收，形成报告，并及时将变更结果通知相关部门和有关人员。

5.7.6.2　企业应对变更过程产生的风险进行分析和控制。

5.7.7　风险管理

5.7.7.1　范围与评价方法

（1）企业应按照 AQ 3013—2008 第 5.2.1.1 条规定，成立风险评价小组，评价小组的成员应该具备下列条件：

1）具备溶解乙炔生产专业技术知识和经验；

2）熟悉安全生产法律、法规、规范和标准；

3）熟悉风险评价方法；

4）包括生产、技术、安全、设备等相关部门的人员。

（2）企业应按照 AQ 3013—2008 第 5.2.1.2 条、第 5.2.1.3 条、第 5.2.1.4 条规定确定评价范围、评价方法、评价准则。

5.7.7.2　风险评价

企业应按照 AQ 3013—2008 第 5.2.2 条规定进行风险评价，应重点对以下溶解乙炔生产工艺过程、场所、设备设施及作业活动等进行评价：

（1）电石破碎；

（2）乙炔发生器；

（3）乙炔贮气柜；

（4）净化设备；

（5）高压干燥器；

（6）乙炔压缩机；

（7）充装间；

（8）实瓶间；

（9）电石中转间；

（10）电石渣池；

（11）防雷、防静电设施；

（12）电石等危险化学品库房；

（13）开、停车过程；

（14）重大危险源；

（15）动火等作业活动；

（16）其他。

5.7.7.3　风险控制

5.7.7.3.1　企业应按照 AQ 3013—2008 第 5.2.3 条规定，根据风险评价的结果，对风险实施控制。

5.7.7.3.2　企业应形成重大风险清单，制定相应的风险控制措施，并对控制措施的实施效果进行监督、检查和评审，保存相应记录。

5.7.7.4　风险信息更新

5.7.7.4.1　企业应适时组织风险评价工作，识别与生产经营活动有关的危险、有害因素和隐患。

5.7.7.4.2　企业应定期评审或检查风险评价结果和风险控制效果。

5.7.7.4.3　企业应在下列情形发生时及时进行风险评价：

（1）新的或变更的法律、法规或其他要求；

（2）操作条件变化或工艺改变；

（3）技术改造项目；

（4）有对事件、事故或其他信息的新认识；

（5）组织机构发生大的调整。

5.8　隐患排查和治理

5.8.1　隐患排查

5.8.1.1　企业应定期组织事故隐患排查工作，对隐患进行分析评估，确定隐患等级，登记建档，及时采取有效的治理措施。

5.8.1.2　隐患排查前应制定排查方案，明确排查的目的、范围，选择合适的排查方法。排查方案应依据：

（1）有关安全生产法律、法规要求；

（2）设计规范、管理标准、技术标准；

（3）企业的安全生产目标；

（4）其他。

5.8.2　排查范围与方法

5.8.2.1　企业隐患排查的范围应包括所有与生产经营相关的场所、环境、人员、设备设施和活动。

5.8.2.2　企业应根据安全生产的需要和特点，采用综合检查、专业检查、季节性检查、节假日检查、日常检查等方式进行隐患排查。各种安全检查均应按相应的安全检查表逐项检查，建立安全检查台账，并与责任制挂钩。

5.8.2.3　企业安全检查形式和内容应满足：

（1）综合性检查应由相应级别的负责人负责组织，以落实岗位安全责任制为重点，各专业共同参与的全面安全检查。厂级综合性安全检查每季度不少于1次，车间级综合性安全检查每月不少于1次。

（2）专业检查分别由各专业部门的负责人组织本系统人员进行，主要是对锅炉、压力容器、危险物品、电气装置、机械设备、构建筑物、安全装置、防火防爆、防尘防毒、监测仪器等进行专业检查。专业检查每半年不少于1次。

（3）季节性检查由各业务部门的负责人组织本系统相关人员进行，是根据当地各季节特点对防火防爆、防雨防汛、防雷电、防暑降温、防风及防冻保暖工作等进行预防性季节检查。

（4）日常检查分岗位操作人员巡回检查和管理人员日常检查。岗位操作人员应认真履行岗位安全生产责任制，进行交接班检查和班中巡回检查，各级管理人员应在各自的业务范围内进行日常检查。

（5）节假日检查主要是对节假日前安全、保卫、消防、生产物资准备、备用设备、应急预案等方面进行的检查。

5.8.2.4　企业应编制各种安全检查表，检查表应包括检查项目、检查依据、检查方法、检查结果等栏目。企业可编制下列检查表（不局限）：

（1）综合性安全检查表：

1）公司级（厂级）综合性安全检查表；

2）车间级综合安全检查表。

（2）专业性安全检查表：

1）工艺、设备安全检查表；

2）防雷防静电设施检查表；

3）储存仓库安全检查表；

4）消防安全检查表；

5）安全设施检查表；

6）防火、防爆检查表。

（3）季节性安全检查表：

应根据所在地区地理、气候特点，编制不同季节安全检查表。

（4）日常安全检查表：

1）岗位操作人员安全检查表；

2）各岗位工艺、设备、安全、电气、仪表等的安全检查表。

（5）节假日安全检查表。

5.8.3　隐患治理

5.8.3.1　企业应对隐患项目下达隐患治理通知，限期治理，做到定治理措施、定负责人、定资金来源、定治理期限。企业应建立隐患治理台账。

5.8.3.2　企业应对确定的重大隐患项目建立档案，档案内容应包括：

（1）评价报告与技术结论；

（2）评审意见；

（3）隐患治理方案，包括资金概预算情况等；

（4）治理时间表和责任人；

（5）竣工验收报告。

5.8.3.3 企业无力解决的重大事故隐患，除采取有效防范措施外，应书面向企业直接主管部门和当地政府报告。

5.8.3.4 企业对不具备整改条件的重大事故隐患，必须采取防范措施，并纳入计划，限期解决或停产。

5.8.4 预测预警

企业应根据生产经营状况及隐患排查治理情况，运用定量的安全生产预测预警技术，建立体现企业安全生产状况及发展趋势的预警指数系统。

5.9 重大危险源监控

5.9.1 辨识

5.9.1.1 企业应依据有关规定对本单位的危险设施进行重大危险源辨识。

5.9.1.2 企业应按照 GB 18218 标准对乙炔、电石、丙酮等危险化学品进行重大险源辨识。

5.9.2 登记建档与备案

5.9.2.1 企业应当对确认的重大危险源及时登记建档，建立重大危险源管理档案。重大危险源管理档案内容主要包括：

（1）物质名称和数量、类别、性质；

（2）所在位置；

（3）管理制度；

（4）应急救援预案与演练方案、演练记录；

（5）评估报告；

（6）检测报告；

（7）监控检查记录、整改记录；

（8）重大危险源申报表；

（9）其他。

5.9.2.2 企业应将重大危险源及相关安全措施、应急措施报送当地县级以上人民政府安全生产监督管理部门和有关部门备案。

5.9.3 监控与管理

5.9.3.1 企业应按照有关规定对重大危险源设置安全监控报警系统。

5.9.3.2　企业应依据国家有关规定对重大危险源定期进行安全评估。

5.9.3.3　企业应对重大危险源的设备、设施定期检查、检验，并做好记录。

5.9.3.4　企业应制定重大危险源应急救援预案，配备必要的救援器材、装备，每年至少进行 1 次重大危险源应急救援预案演练。

5.9.3.5　企业重大危险源的防护距离应满足国家标准或规定。不符合国家标准或规定的，应采取切实可行的防范措施，并在规定期限内进行整改。

5.10　职业健康

5.10.1　职业健康管理

5.10.1.1　企业应按照 AQ 3013—2008 第 5.8.2 条规定执行。

5.10.1.2　企业应制定切实可行的职业危害防治计划和实施方案。要明确责任人、责任部门、目标、方法、资金、时间表等，并对防治计划和实施方案进行定期检查，确保职业危害的防治与控制效果。

5.10.2　职业危害告知和警示

5.10.2.1　企业与从业人员订立劳动合同时，应将工作过程中可能产生的职业危害及其后果和防护措施如实告知从业人员，并在劳动合同中写明。

5.10.2.2　企业应以适当、有效的方式对从业人员及相关方进行宣传，使其了解生产过程中危险化学品的危险特性、活性危害、禁配物等，以及采取的预防及应急处理措施。

5.10.2.3　企业应在可能产生严重职业危害作业岗位的醒目位置，按照 GBZ 158 设置职业危害警示标识，同时设置告知牌，告知产生职业危害的种类、后果、预防及应急救治措施、作业场所职业危害因素检测结果等。

5.10.3　职业危害申报

企业如存在法定职业病目录所列的职业危害因素，应按照国家有关规定，及时、如实向当地安全生产监督管理部门申报，接受其监督。职业危害因素主要包括（不同的工艺流程净化剂不同）：

（1）硫酸；

（2）噪声；

（3）粉尘；

（4）液氯；

（5）氢氧化钠；

（6）其他。

5.10.4　劳动防护用品

5.10.4.1　企业应按照 AQ 3013—2008 第 5.8.3 条规定执行，加强对员工使用劳动防护用品的监督、教育和管理，按照 GB 11651 的规定，结合企业特点为从业人员配备相应的劳动防护用品：

(1) 制气岗位应配备防尘口罩、棉质工作服、帆布手套、防砸工作鞋；

(2) 净化岗位应配备耐酸碱工作服、耐酸碱工作鞋、橡胶手套、防护眼镜或面罩；

(3) 压缩、干燥、充装岗位应该配备棉质工作服、防砸工作鞋、帆布手套，有条件的企业也可配备防静电工作服和防静电鞋；

(4) 其他工种的人员按照相关规定配备劳动保护用品。

5.10.4.2 企业有使用液氯的场所应为每个操作人员配备滤毒罐式防毒面具，至少配备 1 套正压式空气呼吸器。

5.10.4.3 需定期校验的防护用品或器具应定期送至有校验资质的单位进行定期校验、维护，并做好校验记录。

5.10.5 危险化学品安全

5.10.5.1 危险化学品档案

企业应按照 AQ 3013—2008 第 5.7.1 条规定，建立乙炔、电石、丙酮、氢氧化钠、次氯酸钠、硫酸等危险化学品档案。

5.10.5.2 化学品分类

企业应按照国家有关规定对其产品、所有中间产品进行分类，并将分类结果汇入危险化学品档案。

5.10.5.3 化学品安全技术说明书和安全标签

(1) 企业应按照 GB 16483 和 GB 15258 编制溶解乙炔等产品安全技术说明书和安全标签，安全标签要拴挂或粘贴在溶解乙炔气瓶外，并将安全技术说明书及时提供给用户。

(2) 企业外购电石、丙酮、氢氧化钠、次氯酸钠或硫酸等原料或辅助原料时，应向供应商索取安全技术说明书和安全标签，不得采购无安全技术说明书和安全标签的危险化学品。

5.10.5.4 化学事故应急咨询服务电话

生产企业应设立 24 小时应急咨询服务固定电话，有专业人员值班并负责相关应急咨询。没有条件设立应急咨询服务电话的，应委托危险化学品专业应急机构作为应急咨询服务代理。

5.10.5.5 危险化学品登记

企业应按照有关规定对危险化学品进行登记。

5.11 应急救援

5.11.1 应急机构和队伍

5.11.1.1 企业应按规定建立安全生产应急机构或指定专人负责安全生产应急管理

工作。

5.11.1.2 企业应建立应急指挥系统，实行分级管理，即厂级、车间级管理。

5.11.1.3 企业应建立应急救援队伍。

5.11.1.4 企业应明确各级应急指挥系统和救援队伍的职责。

5.11.2 应急预案

5.11.2.1 企业应按照 AQ 3013—2008 第 5.9.6.1 条款规定，按照 AQ/T 9002 的要求，编制综合应急救援预案，根据风险评价的结果，对潜在事件和突发事故，制定相应的专项应急预案和现场处置方案。

5.11.2.2 企业应将应急救援预案报当地安全生产监督管理部门和有关部门备案，并通报当地应急协作单位，建立应急联动机制。

5.11.2.3 企业应对应急救援预案进行定期评审、修订。

5.11.3 应急设施、装备、物资

5.11.3.1 企业应按国家相关规定配备应急设施、装备，储备足够的应急物资，并保持完好，严禁挪用。

5.11.3.2 企业应配备常用的医疗急救器材和急救药品。

5.11.3.3 在有毒有害作业场所配备救援器材柜，放置必要的防护救护器材，进行经常性的维护保养并记录，保证其处于正常状态。

5.11.4 应急演练

5.11.4.1 企业应组织从业人员进行应急救援预案的培训，定期演练，评价演练效果，评价应急救援预案的充分性和有效性，并形成记录。

5.11.4.2 企业每年至少组织 1 次应急救援预案演练，车间每半年至少进行 1 次现场处置方案演练。

5.11.5 事故救援

5.11.5.1 企业发生生产安全事故后，应迅速启动应急救援预案，企业负责人直接指挥，积极组织抢救，妥善处理，以防止事故的蔓延扩大，减少人员伤亡和财产损失。安全、技术、设备、动力、生产、消防、保卫等部门应协助做好现场抢救和警戒工作，保护事故现场。

5.11.5.2 企业发生有害物大量外泄事故或火灾爆炸事故应设警戒线。

5.11.5.3 企业抢救人员应佩戴好相应的防护器具，对伤亡人员及时进行抢救处理。

5.12 事故报告、调查和处理

5.12.1 事故报告

5.12.1.1 企业应明确事故报告程序。发生生产安全事故后，事故现场有关人员除立即采取应急措施外，应按规定和程序报告本单位负责人及有关部门。情况紧急时，事故现场有关人员可以直接向事故发生地县级以上人民政府安全生产监督管理部门和负有安全生产监督管理职责的有关部门报告。

5.12.1.2 企业负责人接到事故报告后，应当于1小时内向事故发生地县级以上人民政府安全生产监督管理部门和负有安全生产监督管理职责的有关部门报告。

5.12.1.3 企业在事故报告后出现新情况时，应按有关规定及时补报。

5.12.2 事故调查和处理

5.12.2.1 企业发生生产安全事故后，应积极配合各级人民政府组织的事故调查，负责人和有关人员在事故调查期间不得擅离职守，应当随时接受事故调查组的询问，如实提供有关情况。

5.12.2.2 未造成人员伤亡的一般事故，县级人民政府委托企业负责组织调查的，企业应按规定成立事故调查组组织调查，按时提交事故调查报告。

5.12.2.3 企业应落实事故整改和预防措施，防止事故再次发生。整改和预防措施应包括：

（1）工程技术措施；

（2）培训教育措施；

（3）管理措施。

5.12.2.4 企业应建立事故档案和事故管理台账。

5.13 绩效评定和持续改进

5.13.1 安全检查

5.13.1.1 企业应严格执行安全检查管理制度，定期或不定期进行安全检查，保证安全生产标准化有效实施。

5.13.1.2 企业应对安全检查所查出的问题进行原因分析，制定整改措施，落实整改时间、责任人，并对整改情况进行验证，保存相应记录。

5.13.2 绩效评定

企业应每年至少1次对本单位安全生产标准化的实施情况进行自评，验证安全生产标准化的符合性、适宜性和有效性，检查安全生产目标、指标的完成情况。评定工作应形成正式文件，并将结果向所有部门、所属单位和从业人员通报，作为年度考核的重要依据。

5.13.3 持续改进

企业应根据安全生产标准化的自评结果和安全生产预警指数系统所反映的趋势，对安全生产目标、指标、规章制度、操作规程等进行修改完善，提出进一步完善安全生产标准化的计划和措施，不断提高安全绩效。

第六节　电石生产企业安全生产标准化实施指南
（AQ 3038—2010）

1　范围

本标准规定了电石生产企业（以下简称企业）安全生产标准化管理的技术要求。

本标准适用于采用密闭炉、内燃式电石炉生产电石的企业。生产工艺主要以石灰、碳素材料为原料，采用电阻电弧炉生产工业电石的企业。

2　规范性引用文件

下列文件对于本文件的应用是必不可少的。凡是注日期的引用文件，仅注日期的版本适用于本文件。凡是不注日期的引用文件，其最新版本（包括所有的修改单）适用于本文件。

GB 10665　碳化钙（电石）

GB 18218　危险化学品重大危险源辨识

GB 50140　建筑灭火器配置设计规范

GBZ 1　工业企业设计卫生标准

GBZ 2.1　工作场所有害因素职业接触限值　第1部分：化学有害因素

GBZ 2.2　工作场所有害因素职业接触限值　第2部分：物理因素

AQ 3013—2008　危险化学品从业单位安全标准化通用规范

AQ/T 9002—2006　生产经营单位安全生产事故应急预案编制导则

AQ/T 9004—2008　企业安全文化建设导则

AQ/T 9006—2010　企业安全生产标准化基本规范

3　术语和定义

AQ 3013—2008确立的术语和定义适用于本标准。

4　一般要求

企业应按照 AQ 3013—2008 第4章的规定，开展安全标准化工作。

5 核心要求

5.1 方针目标

企业应按照 AQ 3013—2008 第 5.1.2 条款规定，组织制定文件化的安全生产方针、总体和年度安全生产目标，签订各级组织安全目标责任书。安全生产目标应具体、合理、可测量、可实现，宜结合下列内容：

（1）零死亡；

（2）千人负伤率；

（3）千人重伤率；

（4）隐患治理完成率；

（5）其他。

5.2 组织机构和职责

5.2.1 机构设置

5.2.1.1 企业安全生产管理机构应建立安全生产委员会（以下简称安委会）或领导小组，设置安全生产管理部门或配备专职安全生产管理人员。建立从安委会到基层班组的安全生产管理网络。有工会组织的企业应有工会代表参加安委会。

5.2.1.2 企业应按照《注册安全工程师管理规定》第六条规定，配备注册安全工程师。

5.2.2 职责

5.2.2.1 企业应制定安委会和管理部门的安全职责。

5.2.2.2 企业应制定主要负责人、各级管理人员和从业人员的安全职责。

5.2.2.3 企业应建立安全责任考核机制，对各级管理部门、管理人员及从业人员安全职责的履行情况和安全生产责任制的实现情况进行定期考核，予以奖惩。

5.2.3 负责人

5.2.3.1 企业主要负责人是本单位安全生产第一责任人，应全面负责安全生产工作。主要负责人应通过适当的方式和渠道向从业人员和相关方宣传与告知安全承诺。安全承诺内容包括：

（1）遵守法律法规、标准和规程；

（2）坚持预防为主，开展风险管理，抓好隐患治理；

（3）提供必要的资源；

（4）贯彻安全生产方针，实现安全生产目标；

（5）持续改进安全绩效；

（6）对相关方的安全承诺。

5.2.3.2 企业主要负责人每季度应至少组织并主持 1 次安委会会议，总结本阶段安全工作，研究、制定存在问题的解决方案，布置下一阶段安全生产工作，制定相应实施方案，并做到：

(1) 会议有议题；

(2) 会议记录真实完整；

(3) 形成会议纪要。

5.3 安全生产投入与工伤保险

5.3.1 安全投入

5.3.1.1 企业应依据国家、当地政府的有关安全生产费用提取规定，自行提取安全生产费用，专项用于安全生产。

5.3.2.2 企业应按照规定的安全生产费用使用范围，合理使用安全生产费用，建立安全生产费用台账。

5.3.2 工伤保险

企业应依法参加工伤社会保险，为从业人员缴纳工伤保险费。

5.4 法律、法规与安全生产管理制度

5.4.1 法律、法规、标准规范

5.4.1.1 企业应建立识别和获取适用的安全生产法律、法规、标准规范及其他要求管理制度，明确责任部门，确定获取渠道、方式和时机，及时识别和获取，定期更新。

5.4.1.2 企业应将适用的安全生产法律、法规、标准规范及其他要求及时对从业人员进行宣传和培训，提高从业人员的守法意识，规范安全生产行为。

5.4.1.3 企业应将适用的安全生产法律、法规、标准规范及其他要求及时传达给相关方。

5.4.1.4 企业应将法律、法规相关要求及时转化为本单位的规章制度。

5.4.2 规章制度

5.4.2.1 企业应按照 AQ 3013—2008 第 5.3.3.1 条款规定，制定相关的安全生产规章制度，并结合生产企业特点，还需制定以下内容的管理制度：

(1) 石灰窑的安全生产管理。

(2) 应急供电设施管理。

(3) 机电设备管理。

(4) 气瓶管理。

(5) 可燃气体检测管理。

(6) 防高温、防灼伤管理。

（7）包装用电石桶管理。

（8）放射源安全管理。

（9）制定的检维修制度中应涉及：

1）炉气处理系统的检维修；

2）电极组合式把持器检维修；

3）高压电气设备的检维修；

4）电石炉变压器绝缘油及调压开关绝缘油的管理；

5）电石炉内检修作业。

（10）爆破作业安全管理。

5.4.2.2 企业应将安全生产管理制度发放到相应的工作岗位。

5.4.3 操作规程

5.4.3.1 企业应根据电石炉生产工艺、设备、原材料、辅助材料、产品的危险性及生产操作岗位的特点，编制包括但不局限于下列岗位的操作规程：

（1）原料制备

1）石灰生产；

2）原料破碎；

3）原料筛分；

4）碳素材料干燥；

5）配料。

（2）电石炉

1）炉前；

2）炉面；

3）配电；

4）电极壳制作；

5）控制室；

6）液压设备；

7）变压器；

8）循环水；

9）仪表空气站；

10）开炉；

11）停炉；

12）紧急停炉。

（3）冷却破碎

1）行车工、起重工；

2）电石包装、装卸；

3）厂内机动车辆；

4）电石储存、出入库。

5.4.3.2 操作规程至少应包括下列内容：

（1）工艺操作指标、控制参数；

（2）正常的操作程序和步骤；

（3）岗位安全设施、操作中安全注意事项；

（4）个人劳动防护用品的正确使用方法；

（5）异常情况的操作处理；

（6）紧急情况的应急措施、预防措施等。

5.4.3.3 企业应在新炉型、新技术、新装置、新产品投产前，组织编制新的操作规程。

5.4.4 评估

企业应每年至少1次对适用的安全生产法律、法规、标准规程及其他要求的执行情况进行符合性评价，提交符合性评价报告。符合性评价报告内容应包括：

（1）获取的安全生产法律、法规、标准及其他要求，是否符合企业实际运行情况；

（2）获取的安全生产法律、法规、标准及其他要求在企业的执行情况，是否存在违法现象和违规行为；

（3）对不符合安全生产法律、法规、标准及其他要求行为提出的整改要求；

（4）其他。

5.4.5 修订

企业应按照 AQ 3013—2008 第5.3.5条款规定执行。

5.4.6 文件和档案管理

5.4.6.1 企业应严格执行文件和档案管理制度，确保安全生产规章制度和操作规程编制、使用、评审、修订的效力。

5.4.6.2 企业应建立主要安全生产过程、事件、活动、检查的安全记录档案，并加强对安全记录的有效管理。

5.5 教育培训

5.5.1 教育培训

企业应按照 AQ 3013—2008 第5.4条款规定执行。

5.5.2 安全文化建设

5.5.2.1 企业主要负责人应组织实施安全生产标准化，宜按照 AQ/T 9004—2008 的要求开展安全文化建设，促进安全生产工作。

5.5.2.2 企业应采取多种形式的安全文化活动，引导全体从业人员的安全态度和安全行为，逐步形成为全体员工所认同、共同遵守、带有本单位特点的安全价值观，实现法律和政府监管要求之上的安全自我约束，保障企业安全生产水平持续提高。

5.6 生产设备设施

5.6.1 生产设备设施建设

5.6.1.1 企业应按照 AQ 3013—2008 第 5.5.1 条款规定执行。

5.6.1.2 企业建设项目应符合有关规定，取得立项批复；选择有相应资质的安全评价机构对建设项目设立进行安全评价；委托取得相应设计资质的设计单位进行设计，选择有相应施工资质的施工单位进行施工。

5.6.1.3 企业建设项目完工后，试生产前应编写试生产方案，并将试生产方案分别报送建设项目安全许可实施部门和有关危险化学品安全生产许可的实施部门备案。

5.6.1.4 企业应在建设项目试生产期间，选择有相应资质的安全评价机构对建设项目及其安全设施进行安全验收评价，安全设施竣工验收获得安全许可后，方可正式投入生产或使用。

5.6.2 设备设施运行管理

5.6.2.1 企业应对生产设备设施进行规范化管理，实行日常检维修和定期检维修管理，保证其安全运行。

5.6.2.2 企业应严格执行检维修管理制度，制订年度综合检维修计划，落实"五定"，即定检修方案、定检修人员、定安全措施、定检修质量、定检修进度原则。在进行检维修作业时，应执行下列程序：

（1）检维修前：

1）进行危险、有害因素识别；

2）编制检维修方案；

3）办理工艺、设备设施交付检维修手续；

4）对检维修人员进行安全培训教育；

5）检维修前对安全控制措施进行确认；

6）为检维修作业人员配备适当的劳动保护用品；

7）办理各种作业许可证。

（2）对检维修现场进行安全检查。

（3）检维修后办理检维修交付生产手续。

5.6.3　新设备设施验收及旧设备拆除、报废

5.6.3.1　企业应执行生产设备设施到货验收管理程序，应使用质量合格、设计符合国家或行业标准要求的生产设备设施。

5.6.3.2　企业应严格执行生产设施拆除和报废管理制度。拆除作业前，拆除作业负责人应与需拆除设施的主管部门和使用单位共同到现场进行对接，作业人员进行危险、有害因素识别，制定拆除计划或方案，办理拆除设施交接手续。

5.6.3.3　企业凡需拆除的容器、设备和管道，应先清洗干净，分析、验收合格后方可进行拆除作业。

5.6.3.4　企业欲报废的容器、设备和管道内仍存有危险化学品的，应清洗干净，分析、验收合格后，方可报废处置。

5.6.4　安全设施

5.6.4.1　企业应按照 AQ 3013—2008 第 5.5.2.1 条、第 5.5.2.2 条款规定，配置符合国家和行业标准要求的安全设施，满足安全生产的要求。建立安全设施管理台账。

5.6.4.2　企业应按照电石生产的特点，配置下列安全设施：

（1）水冷式变压器水油压差检测报警装置。

（2）变压器、电石炉水冷密封套或锥形环等主要设备冷却水温度检测报警装置。

（3）炉气温度检测装置。

（4）变压器油温上限报警装置。

（5）变压器室、液压室、电极升降压平台监视系统。

（6）循环水的备用供水系统。

（7）氮气保护气体装置。

（8）变压器的事故油池。

（9）出炉岗位设隔热挡板。

（10）低压配电室、控制室应配置应急照明灯。

（11）按照 GB 50140 的规定在各个岗位配置足量、适用的灭火器。

（12）密闭炉还应设置：

1）炉盖防爆孔；

2）炉压检测装置；

3）环形料仓、二楼炉面设一氧化碳或可燃气体检测报警装置；

4）料仓低位报警装置；

5）在焊接电极壳岗位、油泵岗位配备正压式空气呼吸器或氧气呼吸器。

5.6.4.3　企业应按照 AQ 3013—2008 第 5.5.2.3 条款、第 5.5.2.4 条款、第 5.5.2.5

条款规定执行。

5.6.5 特种设备

企业应按照 AQ 3013—2008 第 5.5.3 条款规定对特种设备进行规范管理。

5.6.6 关键装置及重点部位

企业应按照 AQ 3013—2008 第 5.5.5 条款规定，对关键装置、重点部位实施管理。电石生产的关键装置、重点部位主要包括，但不局限于：

（1）电石炉主体设备；

（2）炉盖及水冷密封套；

（3）组合式液压升降装置；

（4）电炉变压器及短网；

（5）动力变压器；

（6）高、低压配电室；

（7）液压装置；

（8）炉前操作区域；

（9）电石冷却破碎场所；

（10）电石仓储；

（11）炉气处理装置，包括一氧化碳气柜；

（12）控制室；

（13）密闭炉放射源。

5.7 作业安全

5.7.1 生产现场管理和过程控制

5.7.1.1 企业应加强生产现场安全管理和生产过程控制。

5.7.1.2 企业应按照 AQ 3013—2008 第 5.6.1 条规定，对危险性作业实施作业许可证管理，未办理作业许可证，不得进行相关作业活动。

5.7.1.3 各种作业许可证存根应至少保存 1 年。

5.7.2 工艺安全

5.7.2.1 企业操作人员应掌握生产工艺安全信息，主要包括：石灰、电石、乙炔、一氧化碳、二氧化碳、氮气、氧气等化学品的物理性数据、燃爆特性、腐蚀性数据、毒性信息、职业接触限值、急救和消防措施等信息；应熟悉电石生产工艺的流程，各自岗位设备的结构特点、控制参数、劳动保护措施和安全设施。

5.7.2.2 企业应保证原料制备工序的石灰煅烧、原料破碎、输送机械设备、电石炉生产控制系统、可燃气体监测系统、除尘系统、消防系统安全可靠有效运行；应熟练掌握电石炉生产系统紧急停车时采取的应急处理措施。

5.7.2.3　企业从业人员应充分认识电石生产工艺过程中潜在的危险性：

（1）原料场所的粉尘危害、机械噪声、机械伤害、高处坠落、物体打击等；

（2）电石炉电极的软断、硬断事故，熔融电石转运过程中电石锅的倾覆，一氧化碳气体中毒，高温作业环境造成的职业病，熔融电石造成的烫伤，熔融电石遇水发生爆炸，炉内冷却水泄漏，液压系统液压油泄漏，自动控制系统失灵等；

（3）电石冷却破碎的作业场所粉尘的危害、机械噪声、电石遇水产生易燃气体引起火灾爆炸、灼热电石造成的烫伤、炽热的电石粉尘引起的化学灼伤、机械伤害、高处坠落、物体打击等；

（4）电石储存场所遇湿产生易燃气体引起火灾爆炸；

（5）静电放电引起的火灾爆炸；

（6）操作人员违章操作、防护不当等；

（7）设备设施缺陷；

（8）安全生产管理缺失、安全生产措施不当等。

5.7.2.4　下列场所为主要禁火区：

（1）电气各配电室、变压器油冷却室及滤油室；

（2）液压站及油路系统；

（3）油库；

（4）炉气净化系统；

（5）电石破碎及包装场所；

（6）电石库；

（7）一氧化碳气柜及水封管线 30 m 以内；

（8）碳素原料储存库（点）。

5.7.2.5　企业应按照电石炉的开炉规程，进行检查和确认，确保满足以下开炉安全条件：

（1）开炉方案已确定并得到相关部门的批准；

（2）新开炉时，变压器、高压电气设备应符合工程验收标准；

（3）电石炉电器设施及线路的绝缘电阻应合格，每相电极对地绝缘电阻值应大于 0.5 MΩ；

（4）临时用电设施已拆除；

（5）生产用冷却水、液压管路畅通，水压、油压正常，无滴漏现象；

（6）密闭炉送电前要检查电炉的炉盖、下料管、环形料仓等的气密性情况，以防漏气造成中毒；

（7）用手动操作开关检验电极升降是否灵活好用，检查电极控制装置是否处于正常状态；

（8）联锁装置、可燃气体报警装置等校验合格，灵敏有效；

（9）在进行中、小修后电石炉开炉时，要根据停电的时间和电极的状况，确定送电电压的级别，送电前将电极提高到适当位置，保证送电的负荷不超过满负荷的40％；

（10）所有压力容器、压力管道应符合国家的规定；

（11）防护器具、劳保用品配备齐全；

（12）操作人员经过安全教育培训，考试合格后，持证上岗。

5.7.2.6　企业应按照电石炉停炉的操作规程，进行检查和确认，满足以下安全条件：

（1）正常停炉时，将电压级数切换到最低一级，将电极提升到适当位置，将负荷降低至满负荷的40％以下，方可停电。

（2）密闭电炉停炉后，用0.4～0.6 MPa的氮气进行炉内气体置换至规定指标，如氮气不足，可从烟道放空，分析炉气合格后，才能打开炉盖操作孔。

（3）当出现下列情况时，允许采取满负荷紧急停电：

1）在密闭炉、内燃式电石炉配电岗位发现电流变化异常，呈现电极事故征兆时；

2）电极软断、脱落下滑或危及人身和设备的电极故障；

3）导电系统有严重放电现象和发生短路；

4）炉面设备大量漏水；

5）炉壁及炉底严重烧穿；

6）变压器室及油冷却室发生严重故障；

7）密闭炉炉压不稳或严重喷火；

8）密闭炉气含氢量急剧上升超过0.06（体积分数）时；

9）液压系统发生大量漏油、压力下降故障，危及安全生产时；

10）电石炉冷却水突然中断；

11）遇到火灾、触电等事故严重影响人身安全时。

（4）电石炉的关键部位应设置紧急停电开关。

（5）停电后，为避免烧坏设备，应确保冷却水不中断。

（6）大修清炉如需采用爆破作业时，应严格按照国家有关民用爆破物品安全管理规定实施采购和爆破作业，或委托有资质的爆破作业单位实施。

5.7.2.7　企业对电石包装应严格做到：

（1）采用符合GB 10665标准规定的电石包装桶，电石包装应满足电石钢桶性能检验的有关要求方可再次使用；

（2）电石包装桶在使用前要检查是否完好，桶内应干燥、无电石粉末及其他杂物；

（3）电石被吊出电石锅前，必须有足够的冷却时间，一般情况下不少于1.5小时（随环境气温控制）；

（4）电石的中转或临时储存地点应保持干燥，通风良好，不被水淹淋；

（5）电石桶在搬运过程中，应采取防潮措施，如发现桶盖不严密或鼓包等现象，应打开桶盖放气后，再将桶盖盖严；

（6）严禁在雨天搬运电石；

（7）禁止积存电石粉末；

（8）电石库及电石中转间应采用防爆电气设备。

5.7.3　作业行为管理

企业应按照 AQ 3013—2008 第 5.6.3 条款规定执行。

5.7.4　警示标志

5.7.4.1　企业应按照 AQ 3013—2008 第 5.6.2 条规定条款执行。在易燃、易爆、有毒有害等危险场所的醒目位置设置安全标志。在生产场所的危险区域设置安全标志、职业危害警示标识。在原料制备岗位、炉前岗位、炉面岗位、电石冷却破碎岗位、包装岗位等可能发生职业危害、职业损伤的作业场所应设置粉尘、一氧化碳中毒（密闭炉）、高温、噪声等职业危害因素的危害告知牌。

5.7.4.2　企业应每月至少检查1次安全标志、职业危害警示标识，确保无破损、变形、褪色等，不符合要求时要及时修整或更换，并保存检查记录。

5.7.5　相关方管理

5.7.5.1　企业应严格执行承包商管理制度，对承包商资格预审、选择、开工前准备、作业过程监督、表现评价、续用等过程进行管理，建立合格承包商名录和档案。企业应与选用的承包商签订安全协议书。

5.7.5.2　企业应严格执行供应商管理制度，对供应商资格预审、选用和续用等过程进行管理。

5.7.5.3　企业应建立合格相关方的名录和档案，根据服务作业行为定期识别服务行为风险，并采取行之有效的控制措施。

5.7.5.4　不得将项目委托给不具备相应资质或条件的相关方。

5.7.6　变更

5.7.6.1　企业应严格执行变更管理制度，履行下列变更程序：

（1）变更申请：按要求填写变更申请表，由专人进行管理。

（2）变更审批：变更申请表应逐级上报主管部门，并按管理权限报主管领导审批。

（3）变更实施：变更批准后，由主管部门负责实施。不经过审查和批准，任何临时性的变更都不得超过原批准范围和期限。

（4）变更验收：变更实施结束后，变更主管部门应对变更的实施情况进行验收，形成报告，并及时将变更结果通知相关部门和有关人员。

5.7.6.2　企业应对变更过程产生的风险进行分析和控制。

5.7.7　风险管理

5.7.7.1　范围与评价方法

（1）企业应按照 AQ 3013—2008 第 5.2.1.1 条款规定，成立风险评价小组。风险评价小组成员应该具备下列条件：

1）具有电石生产专业技术知识和经验；

2）熟悉安全生产法律、法规、规范和标准；

3）至少有一名成员熟悉风险评价方法；

4）有生产、技术、电气、设备、安全、职业卫生管理等部门的人员。

（2）企业应按照 AQ 3013—2008 第 5.2.1.2 条款、第 5.2.1.3 条款、第 5.2.1.4 条款规定执行。

5.7.7.2　风险评价

企业应按照 AQ 3013—2008 第 5.2.2 条款规定进行风险评价，重点对以下生产工艺过程、场所、设备设施等进行评价：

（1）电石库；

（2）电石炉电极软断、硬断等；

（3）高温；

（4）粉尘；

（5）熔融电石遇水发生爆炸；

（6）炉内冷却系统漏水；

（7）电石冷却破碎间；

（8）触电；

（9）一氧化碳中毒；

（10）机械伤害；

（11）劳动保护；

（12）起重设备的缺陷；

（13）炉气处理所收集的粉尘的处理；

（14）淹溺；

（15）停水、停电、停仪表气源；

（16）对环境的影响；

（17）安全生产管理缺陷等。

5.7.7.3　风险控制

（1）企业应按照 AQ 3013—2008 第 5.2.3 条款规定，对风险进行控制；

（2）企业应根据风险评价的结果形成重大风险清单，制定相应控制措施，对控制措施的实施效果进行监督、检查和评价，保存相应记录。

5.7.7.4　风险信息更新

（1）企业应适时组织风险评价工作，识别与生产经营活动有关的危险、有害因素和隐患。

（2）企业应定期评审或检查风险评价结果和风险控制效果。

（3）企业应在下列情形发生时及时进行风险评价：

1）新的或变更的法律、法规或其他要求；

2）操作条件变化或工艺改变；

3）技术改造项目；

4）有对事件、事故或其他信息的新认识；

5）组织机构发生大的调整。

5.8　隐患排除和治理

5.8.1　隐患排查

5.8.1.1　企业应定期组织事故隐患排查工作，对隐患进行分析评估，确定隐患等级，登记建档，及时采取有效的治理措施。

5.8.1.2　隐患排查前应制定排查方案，明确排查的目的、范围，选择合适的排查方法。排查方案应依据：

（1）有关安全生产法律、法规要求；

（2）设计规范、管理标准、技术标准；

（3）企业的安全生产目标等；

（4）其他。

5.8.2　排查范围与方法

5.8.2.1　企业隐患排查的范围应包括所有与生产经营相关的场所、环境、人员、设备设施和活动。

5.8.2.2　企业应根据安全生产的需要和特点，采用综合检查、专业检查、季节性检查、节假日检查、日常检查等方式进行隐患排查。各种安全检查均应按相应的安全检查表逐项检查，建立安全检查台账，并与责任制挂钩。

5.8.2.3 企业应根据安全生产的需要和特点，采用综合检查、专业检查、季节性检查、节假日检查、日常检查等方式进行隐患排查。并至少编制下列形式的安全检查表：

（1）综合性安全检查表

1）公司级（厂级）综合性安全检查表；

2）车间级（装置级）综合性安全检查表。

（2）专业安全检查表（不局限）

1）工艺安全检查表；

2）机械设备安全检查表；

3）变配电系统安全检查表；

4）自控仪表安全检查表；

5）储存系统安全检查表；

6）危险化学品运输车辆安全检查表；

7）消防设施检查表；

8）职业卫生安全检查表；

9）现场检维修作业安全检查表；

10）安全设施安全检查表。

（3）季节性安全检查表

应根据当地气候特点，编制不停季节的安全检查表。

（4）日常安全检查表

1）岗位操作人员巡回检查表；

2）工艺、设备、安全、电气、仪表等专业技术人员的日常安全检查表；

3）交接班检查表。

（5）节假日安全检查表。

5.8.3 隐患治理

5.8.3.1 企业应对隐患项目下达隐患治理通知，限期治理，做到定治理措施、定负责人、定资金来源、定治理期限。企业应建立隐患治理台账。

5.8.3.2 企业应对确定的重大隐患项目建立档案，档案内容应包括：

（1）评价报告与技术结论；

（2）评审意见；

（3）隐患治理方案，包括资金概预算情况等；

（4）治理时间表和责任人；

（5）竣工验收报告。

5.8.3.3　企业无力解决的重大事故隐患，除采取有效防范措施外，应书面向企业直接主管部门和当地政府报告。

5.8.3.4　企业对不具备整改条件的重大事故隐患，必须采取防范措施，并纳入计划，限期解决或停产。

5.8.4　预测预警

企业应根据生产经营状况及隐患排查治理情况，运用定量的安全生产预测预警技术，建立体现企业安全生产状况及发展趋势的预警指数系统。

5.9　重大危险源监控

5.9.1　辨识

5.9.1.1　企业应依据有关规定对本单位的危险设施进行重大危险源辨识。

5.9.1.2　企业应按照 GB 18218 标准对危险化学品进行重大危险源辨识。

5.9.2　登记建档与备案

5.9.2.1　企业存在重大危险源的，要建立重大危险源管理档案。重大危险源管理档案内容主要包括：

（1）物质名称和数量、性质及所在位置；

（2）管理制度；

（3）管理人员；

（4）监测设施或措施；

（5）安全检查与隐患整改记录；

（6）应急救援预案和演练记录；

（7）评估报告；

（8）检测报告；

（9）监控检查记录；

（10）重大危险源报表；

（11）其他。

5.9.2.2　企业应将重大危险源及相关安全措施、应急措施报送当地县级以上人民政府安全生产监督管理部门和有关部门备案。

5.9.3　监控与管理

5.9.3.1　企业应建立、健全重大危险源安全管理制度，按照有关规定对重大危险源设置安全监控报警系统。

5.9.3.2　企业应依据国家有关规定对重大危险源定期进行安全评估。

5.9.3.3　企业应对重大危险源的设备、设施定期检查、检验，并做好记录。

5.9.3.4　企业应制定重大危险源应急救援预案，配备必要的救援器材、装备，每年至少进行 1 次重大危险源应急救援预案演练。

5.9.3.5　企业重大危险源的防护距离应满足国家标准或规定。不符合国家标准或规定的，应采取切实可行的防范措施，并在规定期限内进行整改。

5.10　职业健康

5.10.1　职业健康管理

5.10.1.1　企业应按照 AQ 3013—2008 第 5.8.2 条款规定，对作业场所职业危害进行管理。

5.10.1.2　企业应制定切实可行的职业危害防治计划和实施方案。要明确责任人、责任部门、目标、方法、资金、时间表等，并对防治计划和实施方案进行定期检查，确保职业危害的防治与控制效果。

5.10.1.3　企业应根据其具体条件对电石炉高温作业场所的控制室、操作室等采取必要的隔热降温措施。

5.10.1.4　企业应定期检测生产岗位电石、石灰、焦炭等粉尘的浓度，作业场所空气中粉尘最高允许浓度 10 mg/m³。

5.10.1.5　企业对接触粉尘、高温、噪声的从业人员以及其他从业人员应按照有关规定的检查项目和检查周期进行健康检查。从业人员健康查体的结果应存入从业人员健康监护档案。

5.10.2　职业危害告知和警示

5.10.2.1　企业应与从业人员订立劳动合同时，应将工作过程中可能产生的职业危害及其后果和防护措施如实告知从业人员，并在劳动合同中写明。

5.10.2.2　企业应采用有效的方式对从业人员和相关方告知有关电石生产中涉及的石灰、电石、一氧化碳、二氧化碳、氧气、乙炔、氢气、氮气等危险化学物质的理化性质、燃爆特性、毒性、防护措施，以及灭火方法。

5.10.2.3　企业应在原料制备岗位、炉前岗位、炉面岗位、电石冷却破碎岗位、包装岗位等可能发生职业危害作业岗位的醒目位置，按照 GBZ 158 设置职业危害警示标识，同时设置粉尘、一氧化碳中毒（密闭炉）、高温、噪声等告知牌，告知产生职业危害的种类、后果、预防及应急救治措施、作业场所职业危害因素检测结果等。

5.10.3　职业危害申报

企业如存在法定职业病目录所列的职业危害因素，应按照国家有关规定，及时、如实向当地安全生产监督管理部门申报作业场所职业危害因素。职业危害因素主要包括：

(1) 一氧化碳；

(2) 粉尘；

(3) 高温；

(4) 噪声；

(5) 放射性物质（密闭炉）。

5.10.4　劳动防护用品

5.10.4.1　企业应按照 AQ 3013—2008 第 5.8.3 条款规定执行。根据接触危害的种类、强度，为从业人员配备符合国家标准或行业标准的劳动防护用品。还应做到：

(1) 原料制备岗位接触固体粉尘的操作人员应配备防尘口罩、防尘帽、帆布棉手套、护目镜、工作服。

(2) 电石炉岗位的操作人员应配备防红外护目镜、帆布棉手套、隔热工作服、工作鞋。电石炉岗位应配备两套阻燃耐高温工作服、两副阻燃耐高温手套、两具耐高温全面罩。

(3) 产品破碎包装岗位操作人员应配备防尘口罩、防尘帽、防砸工作鞋、耳塞或耳罩、帆布棉手套、工作服。

(4) 电气、焊割、检维修岗位应配备安全帽、护目镜、帆布手套、绝缘防护鞋、防寒服。

(5) 其他岗位按照劳动保护用品发放规定发放。

(6) 在易发生烫伤和电石粉尘灼伤的岗位应设置急救箱，备好烫伤膏、消炎膏等药品。

(7) 在密闭式电石炉的炉面岗位、电极筒制作等易发生一氧化碳中毒岗位配备一定数量的自吸式过滤防毒面具、正压式空气呼吸器或氧气呼吸器、一氧化碳过滤式自救器；医务室应配备医用氧气瓶或氧气袋、担架。

(8) 其他。

5.10.4.2　公用的各种防护器具应定点存放在安全、方便的地方，有专人负责保管，定期校验和维护，并保存记录。

5.10.5　危险化学品安全

5.10.5.1　危险化学品档案

企业应对对石灰、电石、氧气、氮气等危险化学品建立危险化学品档案。内容包括：

(1) 名称，包括别名、英文名等；

(2) 存放、生产、使用地点；

(3) 数量；

(4) 危险性分类、危规号、包装类别、登记号；

（5）安全技术说明书与安全标签。

5.10.5.2　化学品分类

企业应按照国家有关规定对其产品、所有中间产品进行分类，并将分类结果汇入危险化学品档案。

5.10.5.3　化学品安全技术说明书和安全标签

（1）企业应按照 GB 16483 和 GB 15258 编制电石等产品安全技术说明书和安全标签，并将安全技术说明书及时提供给用户；

（2）企业外购石灰、工业氧气、工业氮气等原料或辅助原料时，应向供应商索取安全技术说明书和安全标签，不得采购无安全技术说明书和安全标签的危险化学品。

5.10.5.4　化学事故应急咨询服务电话

生产企业应设立 24 小时应急咨询服务固定电话，有专业人员值班并负责相关应急咨询。没有条件设立应急咨询服务电话的，应委托危险化学品专业应急机构作为应急咨询服务代理。

5.10.5.5　危险化学品登记

企业应按照有关规定对危险化学品进行登记。

5.11　应急救援

5.11.1　应急机构和队伍

5.11.1.1　企业应按规定建立安全生产应急管理机构或指定专人负责安全生产应急管理工作。

5.11.1.2　企业应建立应急指挥系统，实行分级管理，即厂级、车间级管理。

5.11.1.3　企业应建立应急救援队伍。

5.11.1.4　企业应明确各级应急指挥系统和救援队伍的职责。

5.11.2　应急预案

5.11.2.1　企业应执行 AQ 3013—2008 第 5.9.6.1 条款规定，按照 AQ/T 9002 的要求，编制综合应急救援预案，根据风险评价的结果，对潜在事件和突发事故，制定相应的专项应急预案和现场处置方案。应重点考虑：

（1）电极的软断、硬断；

（2）炉内设备漏水；

（3）液压系统漏油；

（4）出炉口漏水发生爆炸；

（5）电石锅倾覆；

（6）停电；

（7）停水；

（8）中暑；

（9）中毒。

5.11.2.2　企业应将应急救援预案报当地安全生产监督管理部门和有关部门备案，并通报当地应急协作单位，建立应急联动机制。

5.11.2.3　企业应对应急救援预案进行定期评审、修订。

5.11.3　应急设施、装备、物资

5.11.3.1　企业应按国家相关规定配备应急设施、装备，储备足够的应急物资，并保持完好，严禁挪用。

5.11.3.2　企业应配备常用的医疗急救器材和急救药品。

5.11.3.3　在有毒有害作业场所配备救援器材柜，放置必要的防护救护器材，进行经常性的维护保养并记录，保证其处于正常状态。

5.11.4　应急演练

5.11.4.1　企业应组织从业人员进行应急救援预案的培训，定期演练，评价演练效果，评价应急救援预案的充分性和有效性，并形成记录。

5.11.4.2　企业每年至少组织1次应急救援预案演练，车间每半年至少进行1次现场处置方案演练。

5.11.5　事故救援

5.11.5.1　企业发生生产安全事故后，应迅速启动应急救援预案，企业负责人直接指挥，积极组织抢救，妥善处理，以防止事故的蔓延扩大，减少人员伤亡和财产损失。安全、技术、设备、动力、生产、消防、保卫等部门应协助做好现场抢救和警戒工作，保护事故现场。

5.11.5.2　企业发生有害物大量外泄事故或火灾爆炸事故应设警戒线。

5.11.5.3　企业抢救人员应佩戴好相应的防护器具，对伤亡人员及时进行抢救处理。

5.12　事故报告、调查与处理

5.12.1　事故报告

5.12.1.1　企业应明确事故报告程序。发生生产安全事故后，事故现场有关人员除立即采取应急措施外，应按规定和程序报告本单位负责人及有关部门。情况紧急时，事故现场有关人员可以直接向事故发生地县级以上人民政府安全生产监督管理部门和负有安全生产监督管理职责的有关部门报告。

5.12.1.2　企业负责人接到事故报告后，应当于1小时内向事故发生地县级以上人民政府安全生产监督管理部门和负有安全生产监督管理职责的有关部门报告。

5.12.1.3　企业在事故报告后出现新情况时，应按有关规定及时补报。

5.12.2　事故调查和处理

5.12.2.1　企业发生生产安全事故后，应积极配合各级人民政府组织的事故调查，负责人和有关人员在事故调查期间不得擅离职守，应当随时接受事故调查组的询问，如实提供有关情况。

5.12.2.2　未造成人员伤亡的一般事故，县级人民政府委托企业负责组织调查的，企业应按规定成立事故调查组组织调查，按时提交事故调查报告。

5.12.2.3　企业应落实事故整改和预防措施，防止事故再次发生。整改和预防措施应包括：

（1）工程技术措施；

（2）培训教育措施；

（3）管理措施。

5.12.2.4　企业应建立事故档案和事故管理台账。

5.13　绩效评定和持续改进

5.13.1　安全检查

5.13.1.1　企业应严格执行安全检查管理制度，定期或不定期进行安全检查，保证安全生产标准化有效实施。

5.13.1.2　企业应对安全检查所查出的问题进行原因分析，制定整改措施，落实整改时间、责任人，并对整改情况进行验证，保存相应记录。

5.13.2　绩效评定

企业应每年至少1次对本单位安全生产标准化的实施情况进行自评，验证安全生产标准化的符合性、适宜性和有效性，检查安全生产目标、指标的完成情况。评定工作应形成正式文件，并将结果向所有部门、所属单位和从业人员通报，作为年度考核的重要依据。

5.13.3　持续改进

企业应根据安全生产标准化的自评结果和安全生产预警指数系统所反映的趋势，对安全生产目标、指标、规章制度、操作规程等进行修改完善，提出进一步完善安全生产标准化的计划和措施，不断提高安全绩效。